热带气旋年鉴

2022

中国气象局　编

气象出版社
China Meteorological Press

图书在版编目（CIP）数据

热带气旋年鉴. 2022 / 中国气象局编. -- 北京 : 气象出版社, 2024. 6. -- ISBN 978-7-5029-8210-2

Ⅰ. P732.3-54

中国国家版本馆 CIP 数据核字第 20245HD507 号

审图号：GS 京（2024）0852 号

热带气旋年鉴 2022

Redai Qixuan Nianjian 2022

出版发行：气象出版社

地　　址：北京市海淀区中关村南大街 46 号　　**邮政编码**：100081

电　　话：010—68407112（总编室）　010—68408042（发行部）

网　　址：http://www.qxcbs.com　　**E-mail**：qxcbs@cma.gov.cn

责任编辑：隋珂珂　　**终　　审**：张　斌

责任校对：张硕杰　　**责任技编**：赵相宁

封面设计：地大彩印设计中心

印　　刷：北京中科印刷有限公司

开　　本：889 mm × 1194 mm　1/16　　**印　　张**：14.5

字　　数：372 千字

版　　次：2024 年 6 月第 1 版　　**印　　次**：2024 年 6 月第 1 次印刷

定　　价：300.00 元

本书编委会

前 言

热带气旋是热带或副热带洋面上出现并可能移向陆地的急速旋转的大气涡旋系统，也是影响我国的主要灾害性天气系统之一。在其活动的过程中，伴随有狂风、暴雨、巨浪和风暴潮。热带气旋影响陆地时，虽有解除部分地区干旱的作用，但也会给人民生命财产造成巨大损失。我国北起辽宁，南至海南、广东、广西沿海一带，每年都有可能遭受热带气旋的袭击，其中又以登陆广东、海南、台湾、福建、浙江五省的热带气旋次数为最多。

自新中国成立以来，我国探测热带气旋的手段逐渐增多，热带气旋科研工作也取得了一定的成绩，热带气旋预报水平不断提高。为了适应农业、工业、国防和科学技术现代化的需要，满足各级气象局(台、站)及科研、国防、经济建设等部门的要求，中国气象局上海台风研究所受中国气象局委托具体负责整编出版《热带气旋年鉴》。《热带气旋年鉴》(原名《台风年鉴》）自1949年起，每年出版一册，一直持续至今。

承蒙中国气象局国家气象中心、国家卫星气象中心、国家气象信息中心、各有关省（区、市）气象局及气象台（站）、应急管理部国家减灾中心的大力支持和协助，本年鉴中的热带气旋路径、降水、大风、卫星云图、灾情等资料的整编得以顺利完成，在此一并表示感谢。

《热带气旋年鉴 2022》编制工作由中国气象局上海台风研究所白莉娜、万日金、郭蓉、黄昕和国家气象中心许映龙完成，图幅由白莉娜、郭蓉、鲁小琴和万日金完成。2022年热带气旋最佳路径定位定强由白莉娜、郭蓉、鲁小琴（上海台风研究所），许映龙、钱奇峰（国家气象中心），林良勋和程正泉（广东省气象台）、刘铭（福建省气象台）、李勋（海南省气象台）、罗玲（浙江省气象台）、赵金彪和董良淼（广西壮族自治区气象台）等完成。2022年热带气旋在我国影响时的降水、大风分布由万日金（上海台风研究所）、姚建群（上海市气象台）、高晓梅（潍坊市气象台）、杨国杰（广东省气象台）和吴志彦（海南省气象台）完成。

《热带气旋年鉴 2022》的内容包括热带气旋概况、路径、大风区域演变图、卫星云图，以及热带气旋在我国影响时的降水、大风分布和引发的灾情，还包括热带气旋的相关资料和图表。

说　明

1. 基本说明

本年鉴主要整编西北太平洋和南海的热带气旋（tropical cyclone，TC）概况、热带气旋路径、卫星云图、大风区域演变情况，热带气旋在我国影响时的降水量和大风的分布图以及灾情等基本资料。根据国家标准《热带气旋等级》（GB/T 19201—2006），热带气旋分为以下六个等级：

（1）热带低压（tropical depression，TD）

底层中心附近最大平均风速达到10.8～17.1 m/s (相当于风力6～7级)。

（2）热带风暴（tropical storm，TS）

底层中心附近最大平均风速达到17.2～24.4 m/s (相当于风力8～9级)。

（3）强热带风暴（severe tropical storm，STS）

底层中心附近最大平均风速达到24.5～32.6 m/s (相当于风力10～11级)。

（4）台风（typhoon，TY）

底层中心附近最大平均风速达到32.7～41.4 m/s (相当于风力12～13级)

（5）强台风（severe typhoon，STY）

底层中心附近最大平均风速达到41.5～50.9 m/s (相当于风力14～15级)。

（6）超强台风（super typhoon，SuperTY）

底层中心附近最大平均风速达到≥51.0 m/s (相当于风力16级或以上)

本年鉴所用时间一律为北京时（特别标注除外）。

2. 热带气旋的概述及特点

西北太平洋台风（台风、强台风、超强台风简称台风）、强热带风暴和热带风暴出现次数等统计表（表1.1.1～表1.1.7）中的“常年平均”均指1951—2020年70年的气候平均值。

3. 热带气旋中心位置资料表

（1）“中心气压”指热带气旋中心海平面最低气压。

（2）“最大风速”指热带气旋中心附近最大2 min平均风速。

（3）“△”表示热带气旋已转变为温带气旋。

4. 热带气旋纪要表

（1）“发现点”指热带气旋路径的起始点。

（2）热带气旋在我国的登陆地点，一般精确到县或市，如广东徐闻，即广东省徐闻县。登陆地点也可跨县或市，如中国台湾新港花莲。自2018年起，经第八届全国台风及海洋气象专家工作组会议审议决定，除台湾、舟山、香港、海南和崇明岛以外，新增福建省平潭市、东山县和广东省汕头市南澳岛（县）为台风登陆点。热带气旋在我国登陆后越过海面，再次在我国登陆，则依次列出登陆地点。

（3）“转向”指路径总的趋向由偏西方向转为向偏东方向移动。

东转向：140°E以东转向。中转向：125°—140°E之间转向。西转向：东经120°—125°E之间转向。南海转向：在南海海面或台湾海峡转向。登陆转向：在我国登陆后转向。

5. 热带气旋降水

（1）热带气旋和其他天气系统共同造成的降水，仍列入整编。

（2）“日降水量图”指前一日20时—当日20时的降水总量分布。

“总降水量图”指一次热带气旋过程中在我国引起的降水总量分布。按10 mm、25 mm、50 mm、100 mm、200 mm……等级分析等雨量线，如等值线很密时可跨级分析。大的降水中心，一般标注其最大的总降水量数值。

（3）“降水日数图”指一次热带气旋过程中在我国引起的降水总量≥10 mm的降水日数分布图。

（4）我国沿海岛屿的总降水量和降水日数，由于距离陆地较远，不进行分析，用数字标注。

6. 热带气旋大风

（1）热带气旋与其他天气系统共同造成的大风，仍列入整编。

（2）“大风区域演变图”指一次热带气旋过程中逐日的大风区演变。根据卫星微波遥感洋面风信息ASCAT资料分析而成。图中在每日08时标注日期；点线表示6级风以上区域，点矩划线表示8级风以上区域，实线表示10级风以上区域。其路径图上的数字表示日期。

7. 灾情

由应急管理部国家减灾中心提供。

8. 云图

根据中国气象局国家卫星气象中心提供的FY-4卫星资料绘制。

9. 地面气象观测站资料

由中国气象局国家气象信息中心提供。

10. 500 hPa 高度场

采用NCEP/NCAR再分析格点（1°×1°）资料绘制。

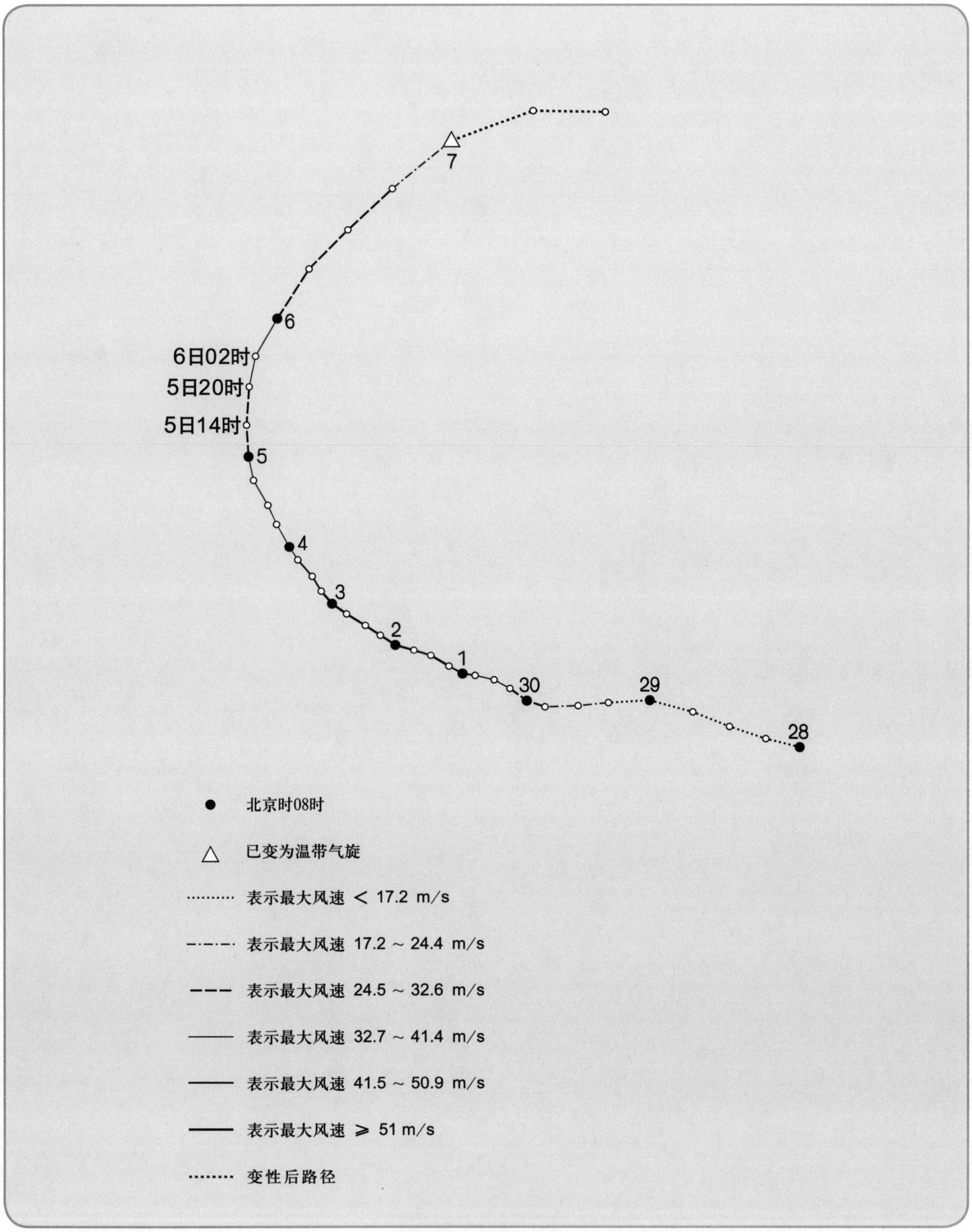
7
6
6日02时
5日20时
5日14时
5
4
3
2
1
30
29
28
北京时08时
已变为温带气旋
表示最大风速 < 17.2 m/s
表示最大风速 17.2 ~ 24.4 m/s
表示最大风速 24.5 ~ 32.6 m/s
表示最大风速 32.7 ~ 41.4 m/s
表示最大风速 41.5 ~ 50.9 m/s
表示最大风速 ⩾ 51 m/s
变性后路径

热带气旋路径图例

目 录

1　2022 年热带气旋概述

1.1　2022 年热带气旋活动特点及影响

1.1.1　2022 年热带气旋活动特点

（1）热带气旋生成频数略偏少、群发特征明显

2022年西北太平洋和南海的热带气旋共有29个，其中超强台风4个，强台风3个，台风6个，热带风暴12个，热带低压4个（图1.1.1、表1.1.1）。达到热带风暴级别以上的热带气旋为25个，较常年平均（26.8个）偏少1.8个。其中，强热带风暴、强台风及超强台风较常年平均（6.1个、4.6个和6.0个）分别偏少6.1个、1.6个和2.0个，热带风暴和台风较常年平均（4.4个和5.7个）分别偏多7.6个和0.3个（图1.1.2）。

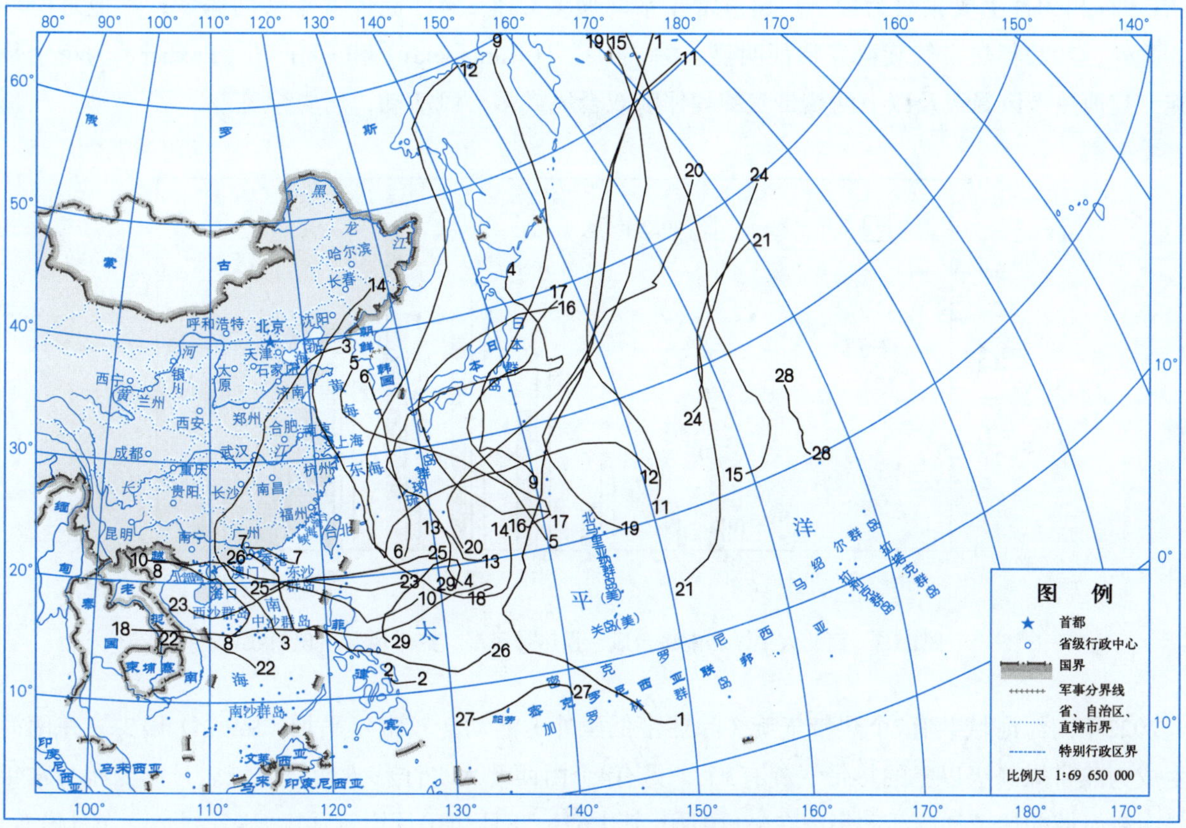

图1.1.1　2022年热带气旋路径

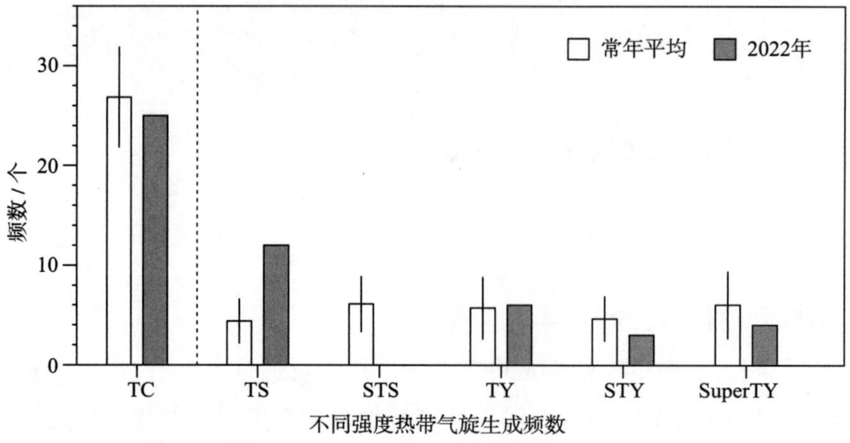

图1.1.2　西北太平洋和南海热带气旋（热带风暴及以上）生成年频数

从2022年西北太平洋和南海的热带气旋（热带风暴及以上）生成月际分布看（图1.1.3），“秋台风”活跃，9月和10月生成频数为12个，超过常年平均偏多3.2个；4月也较常年平均偏多；其他月份均偏少。此外，2022年热带气旋群发特征明显，除“山猫”（Yamaneko）和“帕卡”（Pakhar）为单个热带气旋，其他热带风暴级及以上的热带气旋均伴随双台风或多台风活动，历史罕见。

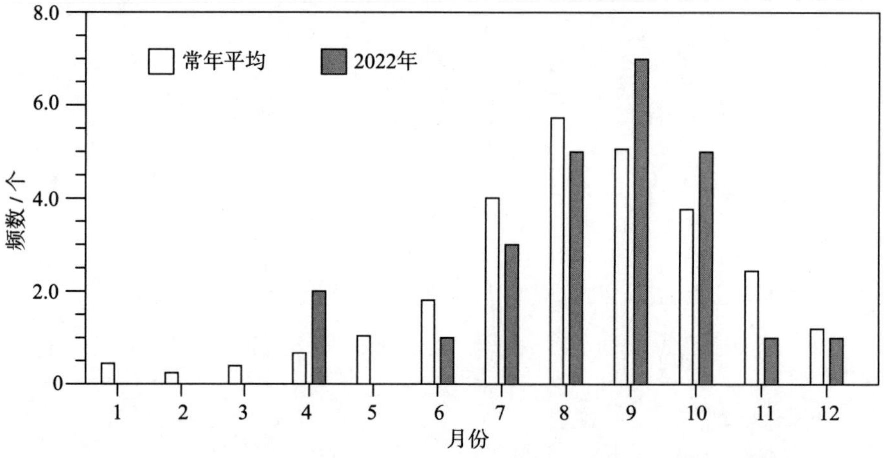

图1.1.3　西北太平洋和南海台风、强热带风暴、热带风暴出现频数

2022年南海海域共有7个热带气旋（除热带低压外）活动，较常年平均（9.9个）偏少。在南海海域生成为热带风暴级以上的热带气旋有3个，另有4个由西北太平洋移入南海海域。月际分布与常年相比，南海海域的热带气旋活动集中在6—10月，其中6月、8月和10月均较常年偏多；此外，6月份有1个热带气旋活动，其他月份均无热带气旋活动（图1.1.4、表1.1.2）。

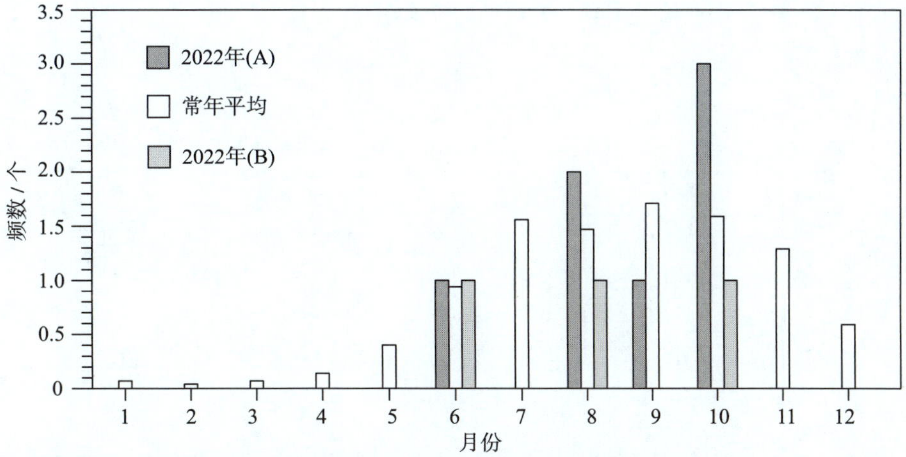

图1.1.4　南海台风、强热带风暴、热带风暴出现频数

注：（A）西北太平洋进入南海和南海产生的台风、强热带风暴、热带风暴出现频数；
（B）南海产生的台风、强热带风暴、热带风暴或由西北太平洋产生的热带低压移入南海后加强为热带风暴级的出现频数。

（2）生成源地偏西偏北

2022年西北太平洋热带气旋（除热带低压外）生成源地平均位置为18.2°N、136.9°E，较常年平均偏西约4.1°，偏北4.4°。其中150°E以东生成热带气旋有5个，占全年总数的20%，较常年平均值偏少；120°—150°E之间生成的热带气旋为17个，较常年平均略偏少；120°E以西生成的热带气旋为3个，较常年平均偏少（图1.1.5）。台风、强台风和超强台风生成源地整体分布偏西偏北，平均位置较常年平均

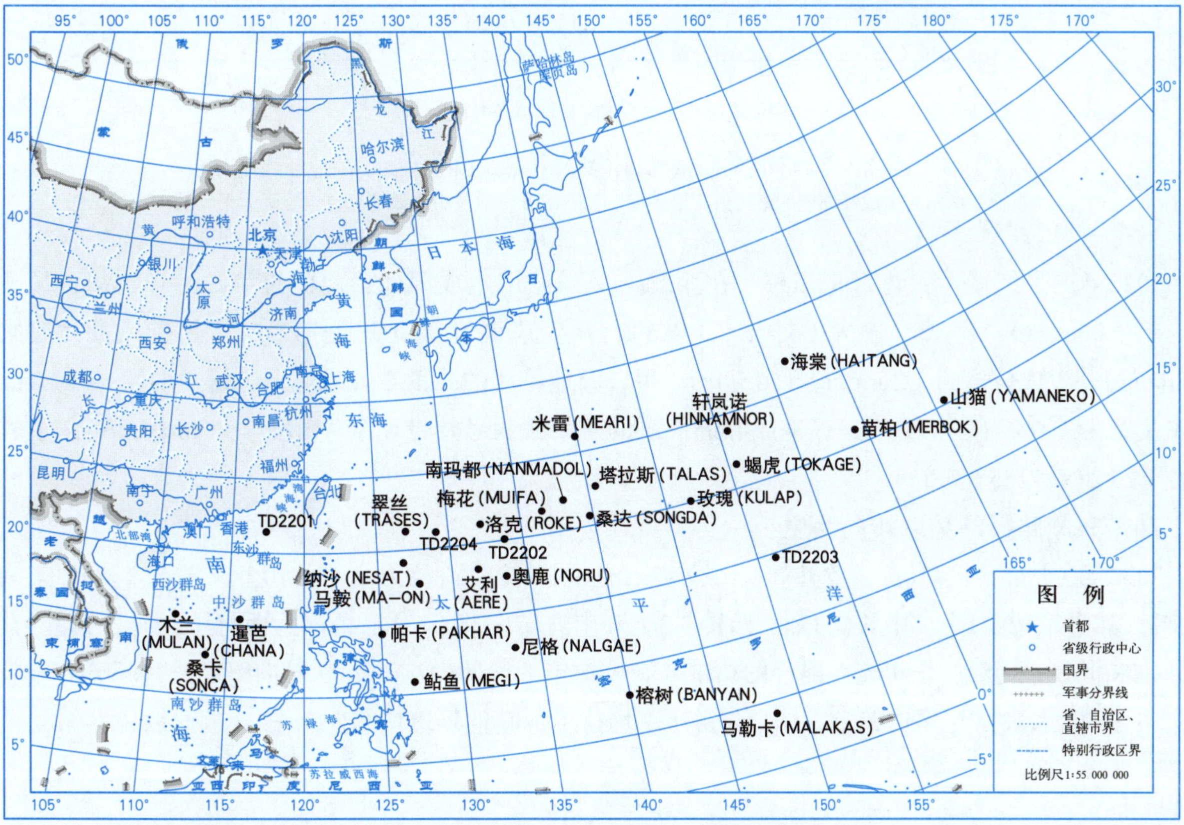

图1.1.5　2022年热带气旋生成源地位置

分别偏西2.8°、6.3°和7.4°，分别偏北3.4°、7.7°和5.4°（图1.1.6）。

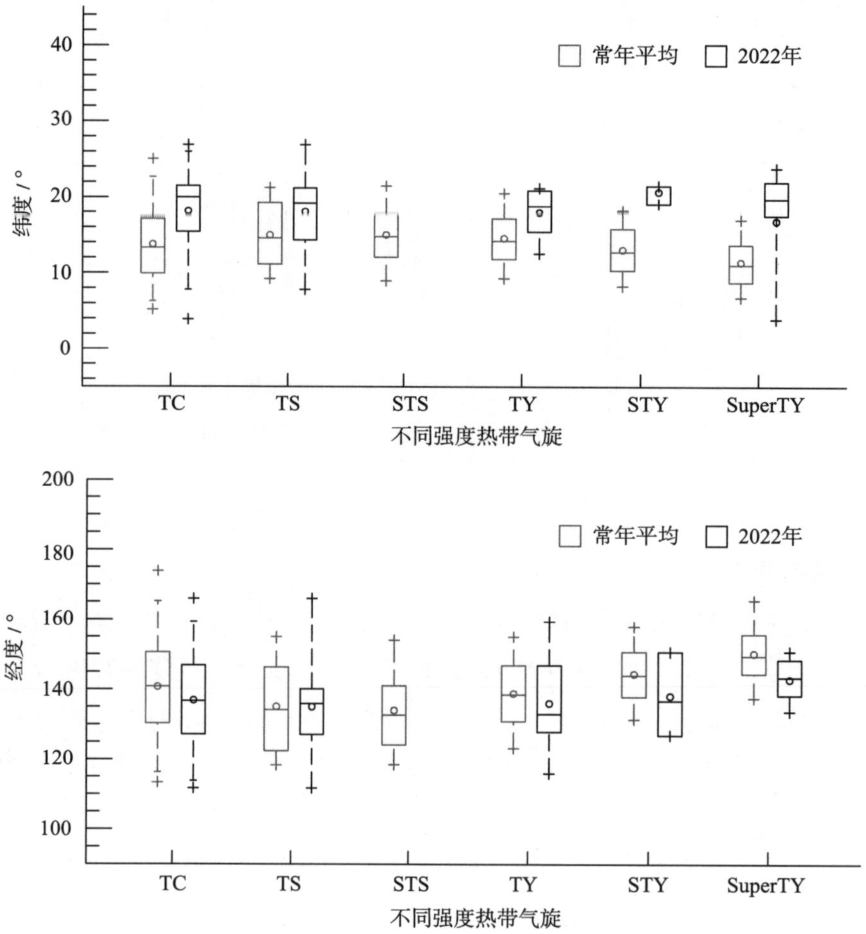

图1.1.6　西北太平洋和南海热带气旋（热带风暴及以上）生成源地经纬度分布

（箱须图所示为生成经纬度的最大值、最小值、上下四分位数及中位数情况，空心圆为平均数）

2022年热带气旋（除热带低压外）在西北太平洋海域生成源地最南的是第2201号超强台风“马勒卡”（Malakas），生成位置为（3.9°N、148.5°E）；生成源地最北的是第2221号热带风暴“海棠”（Haitang），生成位置为（26.9°N、156.5°E）；生成源地最西的是第2207号热带风暴“木兰”（Mulan），生成位置为（15.5°N、111.7°E）；生成源地最东的是第2224号热带风暴“山猫”（Yamaneko），生成位置为（20.2°N、165.9°E）。

（3）热带气旋路径趋势以转向为主

2022年生成的热带气旋（除热带低压）路径趋势以转向路径为主，共10个，占全年热带气旋的45.5%，其中东转向1个、中转向4个、西转向3个和南海转向2个，之后依次为西行（5个）、西北行（4个）和东北行（3个）。全年转向路径的热带气旋较常年平均偏少2.5个；从转向路径的月际分布来看，4月、6月、12月较常年平均偏多，10月与常年平均持平，其他月份均偏少（图1.1.7、表1.1.3）。

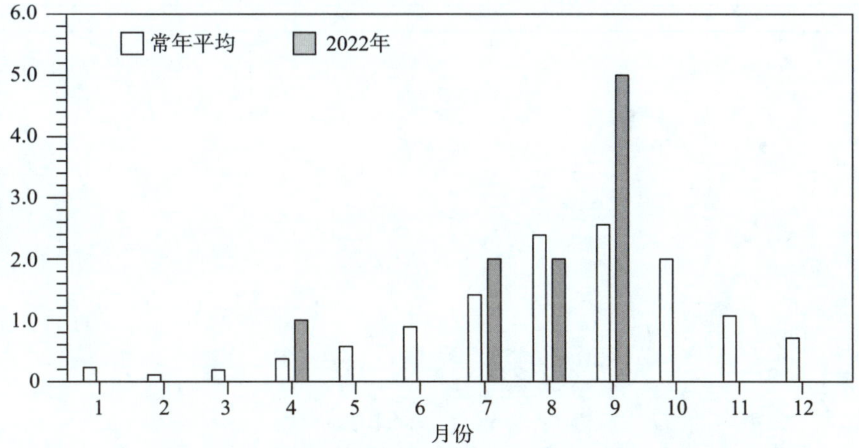

图1.1.7　台风、强热带风暴、热带风暴转向频数（以转向点的时间统计）

从路径密度分布来看，2022年热带气旋（热带风暴及以上）在东海东南部至台湾岛东部一带以及南海北部较常年平均活动更加活跃（图1.1.8）。

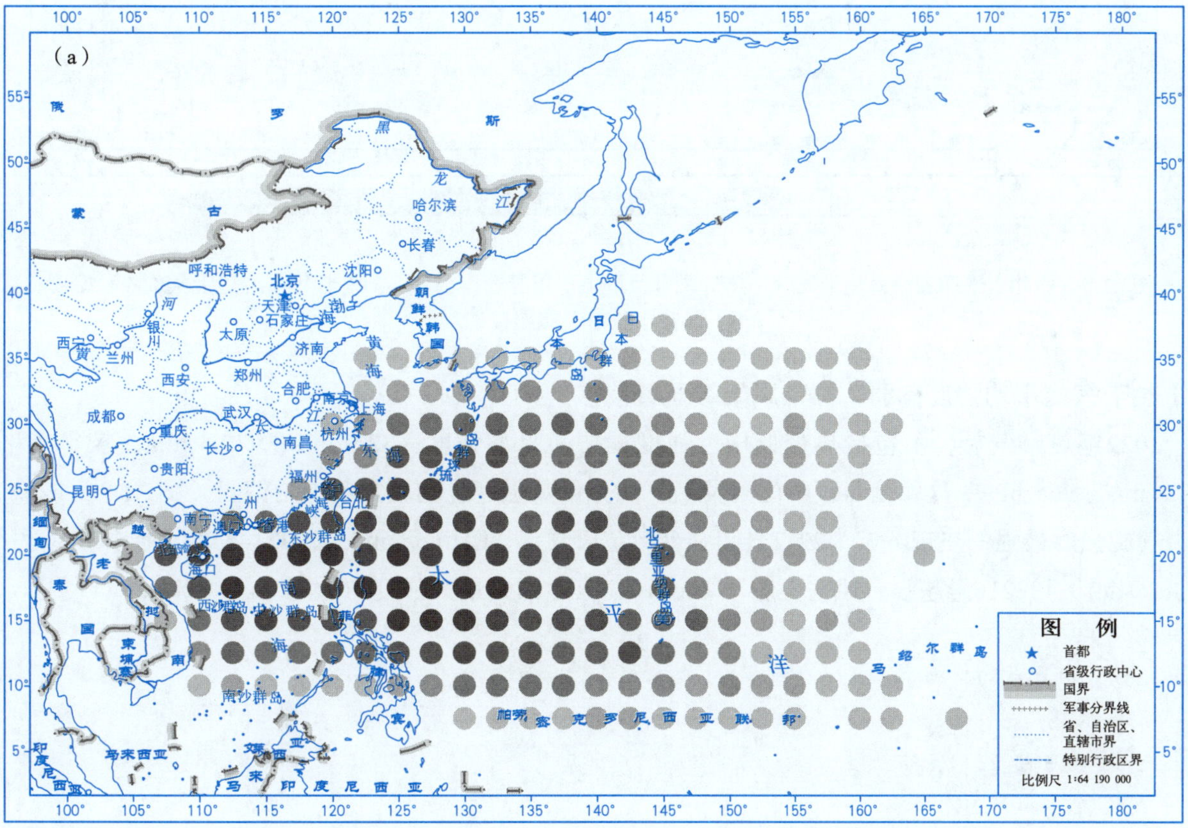

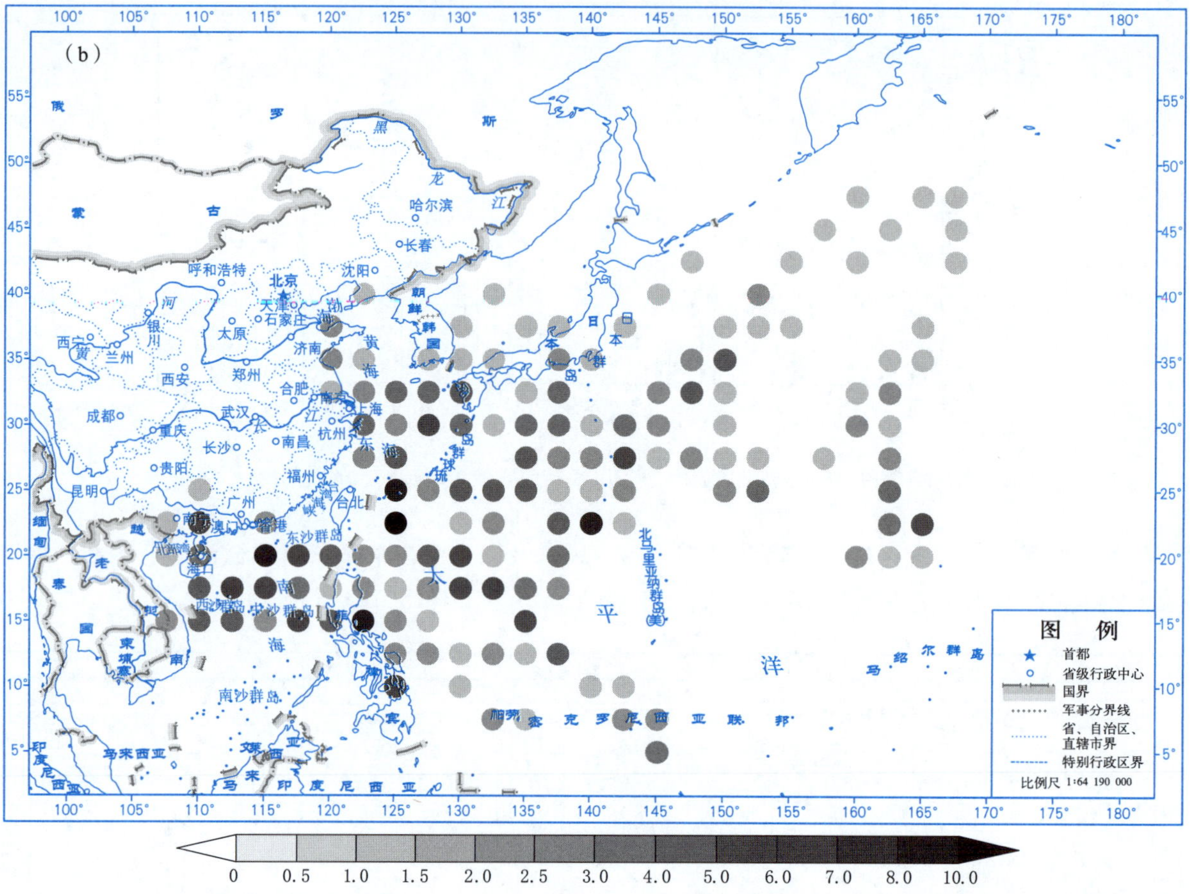

图1.1.8　西北太平洋和南海热带气旋（热带风暴及以上）路径密度分布：（a）常年平均热带气旋路径密度；（b）2022年热带气旋路径密度

（4）热带气旋平均强度偏弱，热带风暴级显著偏多

2022年热带气旋（不包括热带低压）强度偏弱，平均强度为32.9 m/s、970.4 hPa，较常年平均（39.8 m/s、965 hPa）显著偏弱，中位数及上下四分位数强度也均较常年平均偏弱（图1.1.9）。2022年热带气旋强度最强的热带气旋为2211号超强台风“轩岚诺”（Hinnamnor）、2214号超强台风“南玛都”（Nanmadol）和2216号超强台风“奥鹿”（Noru），其生命史最大强度均为 62 m/s，915 hPa。

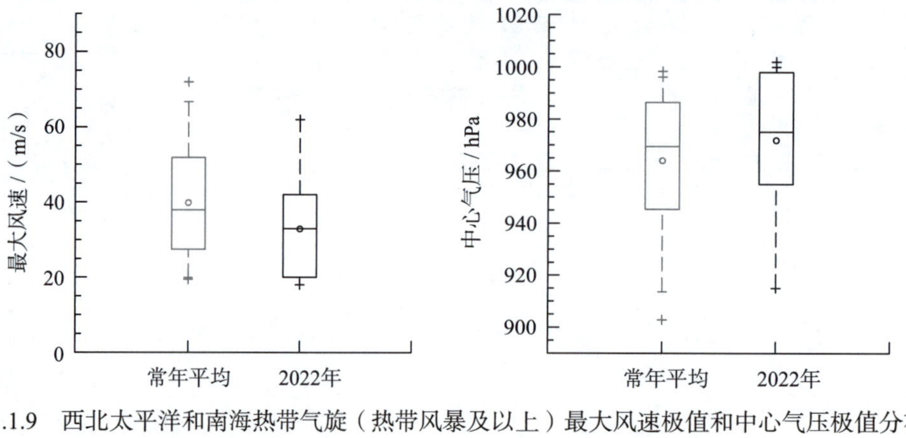

图1.1.9　西北太平洋和南海热带气旋（热带风暴及以上）最大风速极值和中心气压极值分布
（箱须图所示为生成经纬度的最大值、最小值、上下四分位数及中位数情况，空心圆为平均数）

热带风暴级（近中心最大风速17.2～24.4 m/s）共7个，占全年总数的30.4%，约是常年平均（16.0 %）的两倍。台风级（近中心最大风速32.7～41.4 m/s）出现频率为21.7%，与常年平均（21.1%）相当；强台风及以上级别（近中心最大风速≥41.5 m/s）的热带气旋出现频率为17.4%，约为常年平均的一半，显著偏少（图1.1.10，表1.1.4）。

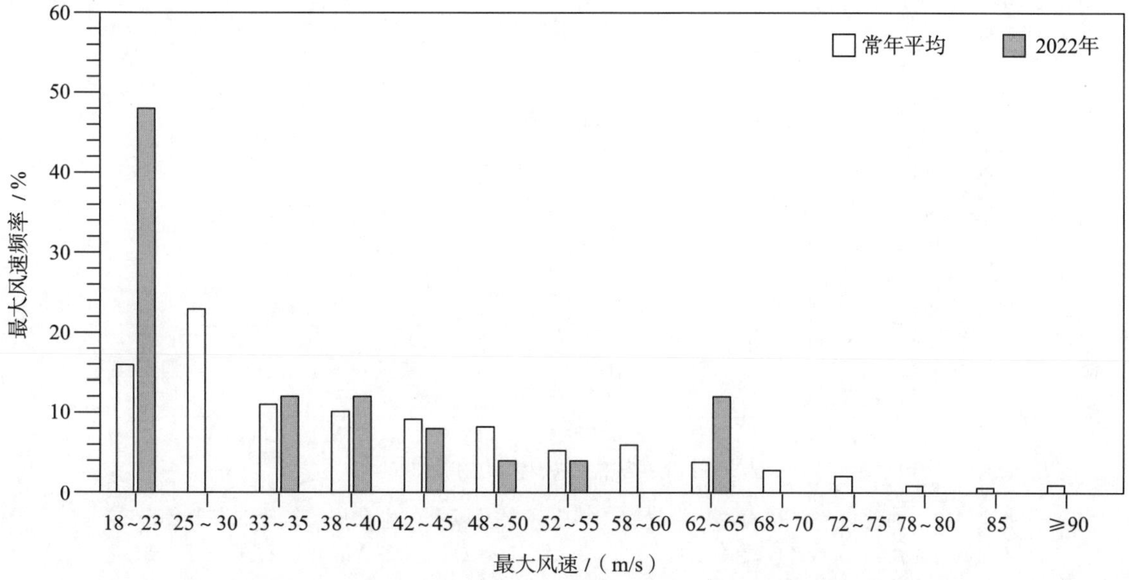

图1.1.10　台风、强热带风暴、热带风暴最大风速极值频率分布

近中心最低气压在高值区的样本较常年偏多，大于或等于990 hPa的样本占全年的44%，约为常年平均的2倍；低值区的样本较常年显著偏少，小于或等于939 hPa的样本占全年的12 %，较常年平均偏少7.9%；此外，940～959 hPa样本较常年平均偏多；其他期间分布均较常年平均偏少（图1.1.11、表1.1.5）。

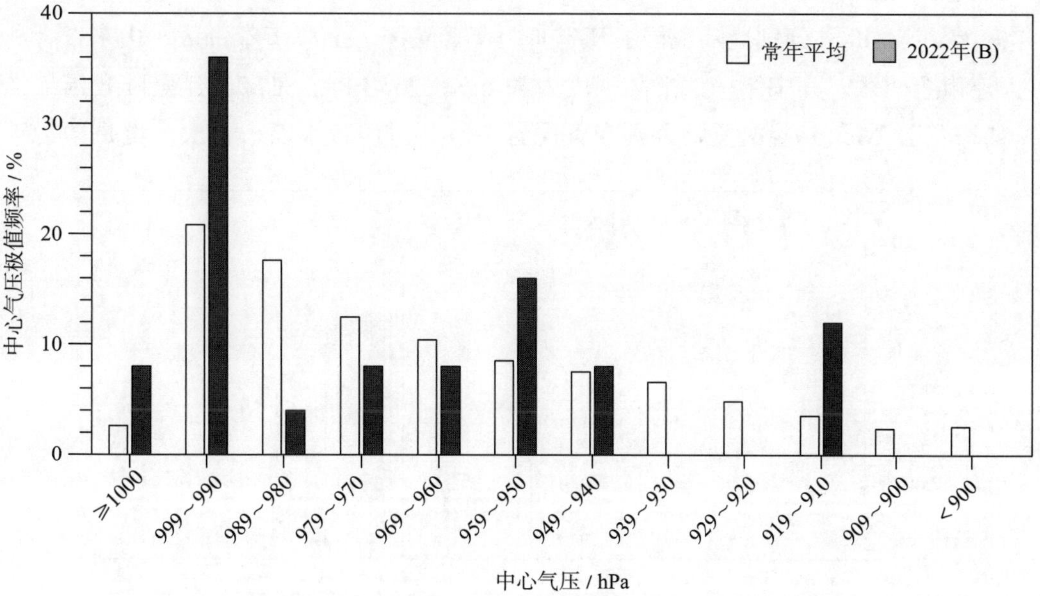

图1.1.11　台风、强热带风暴、热带风暴中心气压极值频率分布

（5）生命史持续时间偏短

2022年西北太平洋和南海生成的热带气旋（不包括热带低压）生命史持续时间整体偏短，持续时间的平均值、中位数和最大值较常年平均分别偏短32.0 h、32.4 h和60.8 h。其中，台风、强台风和超强台风持续时间的平均值较常年平均分别偏短20.2 h、13.2 h和19.0 h，中位数较常年平均分别偏短25.9 h、40.3 h和21.4 h（图1.1.12）。

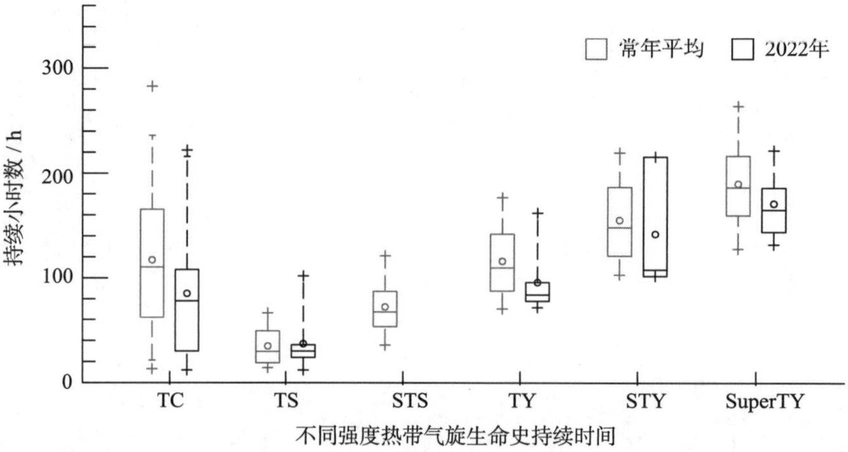

图1.1.12　西北太平洋和南海热带气旋（热带风暴及以上）生命史持续小时数频率分布
（箱须图所示为生成经纬度的最大值、最小值、上下四分位数及中位数情况，空心圆为平均数）

（6）登陆个数 / 次数偏少、登陆地段集中

2022年登陆我国的热带气旋有6个，共9次登陆，登陆个数和次数均较常年平均（8.9个/11.9次）偏少。其中8月有3个，7月、9月和11月分别有1个热带气旋登陆，其他月份均没有热带气旋登陆（表1.1.6和图1.1.13）。

热带气旋登陆地段集中，除了2212号强台风“梅花”（Muifa）以外，其他5个热带气旋均登陆广东省。“梅花”（Muifa）分别登陆我国浙江省舟山市普陀区、上海市奉贤区、山东省青岛市崂山区和辽宁省大连市金州区，其中第一次登陆强度为40 m/s，965 hPa，是2022年登陆我国最强的热带气旋。同时，“梅花”（Muifa）4次登陆分别在不同省（市）为1949年以来首次；也是1949年以来最晚

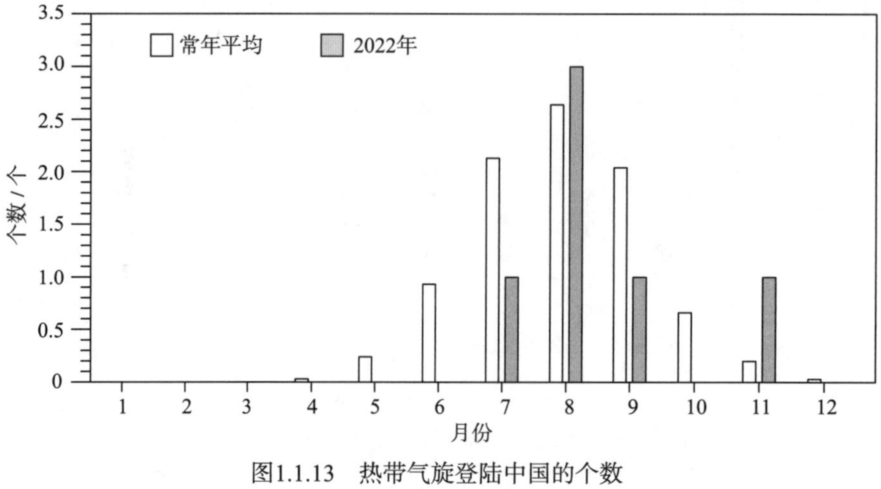

图1.1.13　热带气旋登陆中国的个数

登陆山东和辽宁的热带气旋（表1.1.7）。

从热带气旋登陆强度来看，平均登陆强度为26.0 m/s、985.3 hPa，弱于常年平均登陆强度值。其中，登陆强度为热带风暴级和台风级最多，均为3次；热带低压和强热带风暴级分别有2次和1次。

表 1.1.1 近十年西北太平洋台风、强热带风暴、热带风暴出现次数（2013—2022 年）

年份	1月	2月	3月	4月	5月	6月	7月	8月	9月	10月	11月	12月	合计
2013	1	1				4	3	7	7	6	2		31
2014	2	1		2		2	5	1	5	2	2	1	23
2015	1	1	2	1	2	2	4	4	4	4	1	1	27
2016							4	8	6	5	2	1	26
2017				1		1	8	6	4	4	2	2	28
2018	1	1	1			4	5	9	4	1	3		29
2019	1	1				1	4	5	6	4	6	1	29
2020					1	1		7	4	6	3	1	23
2021		1		1	1	2	3	4	4	4	1	1	22
2022				2		1	3	5	7	5	1	1	25
常年平均	0.44	0.24	0.39	0.67	1.04	1.81	4.01	5.73	5.06	3.77	2.44	1.20	26.81

表 1.1.2 近十年南海台风、强热带风暴、热带风暴出现次数（2013—2022 年）

年份	1月	2月	3月	4月	5月	6月	7月	8月	9月	10月	11月	12月	合计
2013(A)	1	1				2	2	2	2	2	2		14
2014(A)		1				2	1		2		1	2	9
2015(A)			1			1	1		1	2		1	7
2016(A)							2	1	2	3	1	1	10
2017(A)						1	4	3	2	1	3	3	17
2018(A)	1	1				2	1	1	2	1	2		11
2019(A)	1						2	1	1	1	1	2	9
2020(A)					1	1		3	1	4	4	1	15
2021(A)						2	1	1	2	2			9
2022(A)						1		2	1	3			7

（续表）

年份	1月	2月	3月	4月	5月	6月	7月	8月	9月	10月	11月	12月	合计
常年平均	0.07	0.04	0.07	0.14	0.40	0.94	1.56	1.47	1.71	1.59	1.29	0.59	9.87
2013(B)		1				1	1	1	1		1		6
2014(B)						1					1		2
2015(B)						1			1				2
2016(B)							1	1	1				3
2017(B)						1	4	1	2		3		11
2018(B)	1					1	1	1	1		2		7
2019(B)	1						2	1	1	1	1		7
2020(B)						1		3	1	2	1	1	9
2021(B)						1	1	1	1	1			5
2022(B)						1		1		1			3

注：（A）西北太平洋进入南海和南海产生的台风、强热带风暴、热带风暴出现次数；

（B）南海产生的台风、强热带风暴、热带风暴或由西北太平洋产生的热带低压移入南海后增强为热带风暴级的出现次数。

表 1.1.3　近十年台风、强热带风暴、热带风暴转向次数（2013—2022 年）

年份	1月	2月	3月	4月	5月	6月	7月	8月	9月	10月	11月	12月	合计
2013						1		1	2	5			9
2014						1	2	1	3	2	1		10
2015					2		1	4	3	2	1		13
2016								2	3	3	2		10
2017				1		1	1	2	2	2			9
2018			1			1	2	4	2	1	1		12
2019							1	2	3	4	3		13
2020								1	1	1			3
2021				1		2		1	2	2		2	10
2022				1			2	2	5				10
常年平均	0.23	0.11	0.19	0.37	0.57	0.89	1.41	2.39	2.56	2.00	1.07	0.71	12.50

表 1.1.4　近十年台风、强热带风暴、热带风暴中心最大风速极值频率分布（2013—2022 年）

年份	风速/（m/s）														
	18~23	25~30	33~35	38~40	42~45	48~50	52~55	58~60	62~65	68~70	72~75	78~80	85	≥90	合计
2013	29.03	22.58	6.45	3.23	12.90	6.45	3.23	9.68	3.23			3.23			100
2014	26.09	26.09	4.35		8.70	4.35	4.35	4.35	4.35	13.04	4.35				100
2015	14.81	7.41	7.41		11.11	3.70	25.93	14.81	11.11	3.70					100
2016	30.77	19.23	3.85		7.69	7.69	11.54	3.85	3.85	3.85	7.69				100
2017	39.29	17.86	3.57	10.71	14.29		10.71	3.57							
2018	20.69	27.59	6.90	3.45	10.34	3.45		13.79	10.34	3.45					100
2019	27.59	13.79	10.34	6.90	10.34	10.34	3.45	6.90	6.90	3.45					100
2020	21.74	21.74	8.70	13.04	8.70	13.04	4.35	4.35		4.35					100
2021	30.43	17.39	13.04	8.70	4.35		4.35	4.35		4.35					100
2022	48.00		12.00	12.00	8.00	4.00	4.00		12.00						100
常年平均	15.95	22.94	11.00	10.12	9.16	8.23	5.28	5.97	3.85	2.83	2.11	0.90	0.64	0.99	100

表 1.1.5　近十年台风、强热带风暴、热带风暴中心气压极值频率分布（2013—2022 年）

年份	气压/hPa												
	1004～1000	999～990	989～980	979～970	969～960	959～950	949～940	939～930	929～920	919～910	909～900	<900	合计
2013	12.90	12.90	22.58	6.45	3.23	12.90	9.68	3.23	6.45	6.45		3.23	100
2014	4.35	21.74	26.09	4.35	4.35	4.35	4.35	4.35	4.35	4.35	13.04	4.35	100
2015		18.52	3.70	7.41		11.11	7.41	33.33	7.41	7.41	3.70		100
2016		26.92	23.08	3.85		7.69	11.54	7.69	3.85	3.85	3.85	7.69	100
2017	3.57	35.71	17.86	3.57	10.71	14.29		10.71	3.57				100
2018	10.34	13.79	27.59	3.45	6.90	10.34	3.45		10.34	6.90	3.45	3.45	100
2019		27.59	13.79	10.34	13.79	3.45	10.34	3.45	6.90	6.90	3.45		100
2020	4.35	17.39	21.74	13.04	13.04	13.04	8.70		4.35		4.35		100
2021		36.36	18.18	13.64	4.55	4.55	4.55		4.55	4.55	4.55	4.55	100
2022	8.00	36.00	4.00	8.00	8.00	16.00	8.00			12.00			100
常年平均	2.61	20.82	17.62	12.49	10.40	8.52	7.52	6.58	4.84	3.55	2.39	2.58	100

表 1.1.6　近十年在我国登陆的热带气旋个数（2013—2022 年）

年份	1月	2月	3月	4月	5月	6月	7月	8月	9月	10月	11月	12月	合计
2013						1	3	4	1	1			10
2014						1	2	1	3				7
2015						1	1	1	1	1			5
2016					1		2	2	2	2			9
2017						1	3	2	2	1			9
2018						2	3	5	2				12
2019							1	3	1	1			6
2020						1		4		1			6
2021						1	3	1		2			7
2022							1	3	1		1		6
常年平均	0	0	0	0.03	0.24	0.93	2.13	2.64	2.04	0.66	0.20	0.03	8.91

表 1.1.7　近十年热带气旋在我国登陆的地区分布（2013—2022 年）

年份	广西	广东（香港）	海南	台湾	福建	浙江	上海	江苏	山东	辽宁	天津	合计
2013		3	2	1	3/4	1						10/11
2014	0/1	2/4	2	2/3	1/2	0/1	0/1		0/1			7/15
2015		2	1	2	0/2							5/7
2016	0/1	4	2	2	1/3							9/12
2017		6	1	2	0/2							9/11
2018*		3/7	2/4	2	1/2	2	3		0/1			12/20
2019	0/1	0/1	3	1	0/1	2			0/2			6/11
2020		2	2		1	1						6/6
2021		2	4	0/1	0/1	1/2						7/10
2022		5				1/1	0/1		0/1	0/1		6/9
常年平均	0.03/0.51	4.63/5.33	1.97/2.06	2.00/2.07	0.60/1.74	0.54/0.69	0.07/0.11	0.06/0.09	0.14/0.29	0.04/0.16	0/0.01	8.91/11.94

注：分母为首次和多次登陆次数，分子为第一次登陆次数，如两者相同，则用整数表示。

* 2018年1812号强台风“云雀”（Jongdari）登陆浙江平湖—上海金山交界，在表1.1.7的分省统计中，浙江和上海各算登陆1次；在全年合计中，只算登陆1次。

1.2 2022 年热带气旋纪要表

2022 年西北太平洋热带气旋纪要表

序号	中央气象台编号	国际编号	中英文名称	起讫日期/（月.日）	强度	达到热带风暴强度开始日期/（月.日）	中心气压/hPa	最大风速/（m/s）	发现点		路径趋势
									北纬/°N	东经/°E	
1	2201	2201	马勒卡（Malakas）	4.7—4.18	超强台风	4.8	940	52	3.9	148.5	中转向
2	2202	2202	鲇鱼（Megi）	4.9—4.12	热带风暴	4.10	995	20	10.8	127.1	西行
3	2203	2203	暹芭（Chaba）	6.29—7.7	台风	6.30	960	38	15.4	115.9	登陆后转向
4	2204	2204	艾利（Aere）	6.30—7.10	热带风暴	7.1	990	23	18.2	131.9	中转向
5	2205	2205	桑达（Songda）	7.28—8.2	热带风暴	7.28	998	18	20.6	139.9	西北行
6	2206	2206	翠丝（Trases）	7.30—8.1	热带风暴	7.31	998	18	21.2	127.2	北上
7				8.3—8.4	热带低压		1002	13	21.4	117.5	西北行
8	2207	2207	木兰（Mulan）	8.8—8.11	热带风暴	8.9	995	20	15.5	111.7	西北行
9	2208	2208	米雷（Meari）	8.10—8.16	热带风暴	8.12	988	20	26.0	140.0	中转向
10	2209	2209	马鞍（Ma-on）	8.21—8.26	台风	8.22	970	35	17.6	127.9	西行
11	2210	2210	蝎虎（Tokage）	8.21—8.27	强台风	8.22	955	42	21.5	150.7	东转向
12	2211	2211	轩岚诺（Hinnamnor）	8.28—9.9	超强台风	8.28	915	62	23.8	150.8	西转向
13				8.30—9.1	热带低压		1000	15	20.0	133.9	西北行
14	2212	2212	梅花（Muifa）	9.6—9.17	强台风	9.7	940	50	21.5	136.7	登陆后转向
15	2213	2213	苗柏（Merbok）	9.11—9.20	台风	9.11	950	38	20.9	159.4	北上
16	2214	2214	南玛都（Nanmadol）	9.13—9.20	超强台风	9.14	915	62	22.0	138.3	中转向
17	2215	2215	塔拉斯（Talas）	9.21—9.27	热带风暴	9.22	1000	18	22.5	140.7	中转向
18	2216	2216	奥鹿（Noru）	9.21—9.29	超强台风	9.23	915	62	17.5	133.7	西行
19	2217	2217	玫瑰（Kulap）	9.25—10.3	台风	9.26	950	33	20.0	146.9	东转向
20	2218	2218	洛克（Roke）	9.28—10.5	台风	9.28	965	40	21.2	132.4	东北行
21				10.13—10.16	热带低压		1000	15	14.6	151.3	东北行
22	2219	2219	桑卡（Sonca）	10.13—10.15	热带风暴	10.14	998	18	12.8	113.8	西北行
23	2220	2220	纳沙（Nesat）	10.15—10.20	强台风	10.15	955	42	19.1	126.9	西行
24	2221	2221	海棠（Haitang）	10.17—10.20	热带风暴	10.18	1002	18	26.9	156.5	东北行
25				10.20—10.23	热带低压		1000	15	21.0	129.3	西行
26	2222	2222	尼格（Nalgae）	10.26—11.3	台风	10.27	975	33	12.5	133.6	西北行

（续表）

序号	中央气象台编号	国际编号	中英文名称	起讫日期/（月.日）	强度	达到热带风暴强度开始日期/（月.日）	中心气压/hPa	最大风速/（m/s）	发现点		路径趋势
									北纬/°N	东经/°E	
27	2223	2223	榕树（Banyan）	10.28—11.1	热带风暴	10.31	998	18	7.8	140.1	西行
28	2224	2224	山猫（Yamaneko）	11.12—11.14	热带风暴	11.12	998	20	20.2	165.9	北上
29	2225	2225	帕卡（Pakhar）	12.10—12.13	热带风暴	12.11	995	23	14.3	125.2	东北行

1.3 2022 年登陆我国的热带气旋纪要表

2022 年登陆我国的热带气旋纪要表

序号	中央气象台编号	国际编号	中英文名称	强度	在我国登陆				
					地点	时间	最大		中心气压/hPa
							风力/级	风速/（m/s）	
3	2203	2203	暹芭（Chaba）	台风	广东省茂名市电白区	7月2日15时	12	35	965
7				热带低压	广东省惠州市惠东县	8月4日09时40分	6	13	1002
8	2207	2207	木兰（Mulan）	热带风暴	广东省湛江市徐闻县	8月10日08时15分	8	20	995
10	2209	2209	马鞍（Ma-on）	台风	广东省茂名市电白区	8月25日10时30分	11	30	982
14	2212	2212	梅花（Muifa）	强台风	浙江省舟山市普陀区	9月14日20时30分	13	40	965
					上海市奉贤区	9月15日00时30分	12	35	975
					山东省青岛市崂山区	9月16日00时	9	23	990
					辽宁省大连市金州区	9月16日11时25分	9	23	992
26	2222	2222	尼格（Nalgae）	台风	广东省珠海市香洲区	11月3日04时50分	7	15	1002

1.4 2022 年热带气旋对我国的影响简表

2022 年热带气旋对我国的影响简表

中央气象台编号	中英文名称	热带气旋对我国的影响			
		项目	日期/（月.日）	概 况	极 值
2203	暹芭（Chaba）	大风	6.30—7.7	海南部分、广东部分、广西局部、湖南局部、江西部分、福建九仙山、浙江沿海部分、安徽东至和黄山、湖北西部部分、重庆巫山、江苏西连岛、山东局部和辽宁长海出现最大风力6级、阵风7～10级；广东西南部部分、广西桂平出现最大风力8级、阵风10～11级。	广东珠海 20.5（26.7 m/s） 广东上川岛 19.2（30.5 m/s）

（续表）

中央气象台编号	中英文名称	热带气旋对我国的影响			
		项目	日期/（月.日）	概　况	极 值
2203	暹芭（Chaba）	降水	6.29—7.7	广东东部局部、广西小部、云南东部部分、四川南部偏南局部、重庆小部、贵州大部、湖南小部、江西大部、福建大部、浙江小部、江苏局部、安徽部分、湖北部分、河南大部、山西局部、河北大部、山东部分、辽宁局部、内蒙古东南局部、吉林部分、黑龙江南部局部总雨量为10～50 mm；海南小部、广东部分、广西东部南部部分、福建东部和南部部分、云南红河和绿春、贵州金沙和江口、重庆万州、湖南大部、江西西部部分、湖北部分、安徽小部、江苏西北部分、河南部分、山东大部、山西武乡和陵川、北京怀柔、河北中南部部分、天津部分、辽宁大部、吉林中部部分、黑龙江五常和木兰总雨量为50～150 mm；海南大部、广东部分、广西东部局部、湖南局部、湖北公安、河南局部、江苏北部局部、山东局部总雨量为150～300 mm；海南局部、广东局部总雨量为300～458 mm	海南三亚 475.5 mm（2 d）
2205	桑达（Songda）	降水	7.30—8.2	浙江局部、上海局部、江苏南部局部、山东局部、辽宁局部、吉林南部局部、黑龙江绥芬河总雨量为10～50 mm；浙江嘉善、上海奉贤、山东半岛东部局部总雨量为50～92 mm	山东成山头 91.8 mm（1 d）
TD01		大风	8.3—8.4	广东潮阳和广西临桂出现最大风力6级、阵风7 级，福建九仙山出现最大风力7级、阵风8级	福建九仙山 15.4（19.9）m/s
		降水	8.3—8.5	海南部分、广东部分、广西部分、云南东部部分、四川南部局部、重庆南部局部、贵州部分、湖南局部、江西南部局部及临川、福建南部局部总雨量为10～50 mm，海南保亭、广东部分、广西局部、云南河口、四川威远和南溪、江西寻乌、福建南部局部总雨量50～150 mm；广东南部局部、广西涠洲岛和柳江总雨量150～232 mm	广东揭西 231.4 mm（3 d）
2207	木兰（Mulan）	降水	8.8—8.11	海南局部、广东北部部分、广西大部、云南南部局部、贵州南部局部、湖南永兴、江西南部局部、福建南部局部总雨量为10～50 mm；海南部分、广东部分、广西南部局部总雨量为50～150 mm；广东南部沿海部分、广西沿海局部总雨量为150～261 mm	广东上川岛 260.5 mm（4 d）
2209	马鞍（Ma-on）	大风	8.24—8.26	广东部分、广西中东部大部、云南峨山和元江、贵州安顺和平塘、湖南郴州、江西永新和金溪、福建九仙山出现最大风力6～7级、阵风7～10级；广东西南沿海局部、广西涠洲岛和崇左出现最大风力8～9级阵风9～11级；广西防城港出现最大风力10级、阵风12级	广西防城港 25.0（33.6）m/s

（续表）

<table>
<tr><th rowspan="2">中央气象台编号</th><th rowspan="2">中英文名称</th><th colspan="4">热带气旋对我国的影响</th></tr>
<tr><th>项目</th><th>日期/（月.日）</th><th>概　况</th><th>极 值</th></tr>
<tr><td>2209</td><td>马鞍（Ma-on）</td><td>降水</td><td>8.24—8.26</td><td>海南局部、广东大部、广西大部、云南部分、贵州南部部分、四川宁南、湖南局部、江西金溪、福建南部局部总雨量为10～50 mm；海南大部、广东南部沿海部分、广西南部部分、云南屏边和勐腊、福建莆田总雨量为50～150 mm；海南琼山、广东徐闻和阳春、广西东兴和涠洲岛总雨量为150～218 mm</td><td>广西东兴
217.1 mm（2 d）</td></tr>
<tr><td rowspan="2">2211</td><td rowspan="2">轩岚诺（Hinnamnor）</td><td>大风</td><td>9.1—9.8</td><td>广东局部、湖南衡山、江西瑞金和庐山、福建东部部分、浙江东部部分、安徽天柱山、江苏沿海局部、内蒙古东北部局部、黑龙江东南部大部及呼玛出现最大风力6～7级、阵风7～10级；浙江沿海局部、安徽黄山和黑龙江绥滨出现最大风力8～9级、阵风9～11级</td><td>浙江大陈
22.7（29.4）m/s
浙江嵊泗
22.0（30.5）m/s</td></tr>
<tr><td>降水</td><td>9.1—9.8</td><td>海南局部、广东沿海局部、广西涠洲岛、福建局部、浙江部分、安徽南部局部、上海大部、江苏东南部部分、黑龙江中东部部分总雨量为10～50 mm；广东东部偏东局部、浙江东北部部分、上海大部、江苏南部局部、黑龙江局部总雨量为50～150 mm；浙江东北部局部总雨量为150～274 mm</td><td>浙江鄞州
273.9 mm
（4 d）</td></tr>
<tr><td rowspan="2">2212</td><td rowspan="2">梅花（Muifa）</td><td>大风</td><td>9.11—9.17</td><td>福建北部局部、浙江沿海部分、江西庐山、安徽黄山、上海部分、江苏东南部部分、山东胶东半岛沿海部分、辽东半岛沿海部分出现最大风力6～7级、阵风7～11级；浙江沿海局部、江苏西连岛、山东泰山和成山头出现最大风力8～9级阵风9～12级；浙江嵊泗出现最大风力11级、阵风14级</td><td>浙江嵊泗
28.0（41.7）m/s</td></tr>
<tr><td>降水</td><td>9.12—9.17</td><td>福建罗源、江西九江、浙江局部、安徽局部、江苏部分、山东局部、辽宁局部、吉林中南部部分、黑龙江东南部部分总雨量为10～50 mm；浙江东部部分、安徽南部局部、上海大部、江苏东部南部部分、山东半岛部分、辽宁东南部部分、吉林南部部分、黑龙江南部局部总雨量为50～150 mm；浙江东北部部分、上海局部、山东半岛部分、辽宁南部局部总雨量为150～300 mm；浙江北部局部总雨量为300～328 mm</td><td>浙江鄞州
327.1 mm
（4 d）</td></tr>
<tr><td rowspan="2">2216</td><td rowspan="2">奥鹿（Noru）</td><td>大风</td><td>9.26—9.29</td><td>海南西沙和珊瑚、云南开远、广东徐闻和上川岛、福建沿海局部和九仙山出现最大风力6～7级、阵风7～9级；海南三亚出现最大风力8级、阵风10级</td><td>海南三亚
18.1（27.6）m/s</td></tr>
<tr><td>降水</td><td>9.26—9.29</td><td>海南南部局部、广东西南部部分、广西南部局部总雨量为10～50 mm；海南大部、广东西南部局部、广西涠洲岛总雨量为50～150 mm；海南局部、广东湛江和雷州总雨量为150～224 mm</td><td>海南西沙
223.6 mm
（2 d）</td></tr>
</table>

（续表）

中央气象台编号	中英文名称	热带气旋对我国的影响			
		项目	日期/（月.日）	概　况	极 值
2219	桑卡（Sonca）	大风	10.14—10.15	海南珊瑚出现最大风力6级、阵风8级；海南三亚出现最大风力8级、阵风11级	海南三亚 17.2（28.7）m/s
		降水	10.13—10.15	海南局部总雨量为10～17 mm；海南西沙总雨量101.1 mm；海南珊瑚总雨量140.3 mm	海南珊瑚 140.3 mm （3 d）
2220	纳沙（Nesat）	大风	10.15—10.20	海南局部、广西局部、广东中东部部分、福建沿海部分、江西瑞金、浙江玉环出现最大风力6～7级、阵风7～10级；海南西沙、广东上川岛、福建东山和九仙山出现最大风力8级阵风9～11级	福建东山 19.6（24.7）m/s 广东上川岛 17.7（28.5）m/s
		降水	10.15—10.20	海南西南部分、广东西南部沿海部分、广西西南部部分、云南富宁、福建九仙山和长乐总雨量为10～50 mm；海南局部、广西西南部局部、广东徐闻总雨量为50～150 mm；海南东部大部总雨量为150～282 mm；海南屯昌总雨量378.2 mm	海南屯昌 378.2 mm （4 d）

注：1. 括号内的天数是指一次台风过程降水量≥10 mm的天数。

2. 无括号的风速为最大风速，有括号的风速为极大风速，即阵风。

1.5　2022 年热带气旋编号、名称、日期对照表

2022 年西北太平洋热带气旋编号、名称、日期对照表

热带气旋等级	序号	中央气象台编号	中英文名称	起讫日期/（月.日）
超强台风	1	2201	马勒卡（Malakas）	4.7—4.18
	12	2211	轩岚诺（Hinnamnor）	8.28—9.9
	16	2214	南玛都（Nanmadol）	9.13—9.20
	18	2216	奥鹿（Noru）	9.21—9.29
强台风	14	2212	梅花（Muifa）	9.6—9.17
	23	2220	纳沙（Nesat）	10.15—10.20
	11	2210	蝎虎（Tokage）	8.21—8.27
台风	3	2203	暹芭（Chaba）	6.29—7.7
	10	2209	马鞍（Ma-on）	8.21—8.26
	15	2213	苗柏（Merbok）	9.11—9.20
	19	2217	玫瑰（Kulap）	9.25—10.3
	20	2218	洛克（Roke）	9.28—10.5

（续表）

热带气旋等级	序号	中央气象台编号	中英文名称	起讫日期/（月.日）
台风	26	2222	尼格（Nalgae）	10.26—11.3
热带风暴	2	2202	鲇鱼（Megi）	4.9—4.12
	4	2204	艾利（Aere）	6.30—7.10
	5	2205	桑达（Songda）	7.28—8.2
	6	2206	翠丝（Trases）	7.30—8.1
	8	2207	木兰（Mulan）	8.8—8.11
	9	2208	米雷（Meari）	8.10—8.16
	17	2215	塔拉斯（Talas）	9.21—9.27
	22	2219	桑卡（Sonca）	10.13—10.15
	24	2221	海棠（Haitang）	10.17—10.20
	27	2223	榕树（Banyan）	10.28—11.1
	28	2224	山猫（Yamaneko）	11.12—11.14
	29	2225	帕卡（Pakhar）	12.10—12.13
热带低压	7			9.3—8.4
	13			9.30—9.1
	21			10.13—10.16
	25			10.20—10.23

2　2022年逐个热带气旋概述

2.1 2201 号超强台风“马勒卡”(Malakas)

第 2201 号超强台风“马勒卡”是由 4 月 7 日早晨位于美国关岛东南约 1150 km 的西北太平洋洋面上一个热带低压发展形成。形成后低压中心向西北方向移动，8 日早晨增强为热带风暴，移速缓慢，10 日早晨增强为强热带风暴，并逐渐转向偏北方向移动。之后，“马勒卡”进入快速增强阶段，12 日早晨增强为台风，夜间继续增强为强台风后折向北偏东，14 日凌晨短暂增强为超强台风。之后，超强台风“马勒卡”强度迅速减弱，15 日下午减弱至强热带风暴，次日早晨发生变性，并加速向东北方向移动，于 18 日凌晨穿过阿留申群岛，早晨随即在白令海海域减弱消散。

表 2.1.1 是超强台风“马勒卡”的中心位置和强度。图 2.1.1 ～图 2.1.3 分别是超强台风“马勒卡”路径图、大风区域演变图和 2022 年 4 月 14 日 08 时 500 hPa 高度场图。

表 2.1.1 2201 号超强台风“马勒卡”(Malakas) 4 月 7—18 日中心位置和强度

年	月	日	时	中心位置		中心气压 /hPa	最大风速 /（m/s）
				北纬 /°N	东经 /°E		
2022	4	7	08	3.9	148.5	1002	13
	4	7	14	4.0	147.6	1002	13
	4	7	20	4.2	147.0	1000	15
	4	8	02	4.5	146.4	1000	15
	4	8	08	5.0	146.2	998	18
	4	8	14	5.6	145.8	998	18
	4	8	20	6.2	145.2	998	18
	4	9	02	6.6	144.7	995	20
	4	9	08	7.0	144.2	995	20
	4	9	14	7.4	143.6	995	20
	4	9	20	8.2	142.5	992	23
	4	10	02	9.4	141.3	992	23
	4	10	08	10.6	139.8	990	25
	4	10	14	11.3	138.6	990	25
	4	10	20	11.8	137.3	990	25
	4	11	02	11.9	136.8	990	25
	4	11	08	12.4	136.4	990	25
	4	11	14	13.3	136.0	990	25

（续表）

年	月	日	时	中心位置		中心气压/hPa	最大风速/（m/s）
				北纬 /°N	东经 /°E		
2022	4	11	20	14.1	135.7	985	28
	4	12	02	14.7	135.6	980	30
	4	12	08	15.3	135.1	975	33
	4	12	14	15.8	135.1	965	38
	4	12	20	16.1	135.4	955	42
	4	13	02	16.7	135.9	955	42
	4	13	08	17.3	136.4	945	48
	4	13	14	17.8	137.0	945	48
	4	14	02	19.7	137.5	940	52
	4	14	08	20.6	138.0	940	52
	4	14	14	21.6	138.5	950	45
	4	14	20	22.7	139.2	955	42
	4	15	02	24.3	140.3	960	38
	4	15	08	26.3	140.9	965	33
	4	15	14	28.1	141.9	970	28
	4	15	20	30.1	143.9	975	25
	4	16	02	32.3	146.8	975	25
△	4	16	08	34.8	149.4	978	23
	4	16	14	38.1	152.2	978	23
	4	16	20	41.9	155.7	978	23
	4	17	02	44.4	158.1	970	20
	4	17	08	46.8	161.0	970	20
	4	17	14	49.1	166.0	970	20
	4	17	20	51.2	171.6	970	20
	4	18	02	53.1	178.4	970	20
	4	18	08	53.4	184.8	972	18
消散							

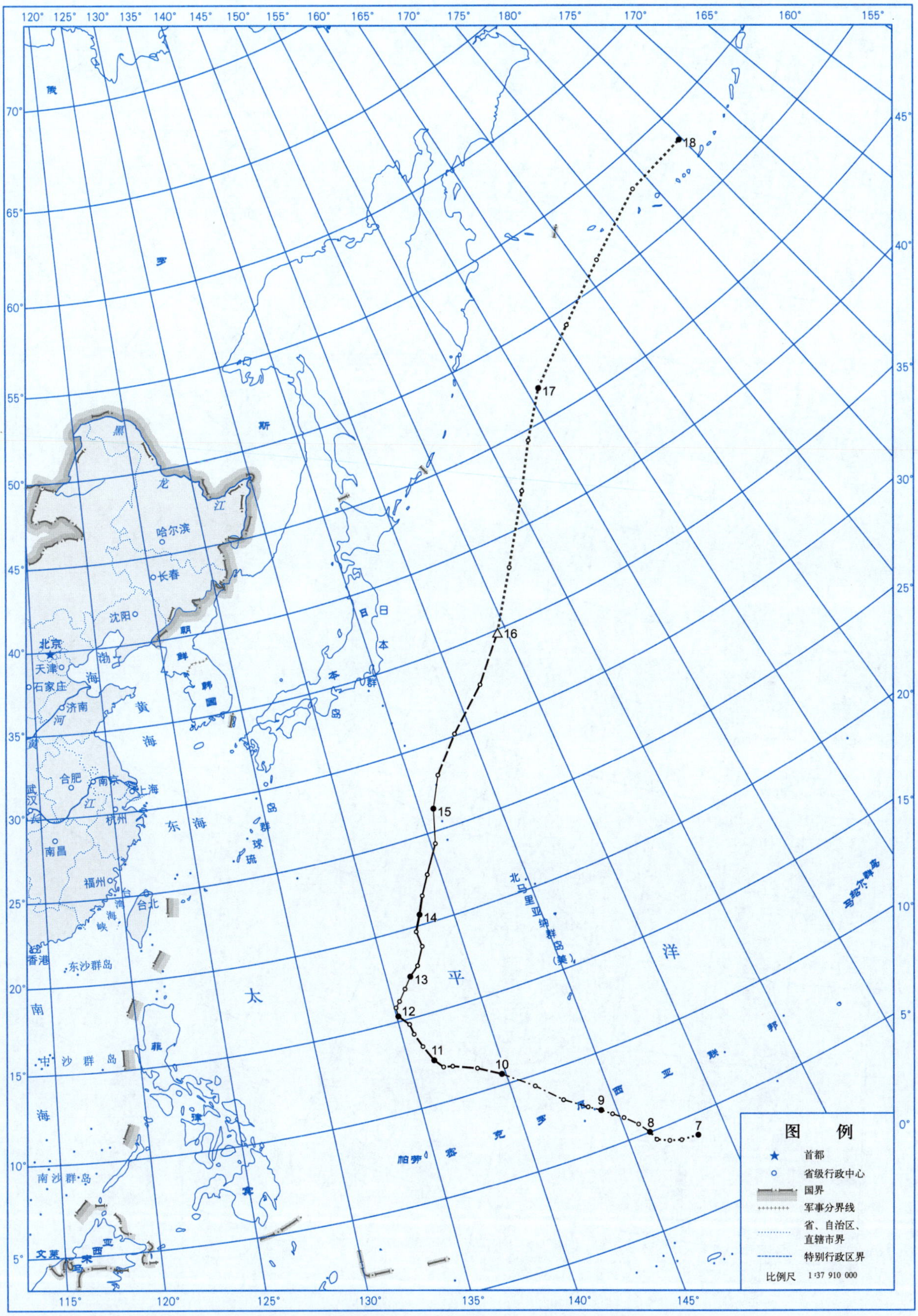

图 2.1.1　2201号超强台风“马勒卡”（Malakas）路径

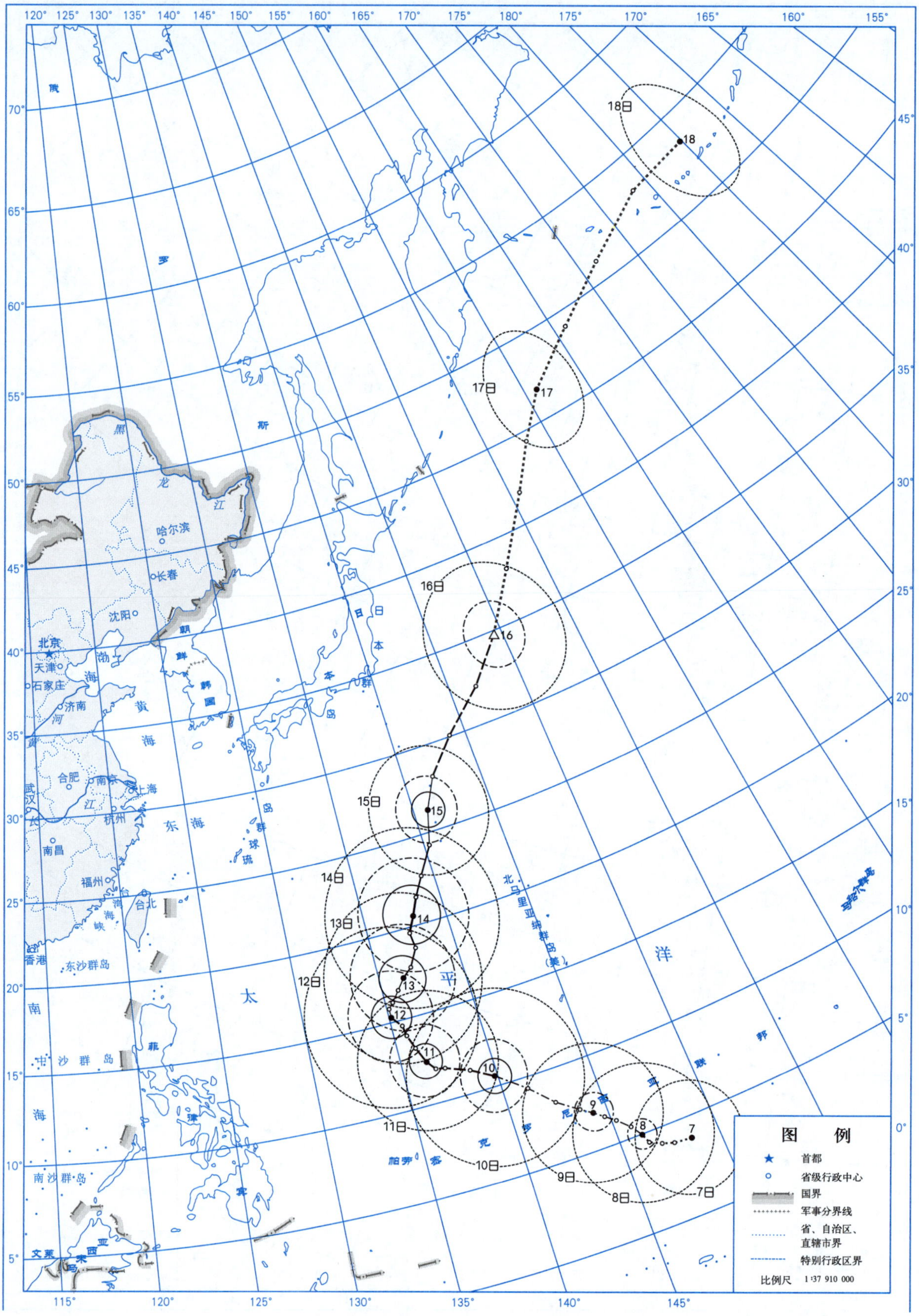

图 2.1.2 2201号超强台风"马勒卡"（Malakas）大风区域演变

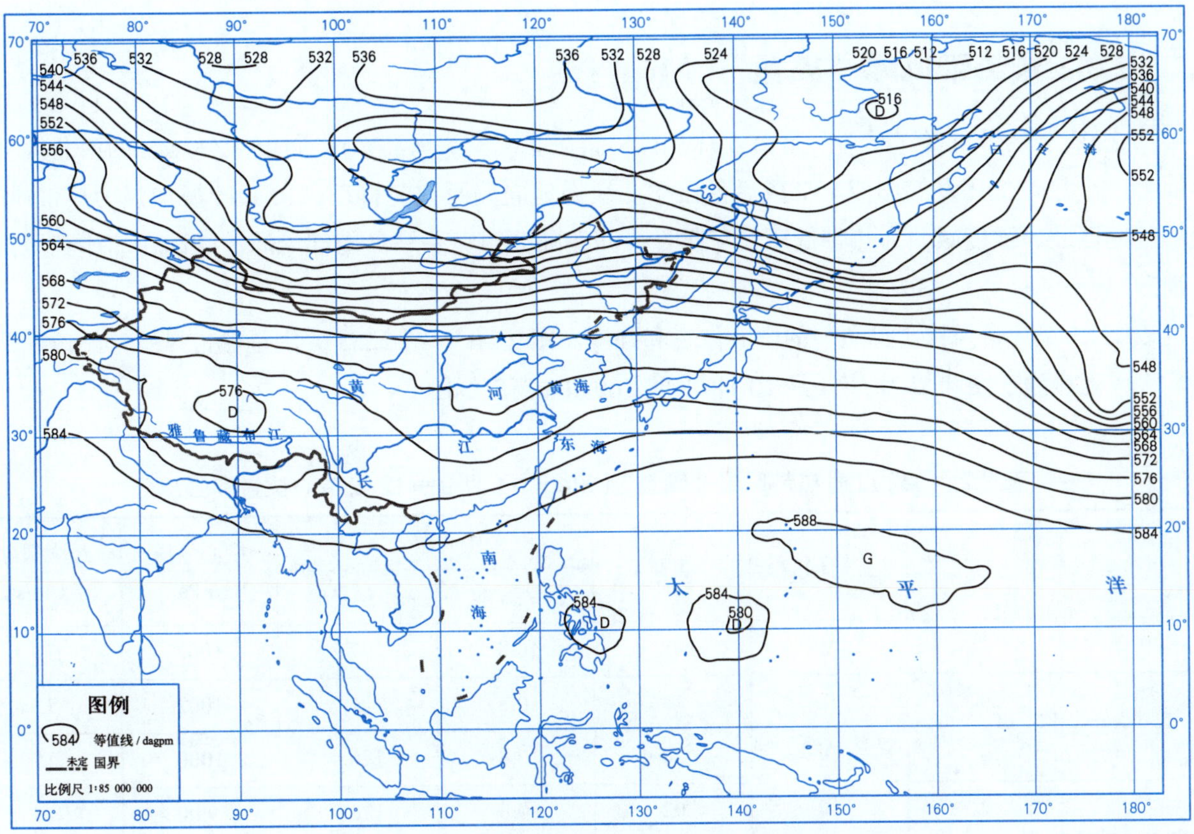

图 2.1.3　2022年4月14日08时500 hPa高度场

2.2 2202 号热带风暴“鲇鱼”（Megi）

第 2202 号热带风暴“鲇鱼”是由 4 月 9 日早晨在菲律宾萨马岛东南方向约 200 km 的西北太平洋洋面上一个热带低压发展形成。形成后低压中心缓慢地向偏西方向移动，10 日凌晨加强为热带风暴，随后转向西北，强度减弱为热带低压，于次日夜间登陆菲律宾萨马岛南部沿海，随即在菲律宾境内减弱消散。

表 2.2.1 是热带风暴“鲇鱼”的中心位置和强度。图 2.2.1 ～图 2.2.3 分别是热带风暴“鲇鱼”路径图、大风区域演变图和 2022 年 4 月 10 日 08 时 500 hPa 高度场图。

表 2.2.1 2202 号热带风暴“鲇鱼”（Megi）4 月 9—12 日中心位置和强度

年	月	日	时	中心位置		中心气压 /hPa	最大风速 /（m/s）
				北纬 /°N	东经 /°E		
2022	4	9	08	10.8	127.1	1002	13
	4	9	14	10.8	126.7	1002	13
	4	9	20	10.8	126.4	1000	15
	4	10	02	10.8	126.0	998	18
	4	10	08	10.8	125.7	995	20
	4	10	14	10.8	125.5	995	20
	4	10	20	10.9	125.3	998	18
	4	11	02	11.0	125.2	998	18
	4	11	08	11.1	125.1	1000	15
	4	11	14	11.2	125.1	1000	15
	4	11	20	11.3	125.1	1002	13
	4	12	02	11.3	125.1	1002	13
	4	12	08	11.3	125.1	1002	13
消散							

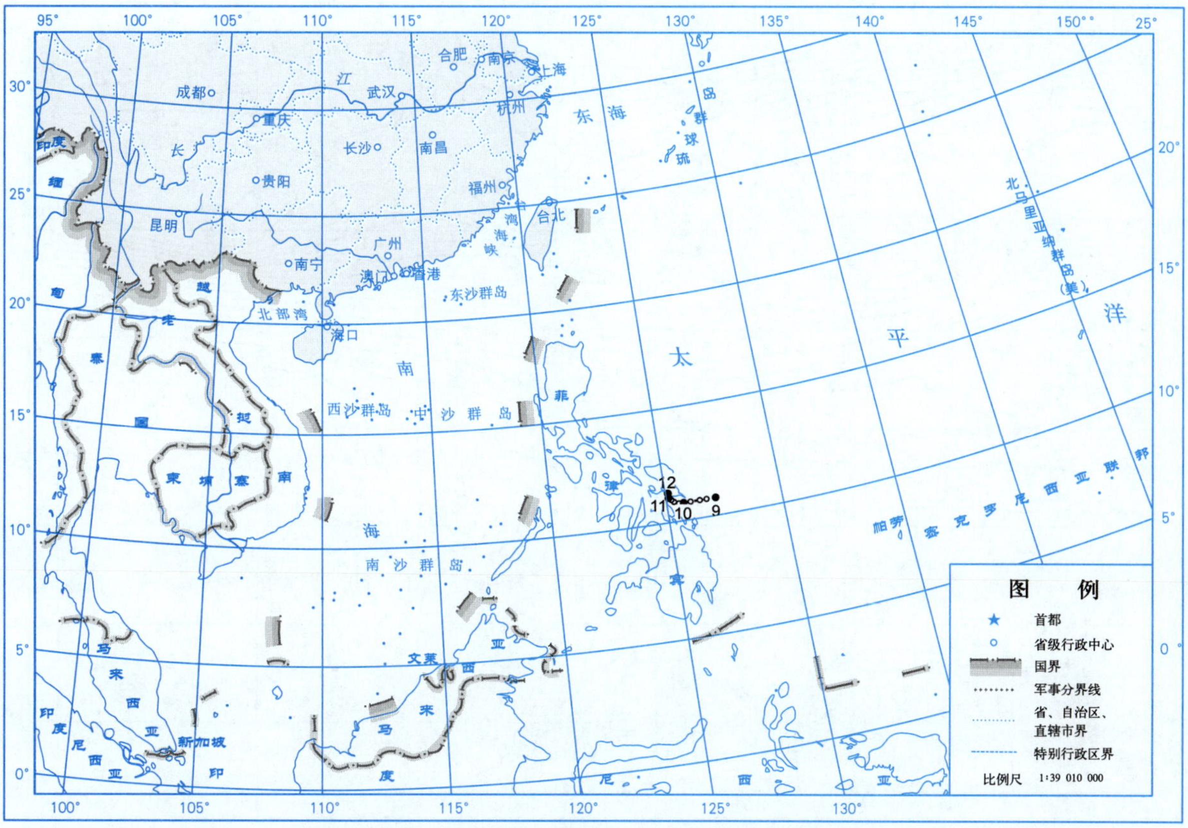

图 2.2.1　2202号热带风暴“鲇鱼”（Megi）路径

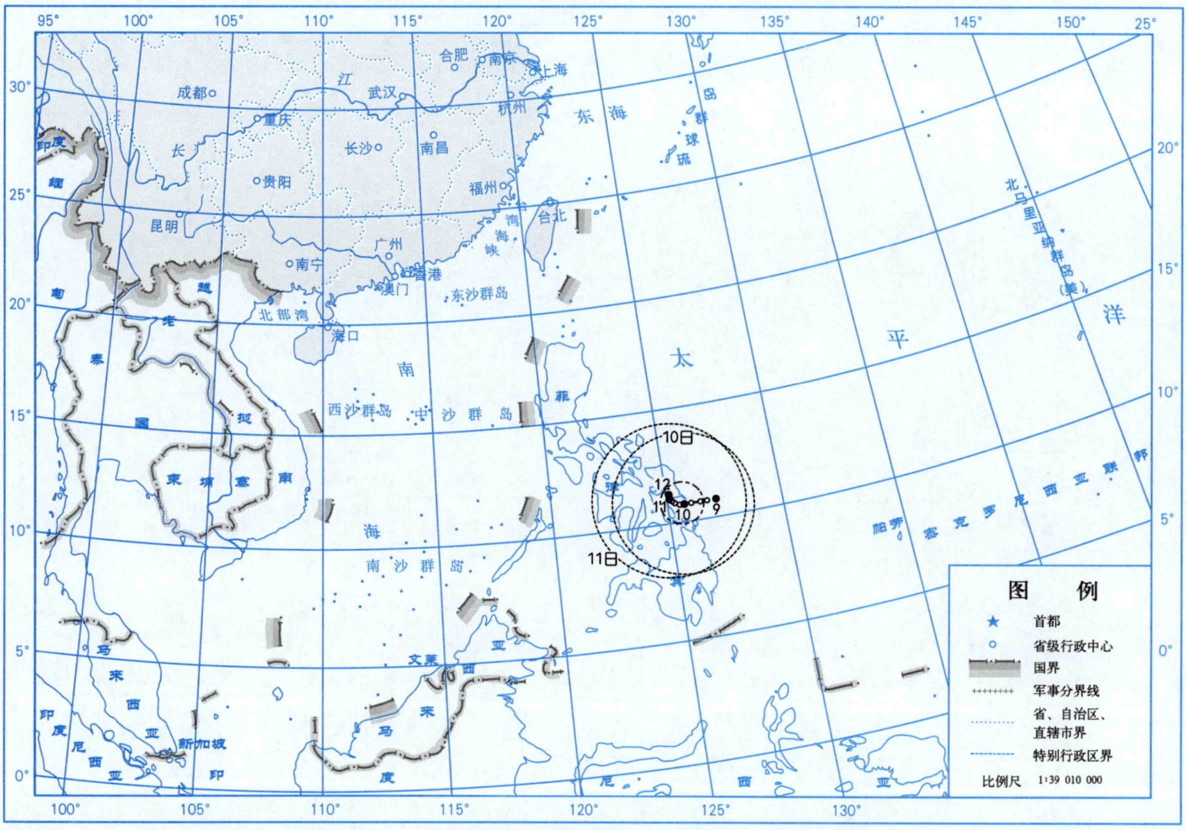

图 2.2.2　2202号热带风暴“鲇鱼”（Megi）大风区域演变

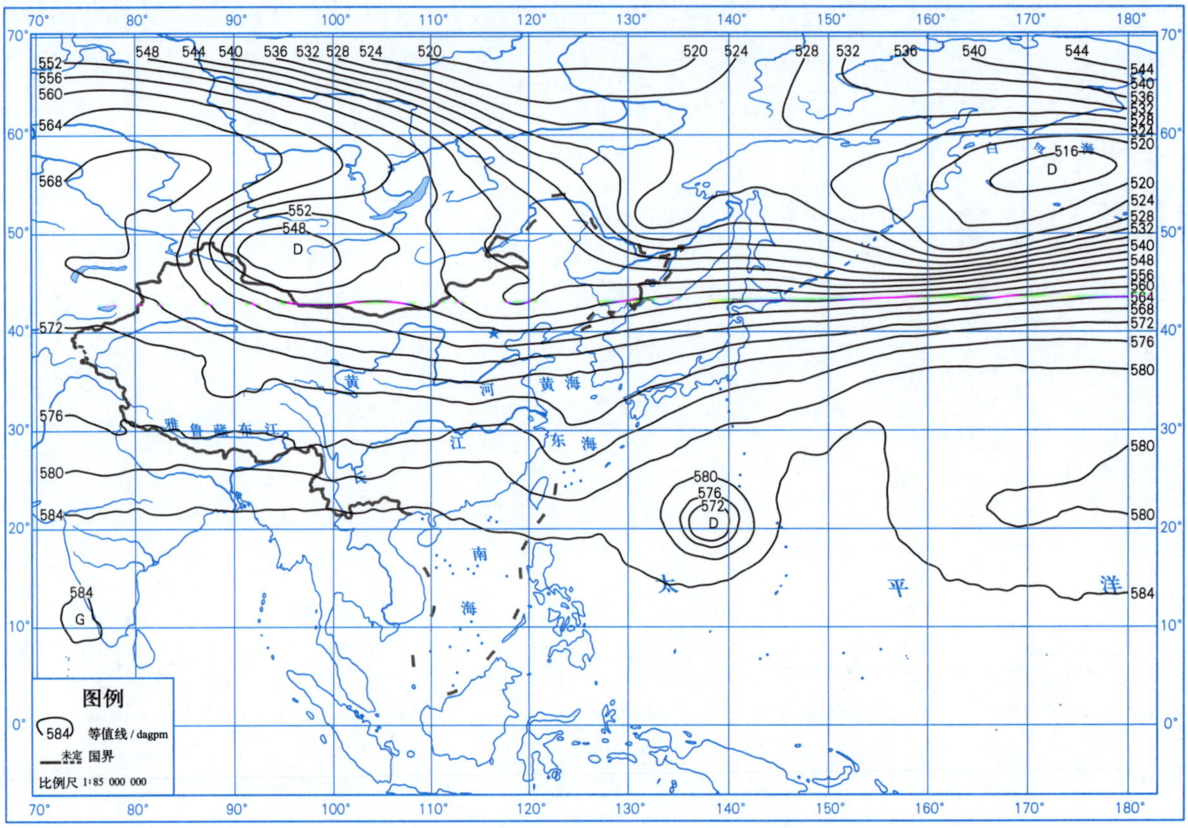

图 2.2.3　2022年4月10日08时500 hPa高度场

2.3　2203 号台风“暹芭”（Chaba）

第 2203 号台风“暹芭”是由 6 月 29 日早晨位于我国中沙群岛以东约 130 km 的南海海面上一个热带低压发展形成。形成后低压中心稳定地向西北方向移动，30 日下午发展为热带风暴，移速加快，1 日凌晨继续加强为强热带风暴，次日凌晨进一步加强为台风，随后逐渐靠近华南沿海。台风“暹芭”于 7 月 2 日 15 时登陆广东省茂名市电白区，登陆时近中心最大风速 35 m/s，中心最低气压 965 hPa。登陆后，台风“暹芭”转向偏北方向移动，强度逐渐减弱，3 日凌晨减弱至热带风暴，下午进一步减弱为热带低压，之后“暹芭”转向东北行，途径广西、湖南、江西、湖北、安徽、河南、山东，于 6 日早晨发生变性。随后，“暹芭”再次入海，进入渤海湾，并加大东移的分量，于 7 日夜间在黄海北部海域减弱消散（表 2.3.1）。

受台风“暹芭”影响，6 月 30 日—7 月 7 日，海南部分、广东部分、广西局部、湖南局部、江西部分、福建九仙山、浙江沿海部分、安徽东至和黄山、湖北西部部分、重庆巫山、江苏西连岛、山东局部和辽宁长海出现最大风力 6 级、阵风 7 ~ 10 级；广东西南部部分、广西桂平出现最大风力 8 级、阵风 10 ~ 11 级；广东珠海出现最大风力 8 级（20.5 m/s）、阵风 10 级（26.7 m/s），广东上川岛出现最大风力 8 级（19.2 m/s）、阵风 11 级（30.5 m/s），为本次台风影响过程风极值。

受其影响，6 月 29 日—7 月 7 日，广东东部局部、广西小部、云南东部部分、四川南部偏南局部、重庆小部、贵州大部、湖南小部、江西大部、福建大部、浙江小部、江苏局部、安徽部分、湖北部分、河南大部、山西局部、河北大部、山东部分、辽宁局部、内蒙古东南局部、吉林部分、黑龙江南部局部总雨量为 10 ~ 50 mm；海南小部、广东部分、广西东部南部部分、福建东部和南部部分、云南红河和绿春、贵州金沙和江口、重庆万州、湖南大部、江西西部部分、湖北部分、安徽小部、江苏西北部分、河南部分、山东大部、山西武乡和陵川、北京怀柔、河北中南部部分、天津部分、辽宁大部、吉林中部部分、黑龙江五常和木兰总雨量为 50 ~ 150 mm；海南大部、广东部分、广西东部局部、湖南局部、湖北公安、河南局部、江苏北部局部、山东局部总雨量为 150 ~ 300 mm；海南局部、广东局部总雨量为 300 ~ 458 mm。海南三亚总雨量 475.5 mm，2 日雨量 421.6 mm，海南昌江 2 日 01 时雨量 130.3 mm，分别为本次台风影响过程总雨量、日雨量及时雨量极值。

受“暹芭”在南海中部生成并向西北移动影响，6 月 29 日—7 月 1 日，海南、广东和广西西南部先后出现中到大雨局部暴雨或大暴雨，湖南、江西、福建和浙江出现小到中雨。7 月 2 日，“暹芭”增强为台风并在广东西南部登陆，海南出现大面积暴雨到大暴雨，三亚出现特大暴雨（421.6 mm），广东西南部沿海和珠江口附近地区亦出现多站暴雨到大暴雨，雨区扩展到西南部大部地区。3 日，“暹芭”折向北进，广东大部和广西东部出现大到暴雨局部大暴雨，云南东部出现局部暴雨。4 日，“暹芭”转向东北方向缓慢移动，雨区稳定少动，广西东部和湖北南部出现局部暴雨，广东北部和湖南北部出现大面积暴雨到大暴雨区；同时，雨区向东北方向延伸，在安徽、江苏和山东交界处出现局部暴雨。5—6 日，“暹芭”加速向东北方向移动，雨区随之扩展到华北，广东北部、湖南东部、江西西部、湖北东部、安徽北部出现局部暴雨或大暴雨，河南东部、山东中西部和河北东部出现大面积暴雨到大暴雨区。7 日，“暹芭”进入渤海后迅速减弱，辽宁中东部和吉林中部出现大面积暴雨到大暴雨，黑龙江南部出现局部暴雨。

受其影响，江西、广东、广西和海南省（区）出现了一定程度的灾情。总计受灾 186.29 万人，死亡 2 人，失踪 1 人，紧急避险转移 9.12 万人，紧急转移安置 7.04 万人，农作物受灾面积 10.901 万 hm^2，农作物绝收面积 1 万 hm^2，倒塌房屋 670 间，直接经济损失 31.18 亿元（表 2.3.2）。

图 2.3.1 ～图 2.3.15 分别是台风“暹芭”的路径图、总降水量图、大风分布图、总降水日数图、2022 年 6 月 29 日—7 月 7 日的日降水量图、大风区域演变图和 2022 年 7 月 2 日 14 时 500 hPa 高度场图。

表 2.3.1　2203 号台风“暹芭”（Chaba）6 月 29 日—7 月 7 日中心位置和强度

年	月	日	时	中心位置		中心气压 /hPa	最大风速 /（m/s）
				北纬 /°N	东经 /°E		
2022	6	29	08	15.4	115.9	1000	13
	6	29	14	15.5	115.8	1000	13
	6	29	20	15.6	115.7	1000	13
	6	30	02	15.7	115.6	1000	13
	6	30	08	15.9	115.5	995	15
	6	30	14	16.1	115.4	990	20
	6	30	20	16.8	115.2	985	23
	7	1	02	17.4	114.7	980	25
	7	1	08	18.2	114.2	978	28
	7	1	14	19.0	113.3	975	30
	7	1	17	19.2	113.1	975	30
	7	1	20	19.5	112.8	975	30
	7	1	23	19.8	112.4	975	30
	7	2	02	20.1	112.0	970	33
	7	2	05	20.3	111.8	965	35
	7	2	08	20.6	111.6	960	38
	7	2	11	20.9	111.5	960	38
	7	2	14	21.3	111.2	965	35
	7	2	17	21.6	110.9	970	30
	7	2	20	21.9	110.7	980	25
	7	2	23	22.3	110.5	982	25
	7	3	02	22.6	110.4	985	23
	7	3	05	22.9	110.4	988	20
	7	3	08	23.4	110.4	988	20
	7	3	11	23.8	110.4	992	18

（续表）

年	月	日	时	中心位置		中心气压 /hPa	最大风速 /（m/s）
				北纬 /°N	东经 /°E		
2022	7	3	14	24.2	110.4	992	18
	7	3	17	24.5	110.4	994	15
	7	3	20	24.8	110.5	994	15
	7	3	23	25.1	110.6	994	15
	7	4	02	25.4	110.9	994	13
	7	4	05	25.7	111.3	994	13
	7	4	08	26.0	111.6	996	10
	7	4	11	26.3	112.0	996	10
	7	4	14	26.7	112.3	996	10
	7	4	17	27.1	112.6	996	10
	7	4	20	27.4	112.9	996	10
	7	4	23	27.8	113.1	996	10
	7	5	02	28.2	113.4	996	10
	7	5	05	28.8	113.9	996	10
	7	5	08	29.3	114.0	996	10
	7	5	11	29.8	114.2	996	10
	7	5	14	30.3	114.4	996	10
	7	5	17	30.8	114.6	996	10
	7	5	20	31.7	115.1	996	10
	7	5	23	32.7	115.3	996	10
	7	6	02	33.2	115.3	996	10
	7	6	05	33.7	115.7	996	10
△	7	6	08	34.4	116.5	996	13
	7	6	11	35.2	117.3	996	13
	7	6	14	36.0	118.2	996	15
	7	6	17	36.8	118.9	996	15
	7	6	20	37.5	119.5	996	15
	7	7	02	38.2	120.5	996	15
	7	7	08	38.7	121.6	998	15
	7	7	14	38.9	122.7	998	15
	7	7	20	39.0	123.8	1000	13
消散							

表 2.3.2　2203 号台风“暹芭”（Chaba）在江西、广东、广西和海南省（区）引发的灾情

受灾省（区、市）	受灾人口 / 万人	死亡人口 / 人	失踪人口 / 人	紧急避险转移人口 / 万人	紧急转移安置人口 / 万人	农作物		倒塌房屋 / 万间	直接经济损失 / 亿元
						受灾面积 / 万 hm^2	绝收面积 / 万 hm^2		
江西省	3.67	0	0	0.51	0.02	0.362	0.105	0	1.73
广东省	98.83	0	1	5.8	3.67	7.392	0.614	0.012	18.72
广西区	80.23	0	0	1.5	2.57	3.010	0.267	0.055	8.88
海南省	3.56	2	0	1.31	0.78	0.137	0.014	0	1.85
合计	186.29	2	1	9.12	7.04	10.901	1.000	0.067	31.18

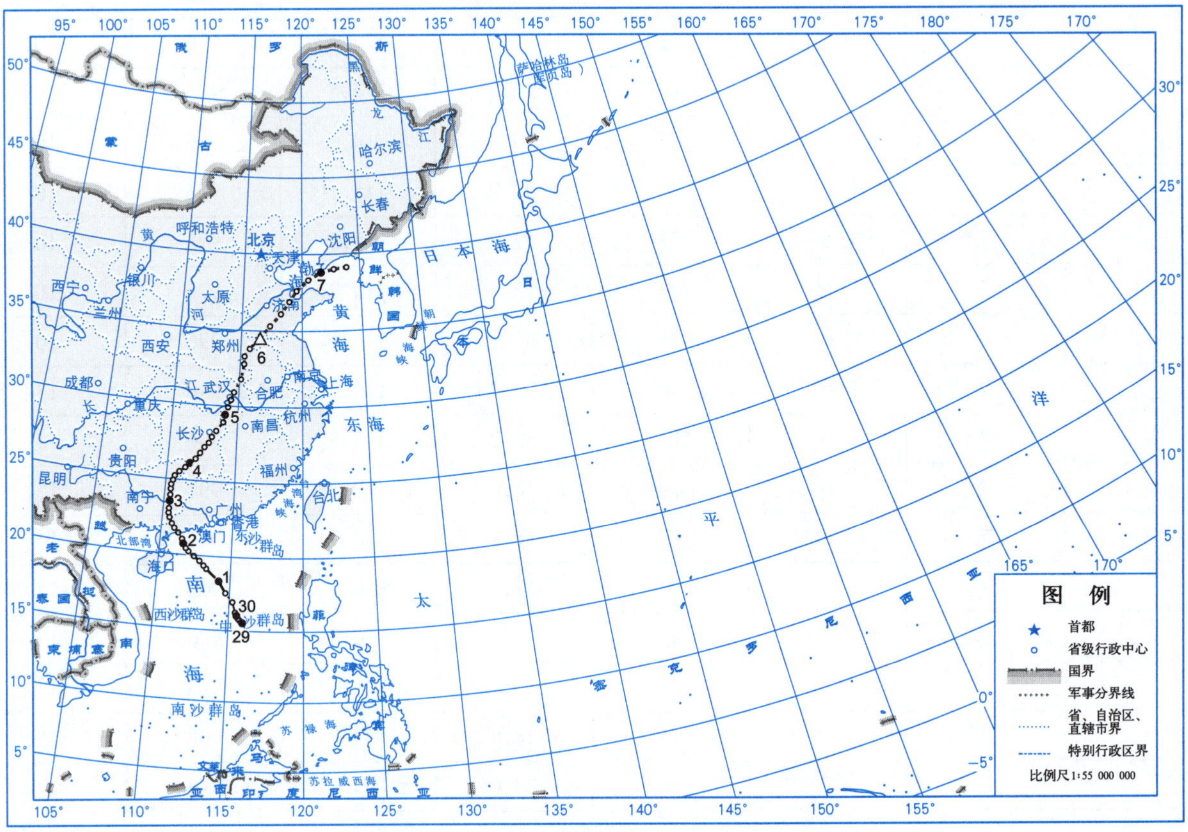

图 2.3.1　2203号台风“暹芭”（Chaba）路径

图 2.3.2　2203号台风“暹芭”（Chaba）总降水量（6月29日—7月7日）

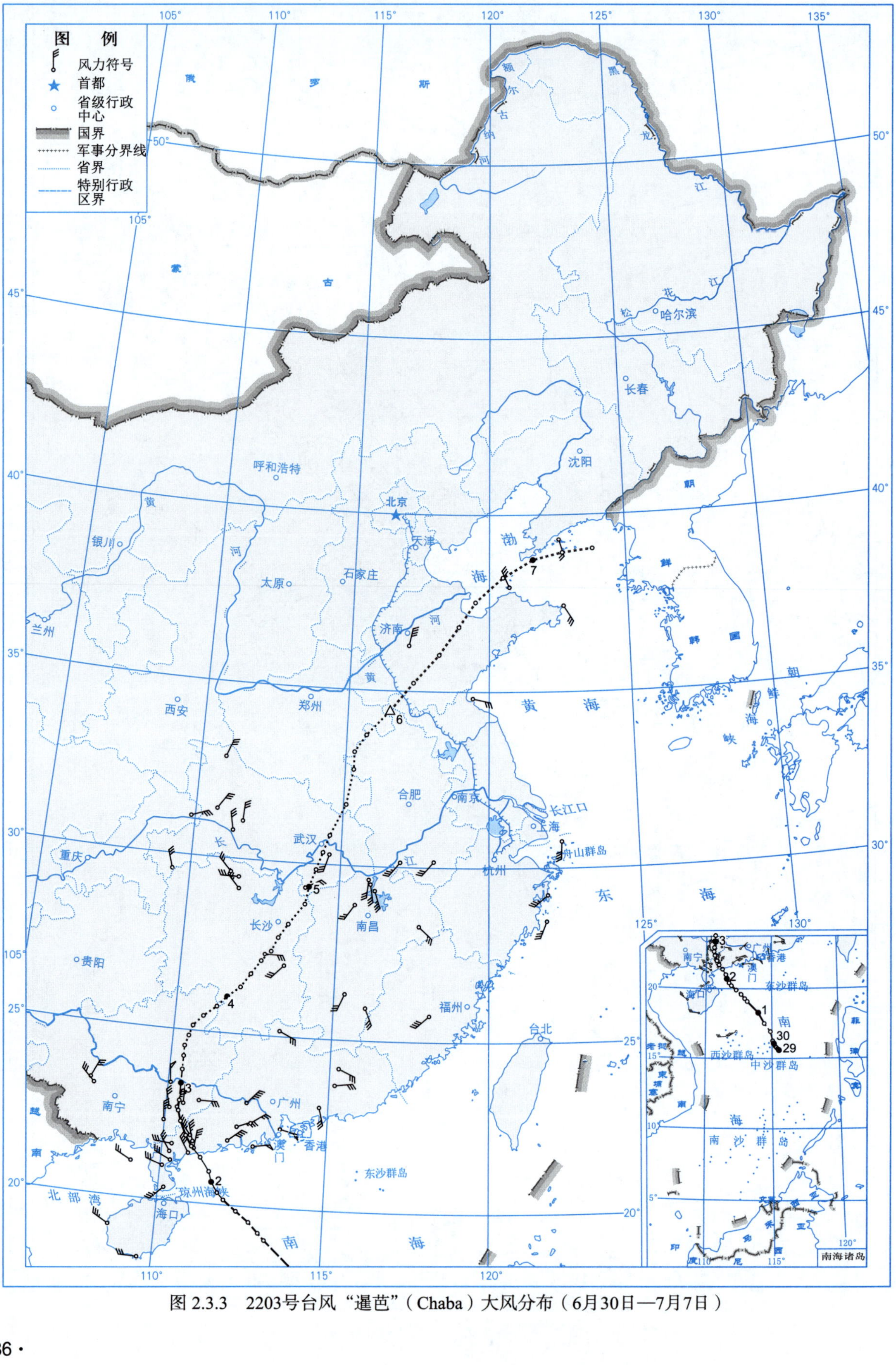

图 2.3.3　2203号台风“暹芭”（Chaba）大风分布（6月30日—7月7日）

图 2.3.4 2203号台风“暹芭”（Chaba）总降水日数（单位：d）

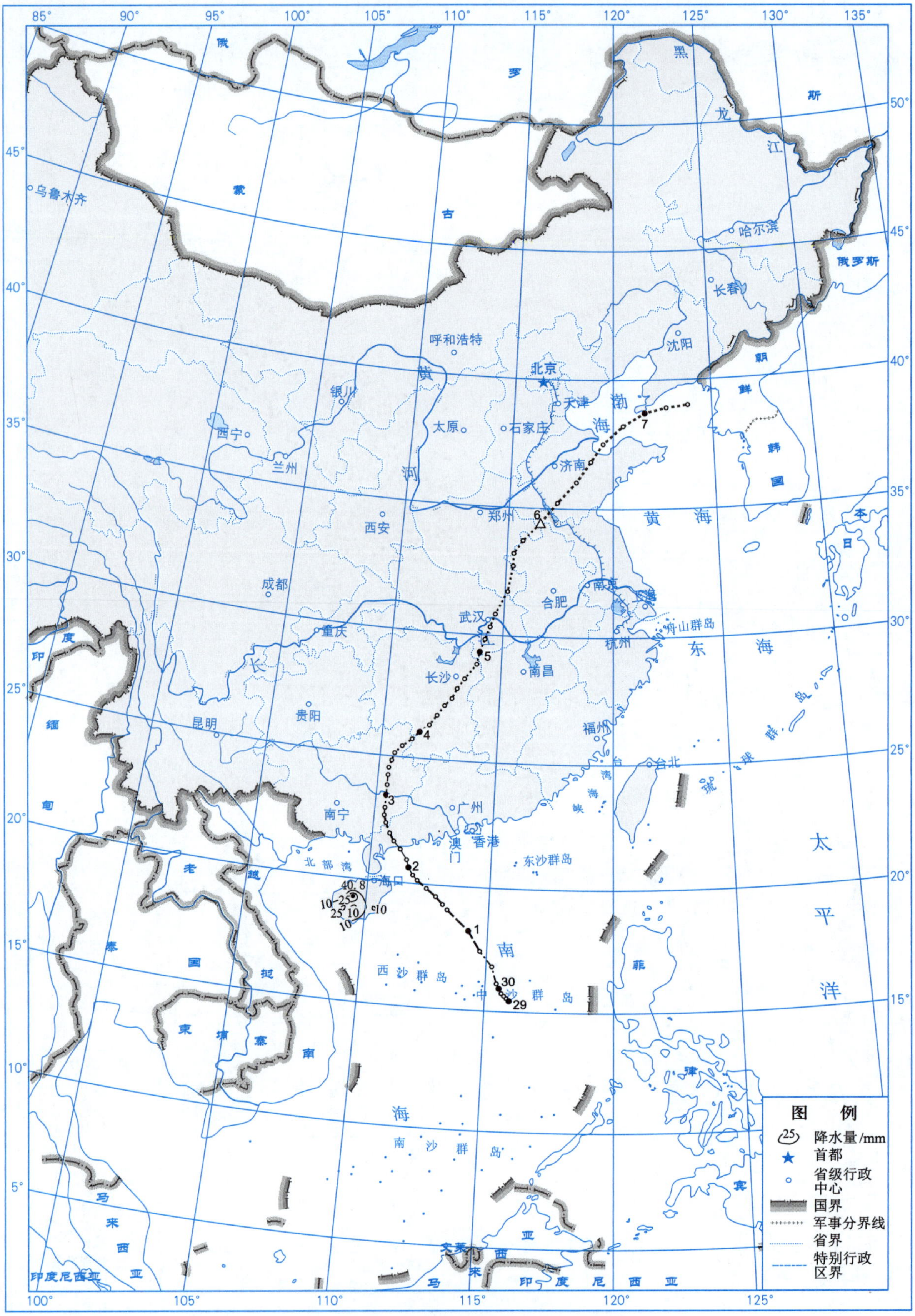

图 2.3.5　2022年6月29日的日降水量

图 2.3.6　2022年6月30日的日降水量

图 2.3.7　2022年7月1日的日降水量

图 2.3.8　2022年7月2日的日降水量

图 2.3.9　2022年7月3日的日降水量

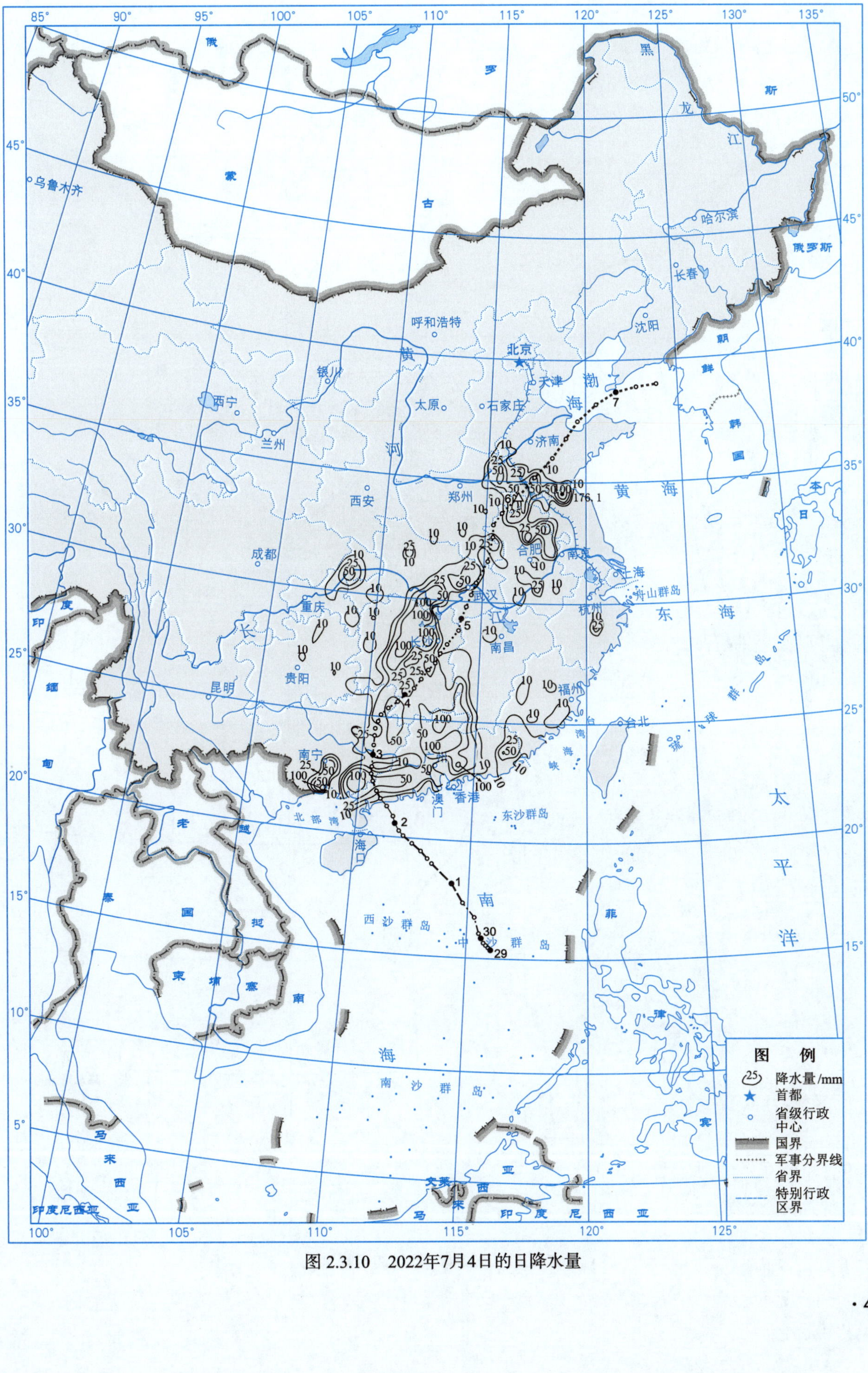

图 2.3.10　2022年7月4日的日降水量

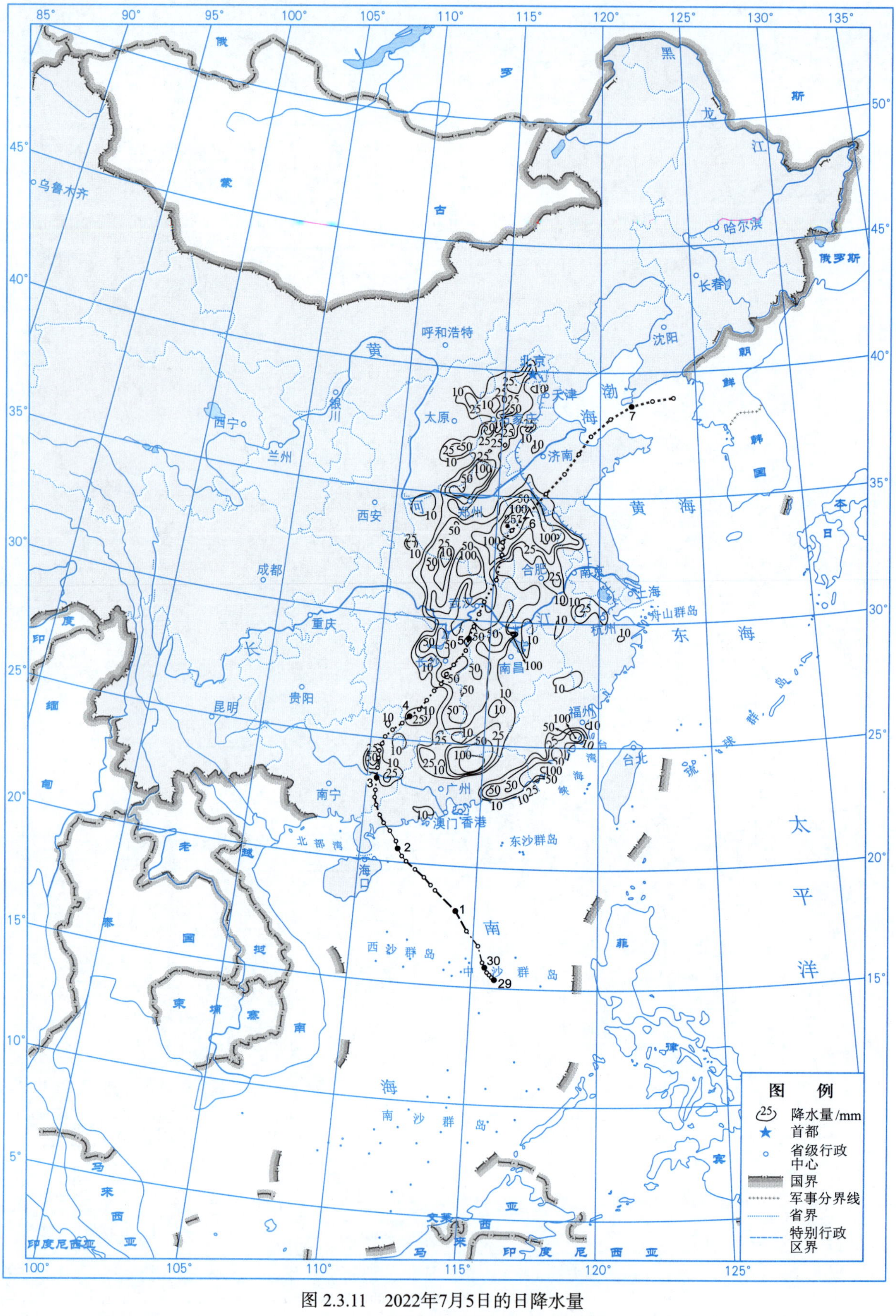

图 2.3.11　2022年7月5日的日降水量

图 2.3.12　2022年7月6日的日降水量

图 2.3.13　2022年7月7日的日降水量

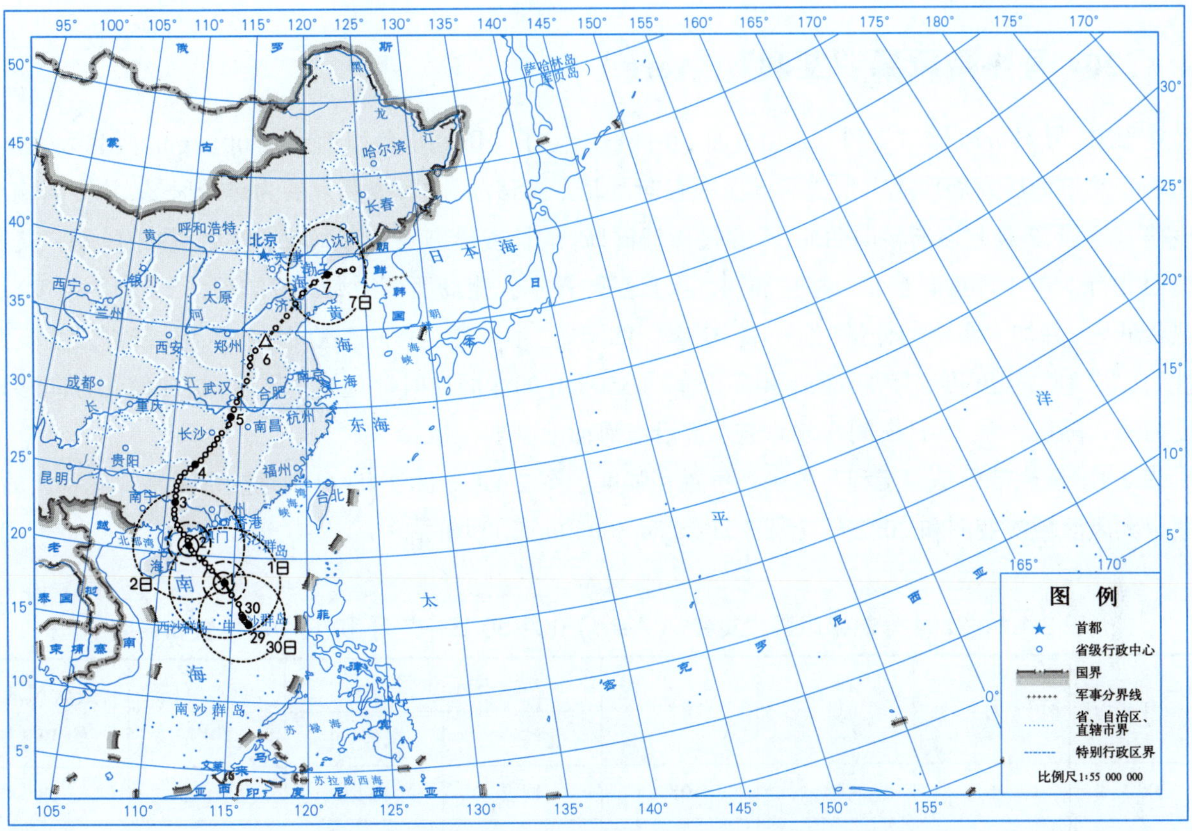

图 2.3.14　2203号台风“暹芭”（Chaba）大风区域演变

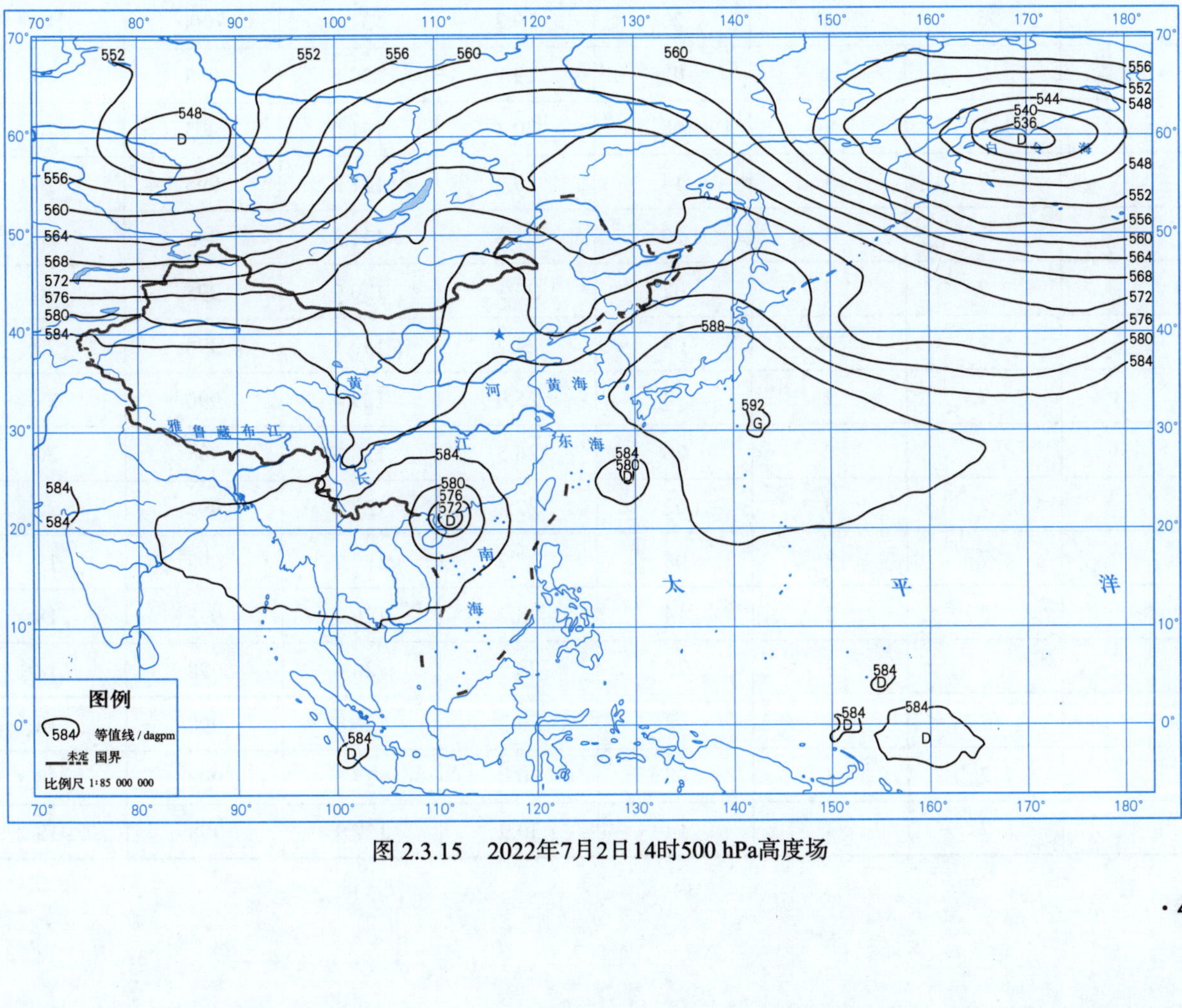

图 2.3.15　2022年7月2日14时500 hPa高度场

2.4　2204 号热带风暴“艾利”(Aere)

第 2204 号热带风暴“艾利”是由 6 月 30 日早晨位于美国塞班岛以西约 1500 km 的西北太平洋洋面上一个热带低压发展形成。形成后低压中心向西北方向移动，次日凌晨发展为热带风暴，并转向偏北，强度略有增强，2 日起逐渐转向西北行，穿过琉球群岛，次日凌晨进入东海海域。随后，热带风暴“艾利”缓慢西北行，于 4 日折向东北，移速加快，次日登陆日本九州岛西部沿海。登陆后，“艾利”强度减弱为热带低压，并加大东移的分量，途径濑户内海、四国岛、本州岛，于 5 日夜间再次入海，随即发生变性。变性后，“艾利”强度再次增加，在本州岛以东约 350 km 的洋面逆时针盘旋半周后，折向偏北方向移动，强度减弱，随后，于 10 日夜间在北海道东部沿海海面上减弱消散。

表 2.4.1 是热带风暴“艾利”的中心位置和强度。图 2.4.1 ～图 2.4.3 分别是热带风暴“艾利”的路径图、大风区域演变图和 2022 年 7 月 3 日 20 时 500 hPa 高度场图。

表 2.4.1　2204 号热带风暴“艾利”(Aere) 6 月 30 日—7 月 10 日中心位置和强度

年	月	日	时	中心位置		中心气压 /hPa	最大风速 /（m/s）
				北纬 /°N	东经 /°E		
2022	6	30	08	18.2	131.9	1002	13
	6	30	14	18.8	131.3	1002	13
	6	30	20	19.2	131.0	1000	15
	7	1	02	19.7	130.8	998	18
	7	1	08	20.1	131.0	995	20
	7	1	14	20.9	131.2	995	20
	7	1	20	21.6	131.3	995	20
	7	2	02	23.1	130.9	995	20
	7	2	08	24.7	130.1	990	23
	7	2	14	25.9	129.4	990	23
	7	2	20	26.5	128.1	995	20
	7	3	02	27.2	127.5	995	20
	7	3	08	27.7	127.2	998	18
	7	3	14	28.2	126.9	998	18
	7	3	20	28.7	126.6	998	18
	7	4	02	29.3	126.8	998	18
	7	4	08	30.0	127.5	998	18
	7	4	14	30.9	127.9	998	18

（续表）

年	月	日	时	中心位置		中心气压 /hPa	最大风速 /（m/s）
				北纬 /°N	东经 /°E		
2022	7	4	20	31.6	128.7	998	18
	7	5	02	32.7	129.4	998	18
	7	5	08	33.3	130.9	998	18
	7	5	14	34.0	132.9	1000	15
	7	5	20	34.2	135.6	1005	13
△	7	6	02	34.3	138.6	1005	13
	7	6	08	34.2	140.7	1002	15
	7	6	14	34.4	141.7	1002	15
	7	6	20	34.2	142.8	1000	18
	7	7	02	33.8	144.0	1000	18
	7	7	08	33.8	145.3	998	18
	7	7	14	34.0	145.7	998	18
	7	7	20	34.1	145.8	998	18
	7	8	02	34.6	145.9	998	18
	7	8	08	34.5	144.8	998	18
	7	8	14	34.6	144.8	998	18
	7	8	20	34.6	144.3	998	18
	7	9	02	35.3	144.5	1000	15
	7	9	08	36.4	144.7	1000	15
	7	9	14	37.7	144.7	1000	15
	7	9	20	39.4	143.8	1002	13
	7	10	02	39.9	143.0	1002	13
	7	10	08	41.0	142.6	1005	10
	7	10	14	41.6	142.9	1005	10
	7	10	20	42.0	143.3	1005	10
消散							

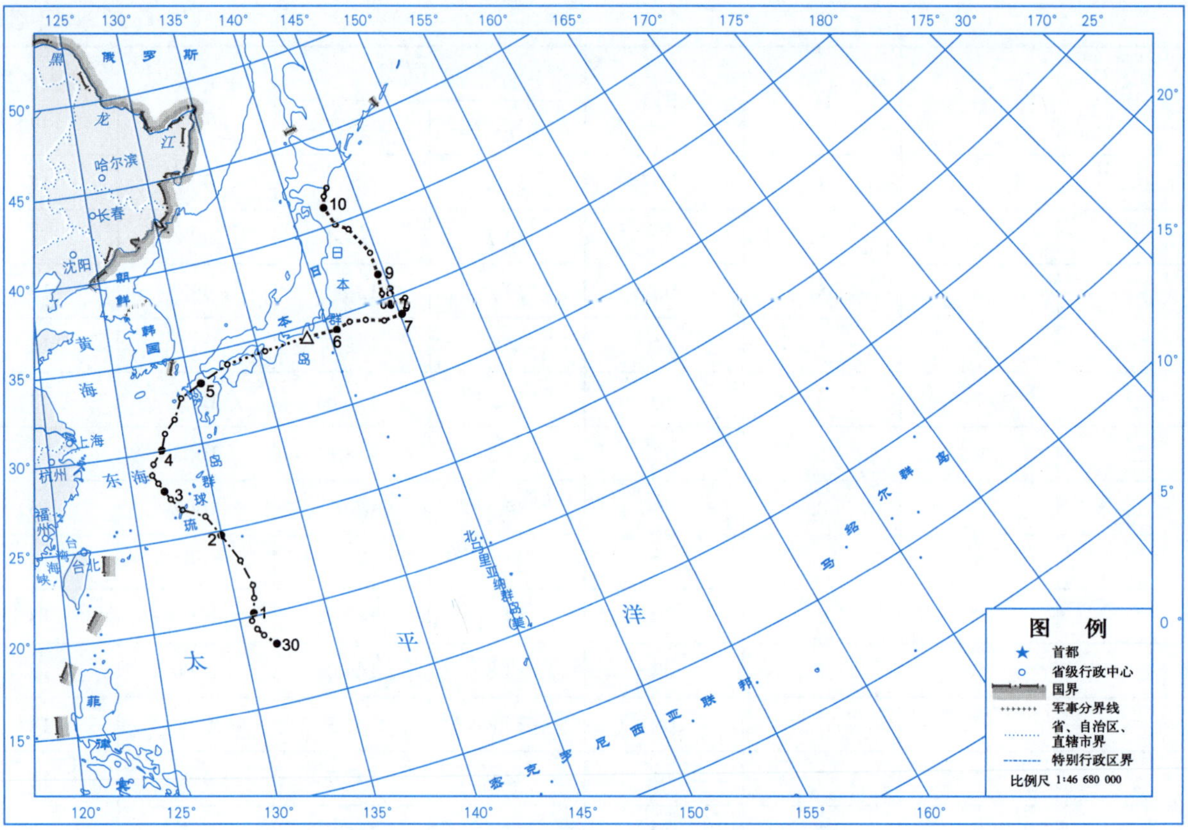

图 2.4.1　2204号热带风暴“艾利”（Aere）路径

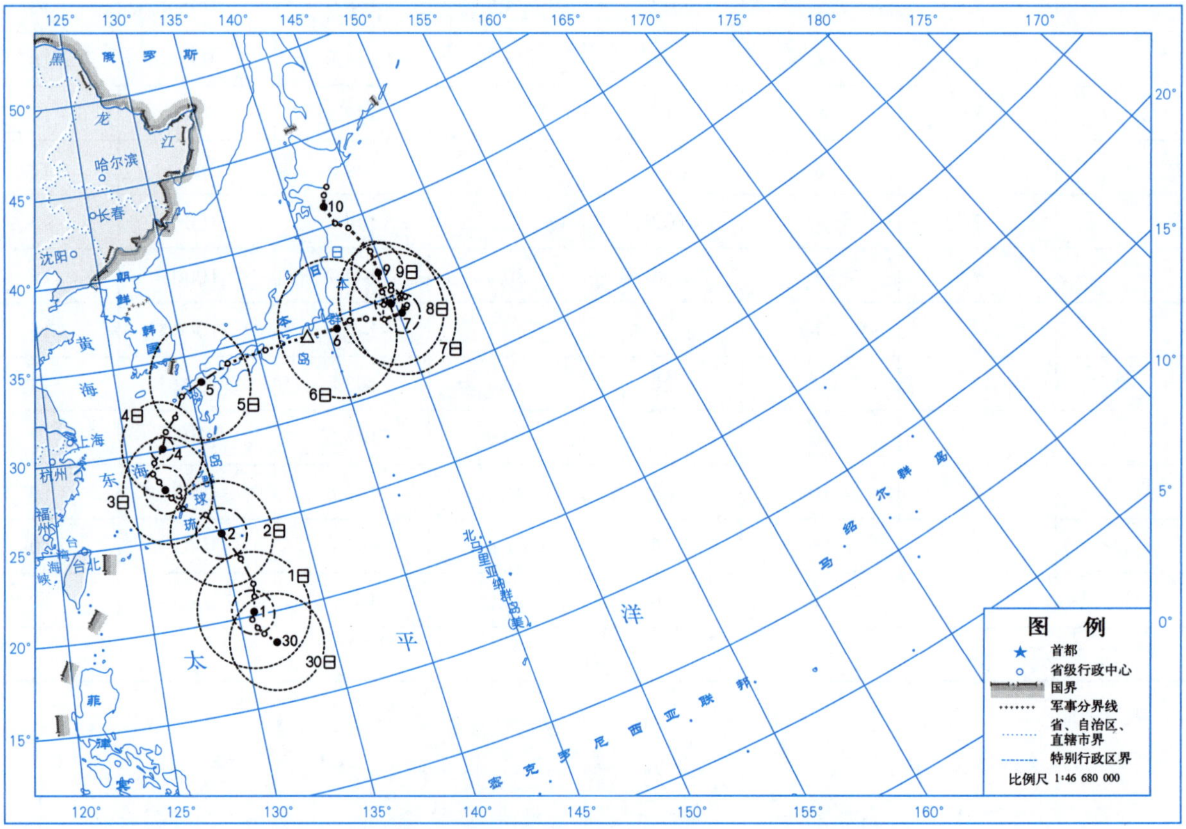

图 2.4.2　2204号热带风暴“艾利”（Aere）大风区域演变

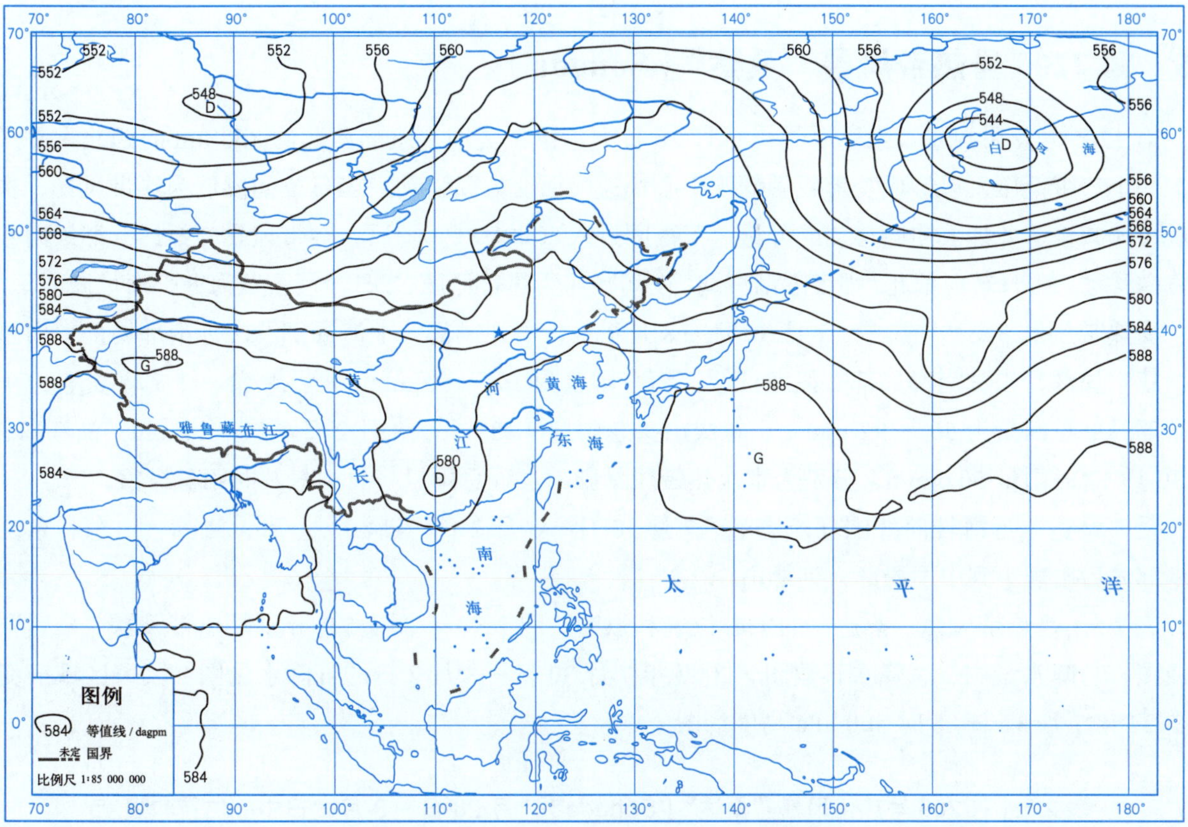

图 2.4.3　2022年7月3日20时500 hPa高度场

2.5 第 2205 号热带风暴“桑达”(Songda)

第 2205 号热带风暴“桑达”是由 7 月 28 日下午位于美国塞班岛西北约 850 km 的西北太平洋洋面上一个热带低压发展形成。形成后低压中心快速向西北方向移动，当日夜间发展为热带风暴，次日早晨移速减慢，并加大向西移动的分量，于夜间进入东海海域。随后，热带风暴“桑达”继续向西偏北方向移动，31 日转向偏北，强度逐渐减弱，夜间减弱为热带低压，2 日早晨于黄海北部海域减弱消散。

受热带风暴“桑达”影响，7 月 30 日—8 月 2 日，浙江局部、上海局部、江苏南部局部、山东局部、辽宁局部、吉林南部局部、黑龙江绥芬河总雨量为 10 ～ 50 mm；浙江嘉善、上海奉贤、山东半岛东部局部总雨量为 50 ～ 92 mm；山东成山头总雨量 91.8 mm，8 月 2 日雨量 71.4 mm，浙江嘉善 7 月 30 日 13 时雨量 50.6 mm，分别为本次热带风暴影响过程总雨量、日雨量及时雨量极值。

受“桑达”近海转向外围环流影响，7 月 30 日—8 月 2 日，浙江、上海、江苏、山东和东北三省南部先后出现小到中雨局部大到暴雨。

表 2.5.1 是热带风暴“桑达”的中心位置和强度。图 2.5.1 ～图 2.5.9 分别是热带风暴“桑达”的路径图、总降水量图、总降水日数图、2022 年 7 月 30 日—8 月 2 日的日降水量图、大风区域演变图和 2022 年 7 月 31 日 08 时 500 hPa 高度场图。

表 2.5.1 2205 号热带风暴“桑达”(Songda) 7 月 28 日—8 月 2 日中心位置和强度

年	月	日	时	中心位置		中心气压 /hPa	最大风速 /（m/s）
				北纬 /°N	东经 /°E		
2022	7	28	14	20.6	139.9	1002	15
	7	28	20	22.5	139.0	998	18
	7	29	02	25.3	137.7	998	18
	7	29	08	28.2	133.7	998	18
	7	29	14	29.2	131.7	998	18
	7	29	20	30.0	129.8	998	18
	7	30	02	30.7	127.9	998	18
	7	30	08	31.4	126.2	998	18
	7	30	14	31.9	125.0	998	18
	7	30	20	32.7	124.2	998	18
	7	31	02	33.4	123.3	998	18
	7	31	08	33.6	123.1	998	18
	7	31	14	34.0	123.1	998	18
	7	31	20	34.5	123.1	1000	15

（续表）

年	月	日	时	中心位置		中心气压 /hPa	最大风速 /（m/s）
				北纬 /°N	东经 /°E		
2022	8	1	02	35.0	123.1	1000	15
	8	1	08	35.3	123.2	1000	15
	8	1	14	35.3	123.3	1002	13
	8	1	20	35.3	123.3	1002	13
	8	2	02	35.6	123.5	1004	13
	8	2	08	37.0	124.6	1004	13
消散							

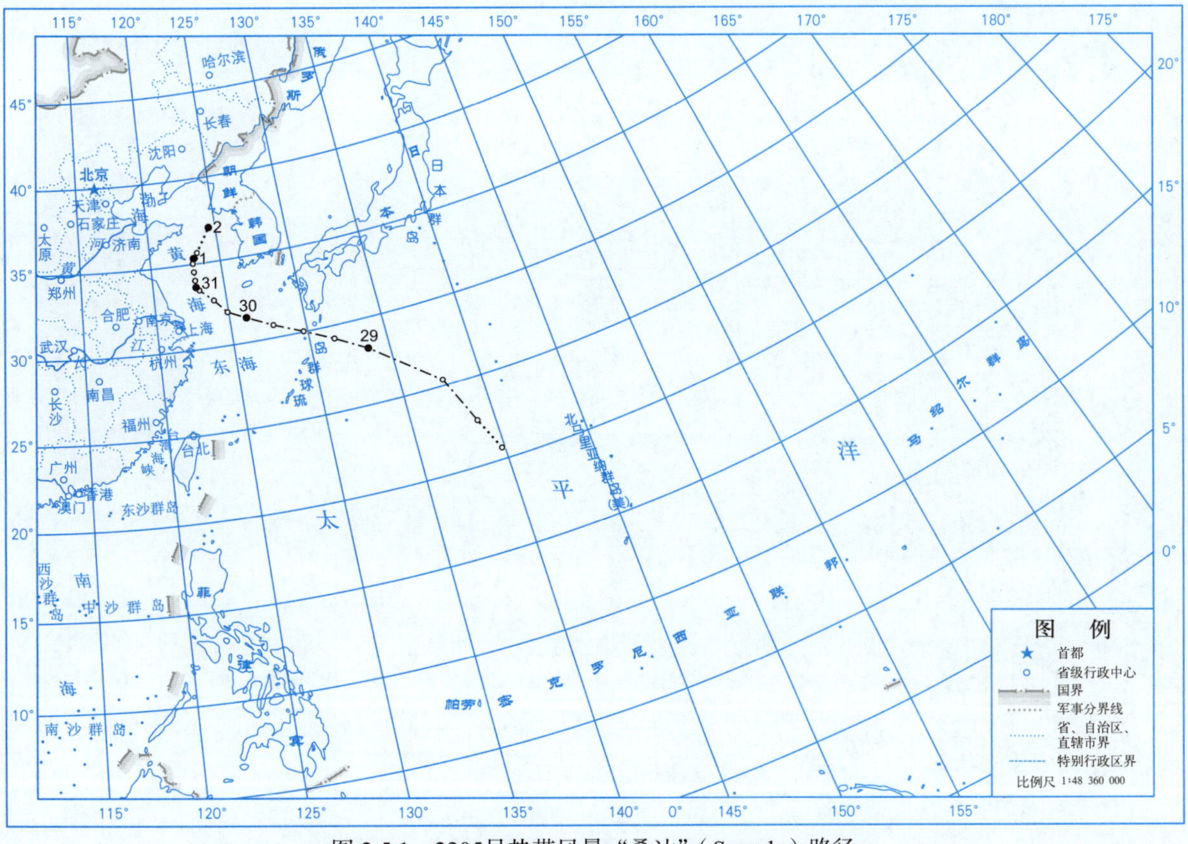

图 2.5.1　2205号热带风暴“桑达”（Songda）路径

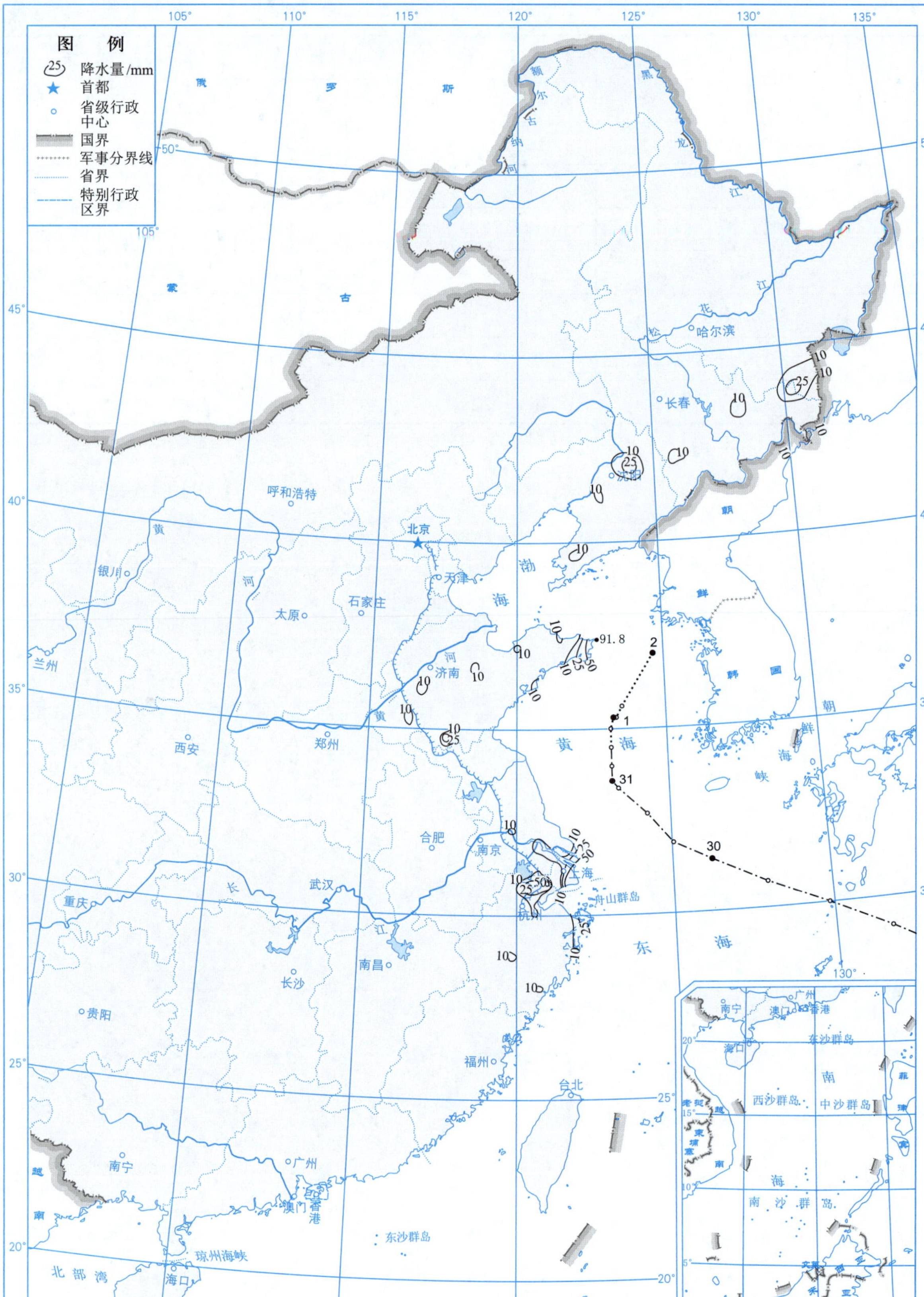

图 2.5.2 2205号热带风暴“桑达”（Songda）总降水量（7月30日—8月2日）

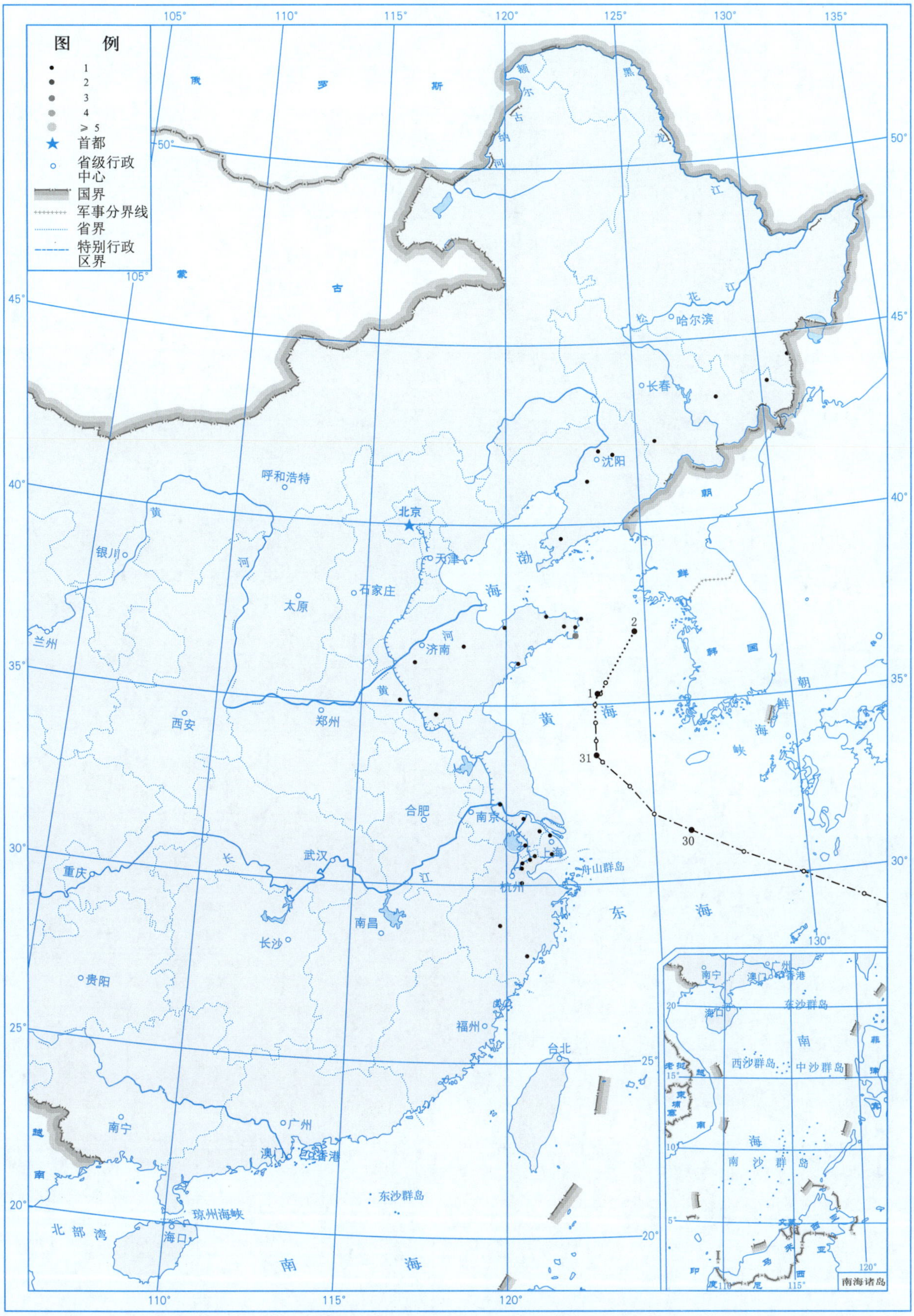

图 2.5.3　2205号热带风暴“桑达”（Songda）总降水日数（单位：d）

图 2.5.4　2022年7月30日的日降水量

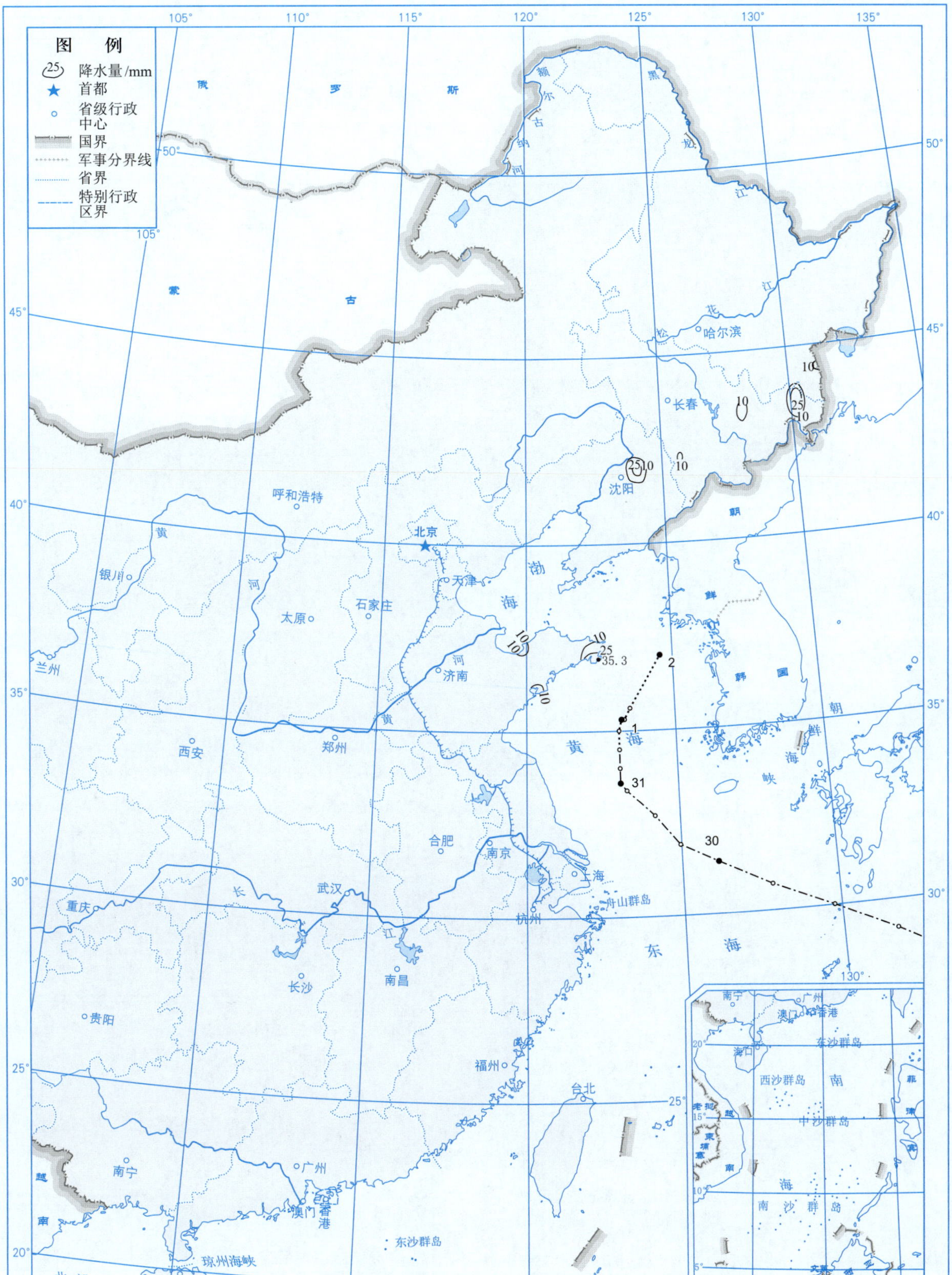

图 2.5.5　2022年7月31日的日降水量

图 2.5.6　2022年8月1日的日降水量

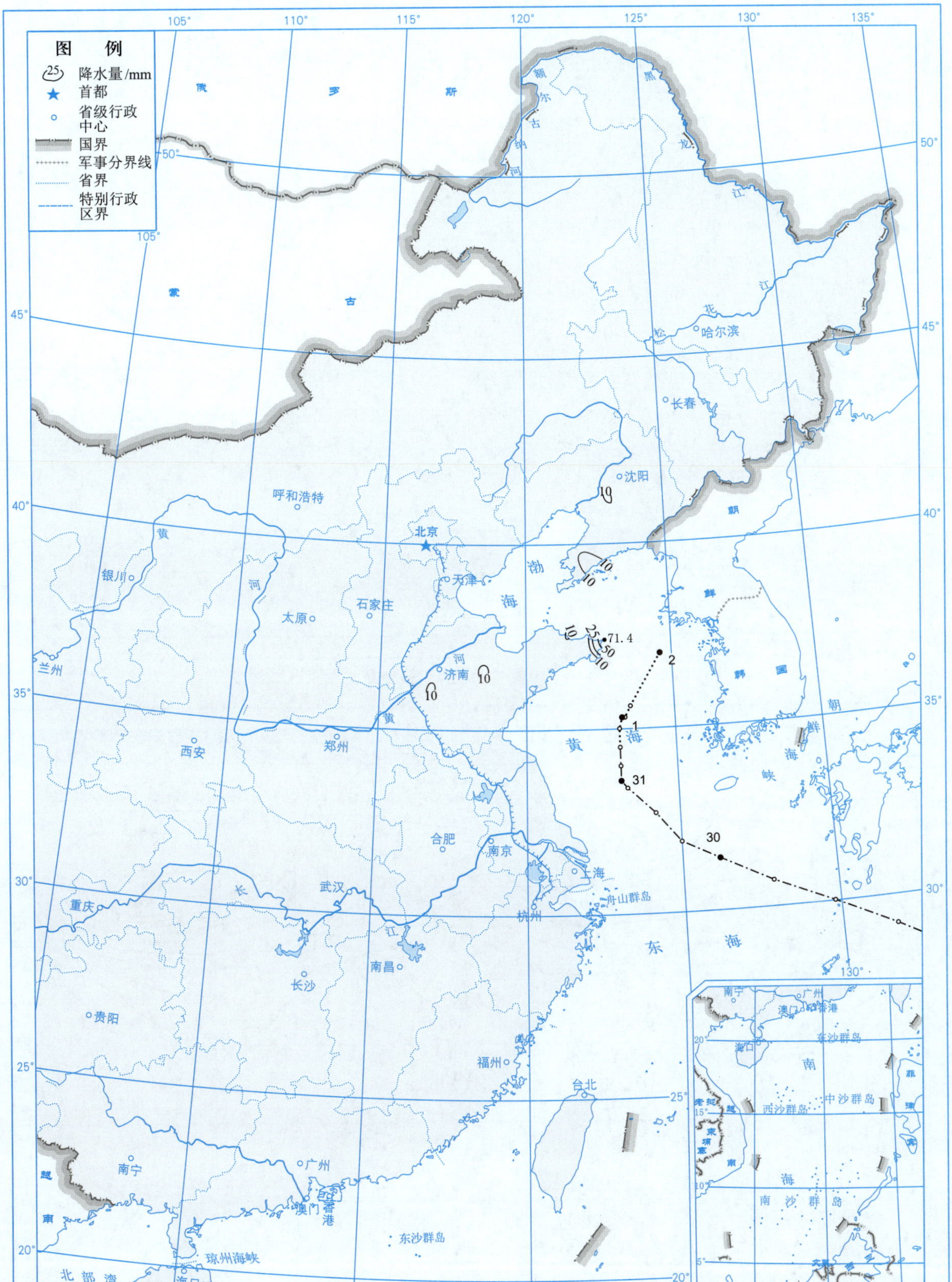

图 2.5.7 2022年8月2日的日降水量

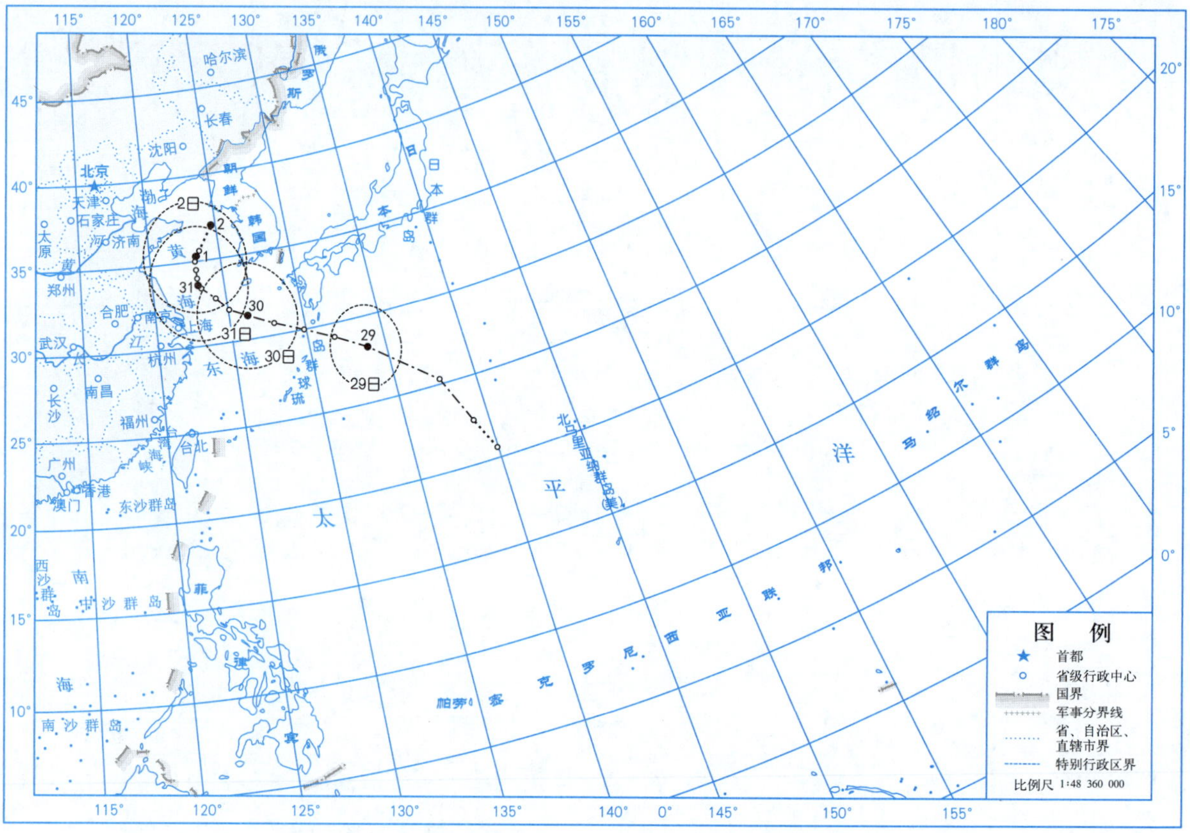

图 2.5.8　2205号热带风暴“桑达”（Songda）大风区域演变

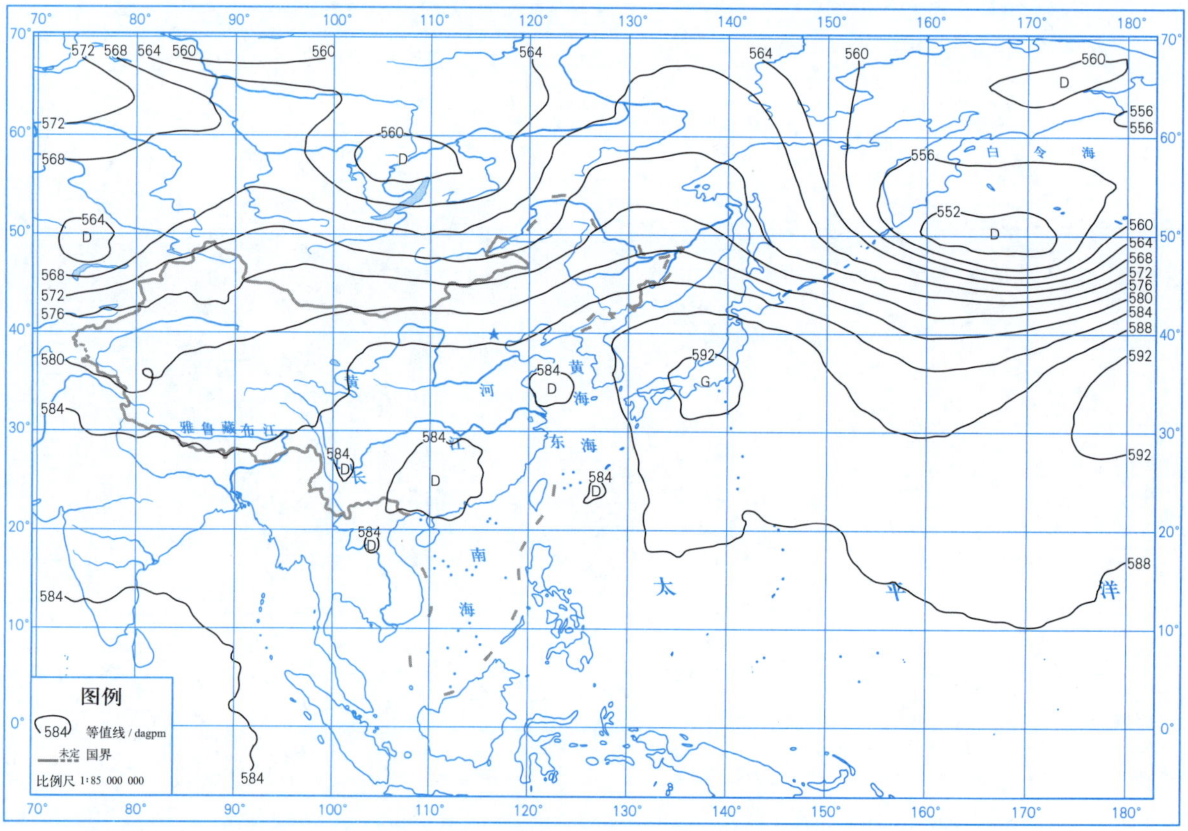

图 2.5.9　2022年7月31日08时500 hPa高度场

2.6　2206 号热带风暴“翠丝”（Trases）

第 2206 号热带风暴“翠丝”是由 7 月 30 日早晨位于我国台湾岛以东约 660 km 的西北太平洋洋面上一个热带低压发展形成。形成后低压中心稳定地向偏北方向移动，31 日早晨擦过日本冲绳岛，下午进入东海海域，并增强为热带风暴。之后，热带风暴“翠丝”一路北上，1 日早晨擦过韩国济州岛，于下午登陆韩国南部沿海，强度减弱，随即夜间快速在黄海海域减弱消散。

表 2.6.1 是热带风暴“翠丝”的中心位置和强度。图 2.6.1 ～图 2.6.3 分别是热带风暴“翠丝”的路径图、大风区域演变图和 2022 年 8 月 1 日 08 时 500 hPa 高度场图。

表 2.6.1　2206 号热带风暴“翠丝”（Trases）7 月 30 日—8 月 1 日中心位置和强度

年	月	日	时	中心位置		中心气压 /hPa	最大风速 /（m/s）
				北纬 /°N	东经 /°E		
2022	7	30	08	21.2	127.2	1002	13
	7	30	14	21.8	127.5	1002	13
	7	30	20	22.8	127.8	1002	13
	7	31	02	24.0	128.0	1000	15
	7	31	08	25.8	127.8	1000	15
	7	31	14	27.0	127.5	998	18
	7	31	20	28.4	127.2	998	18
	8	1	02	30.2	127.0	998	18
	8	1	08	32.8	126.9	998	18
	8	1	14	34.6	126.4	1000	15
	8	1	20	35.8	126.1	1004	13
消散							

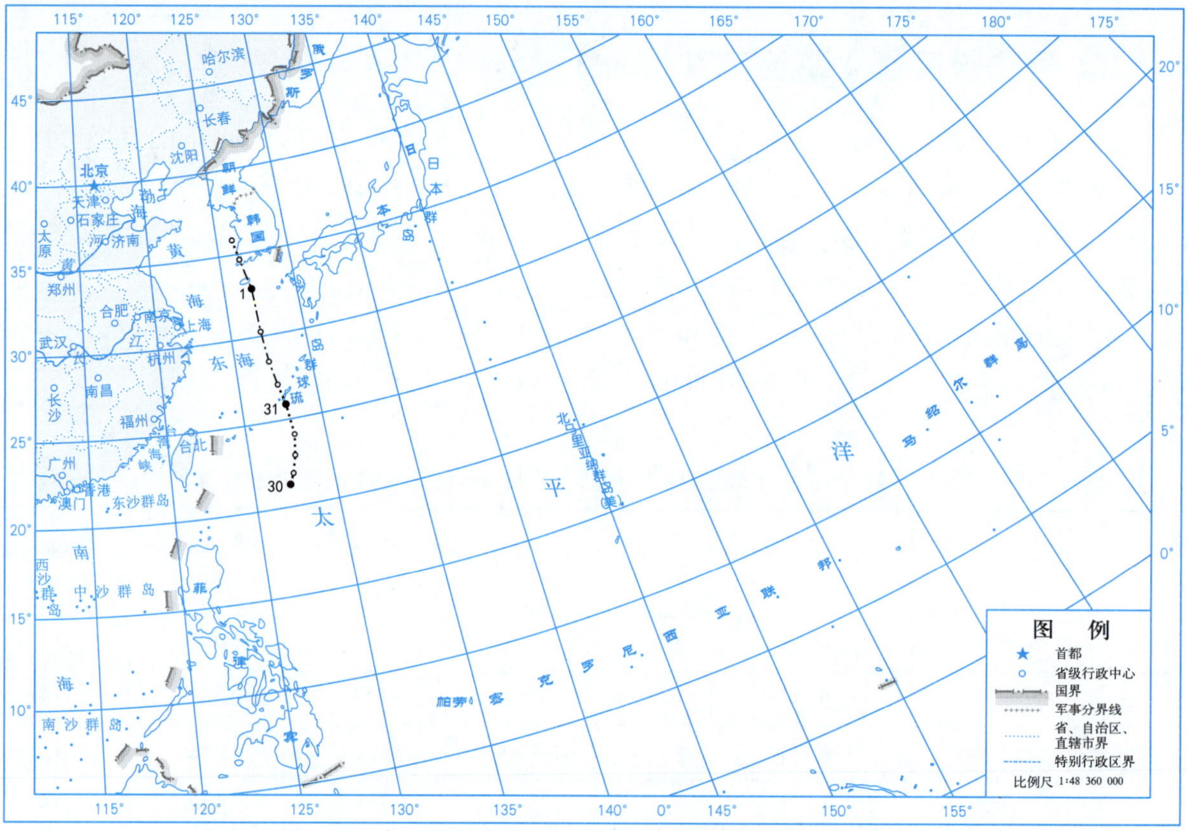

图 2.6.1　2206号热带风暴“翠丝”（Trases）路径

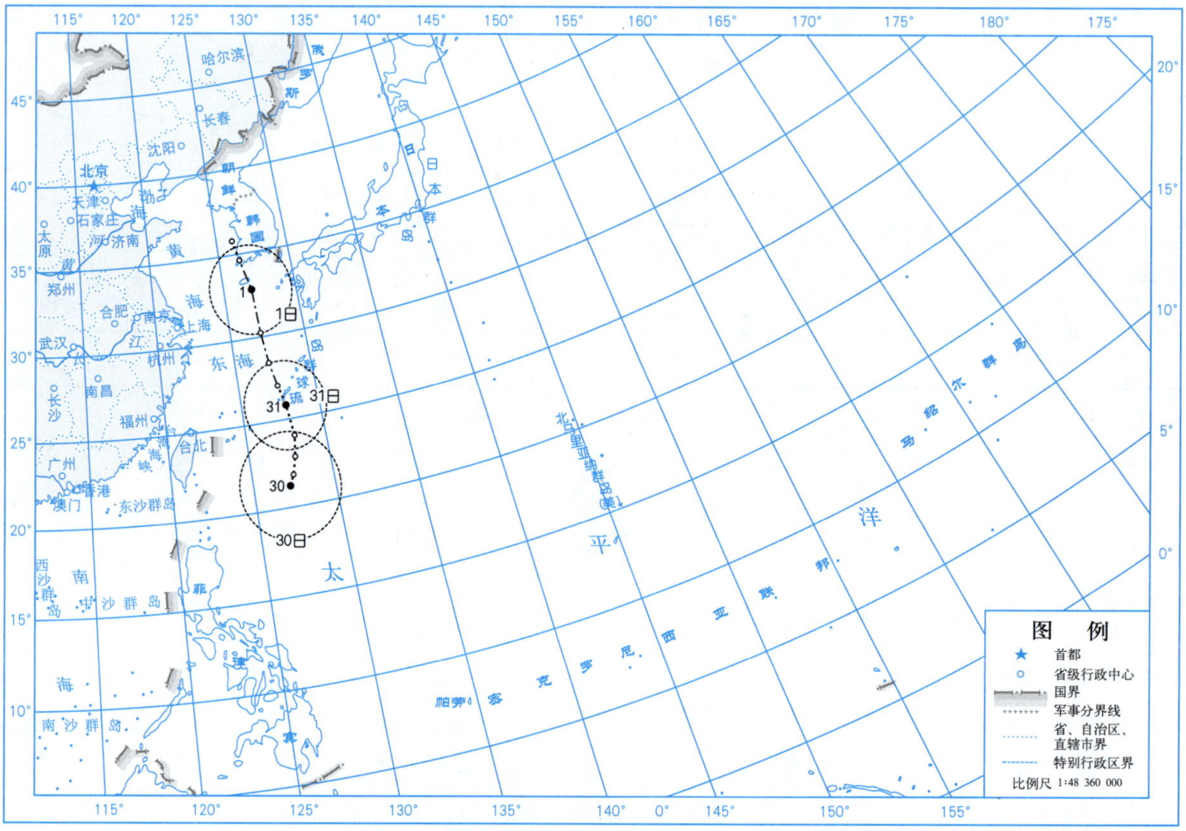

图2.6.2　2206号热带风暴“翠丝”（Trases）大风区域演变

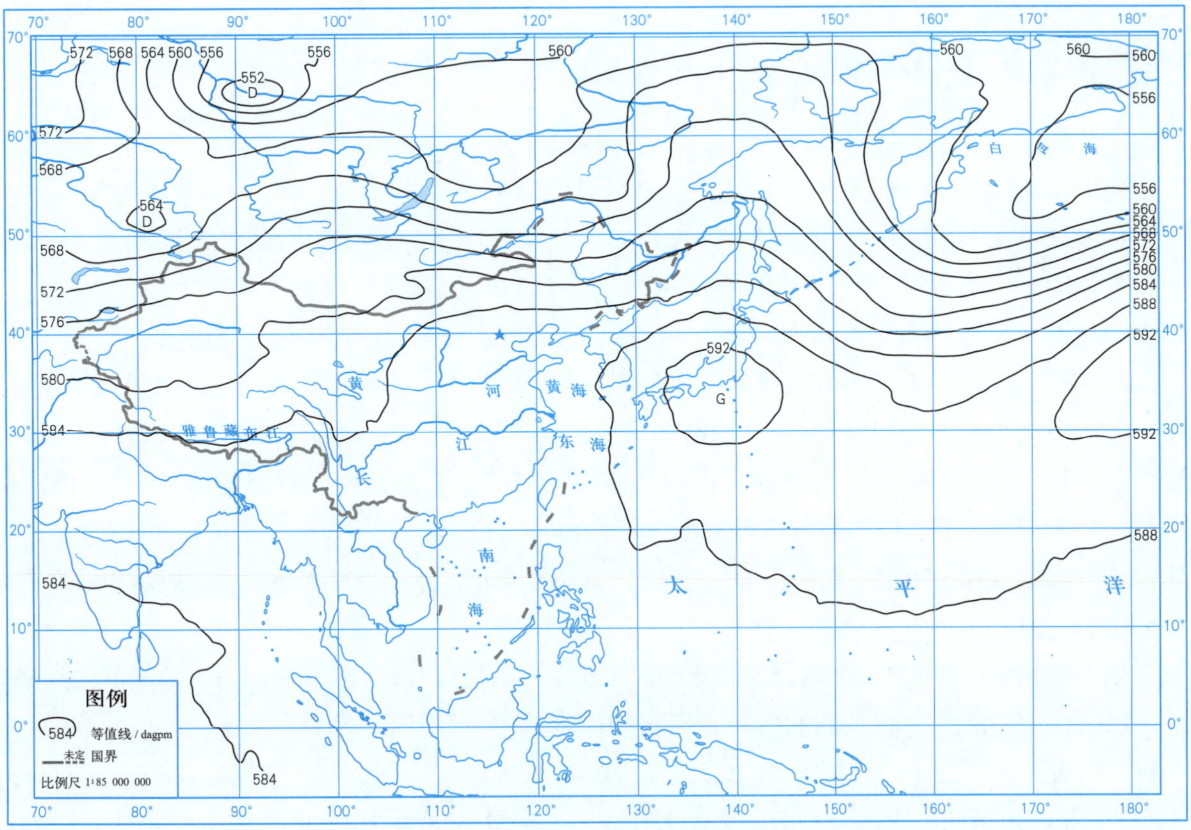

图 2.6.3　2022年8月1日08时500 hPa高度场

2.7 热带低压（TD2201）

热带低压（TD2201）是于 8 月 3 日下午在我国东沙群岛附近的南海海面上形成。形成后低压中心向西偏北方向移动，4 日 09 时 40 分登陆广东省惠州市惠东县，登陆时近中心最大风速 13 m/s，中心最低气压 1002 hPa。登陆后，热带低压（TD2201）转向偏西，下午迅速在广东省境内消散。

受热带低压影响，8 月 3—4 日，广东潮阳和广西临桂出现最大风力 6 级、阵风 7 级，福建九仙山出现最大风力 7 级（15.4 m/s）、阵风 8 级（19.9 m/s），为本次热带低压影响过程风极值。

受其影响，8 月 3—5 日，海南部分、广东部分、广西部分、云南东部部分、四川南部局部、重庆南部局部、贵州部分、湖南局部、江西南部局部及临川、福建南部局部总雨量为 10 ～ 50 mm，海南保亭、广东部分、广西局部、云南河口、四川威远和南溪、江西寻乌、福建南部局部总雨量 50 ～ 150 mm；广东南部局部、广西涠洲岛和柳江总雨量 150 ～ 232 mm。广东揭西总雨量 231.4 mm，广西涠洲岛 5 日雨量 149.6 mm，广东阳江 4 日 17 时雨量 71.2 mm，分别为本次热带低压影响过程总雨量、日雨量和时雨量极值。

受南海西北部生成的热带低压西北行影响，8 月 3—4 日，华南大部出现小到中雨局部大到暴雨，5 日，其低压环流仍给广东、广西和西南地区带来中到大雨局部暴雨。

表 2.7.1 是热带低压（TD2201）的中心位置和强度。图 2.7.1 ～图 2.7.9 分别是热带低压（TD2201）的路径图、总降水量图、大风分布图、总降水日数图、2022 年 8 月 3—5 日的日降水量图、大风区域演变图和 2022 年 8 月 4 日 08 时 500 hPa 高度场图。

表 2.7.1　热带低压（TD2201）8 月 3—4 日中心位置和强度

年	月	日	时	中心位置		中心气压 /hPa	最大风速 /（m/s）
				北纬 /°N	东经 /°E		
2022	8	3	17	21.4	117.5	1004	10
	8	3	20	21.5	117.0	1002	13
	8	3	23	21.7	116.5	1002	13
	8	4	02	22.0	116.1	1002	13
	8	4	05	22.3	115.6	1002	13
	8	4	08	22.5	115.2	1002	13
	8	4	11	22.8	114.7	1002	13
	8	4	14	22.8	114.0	1002	13
	8	4	17	22.9	113.2	1002	13
消散							

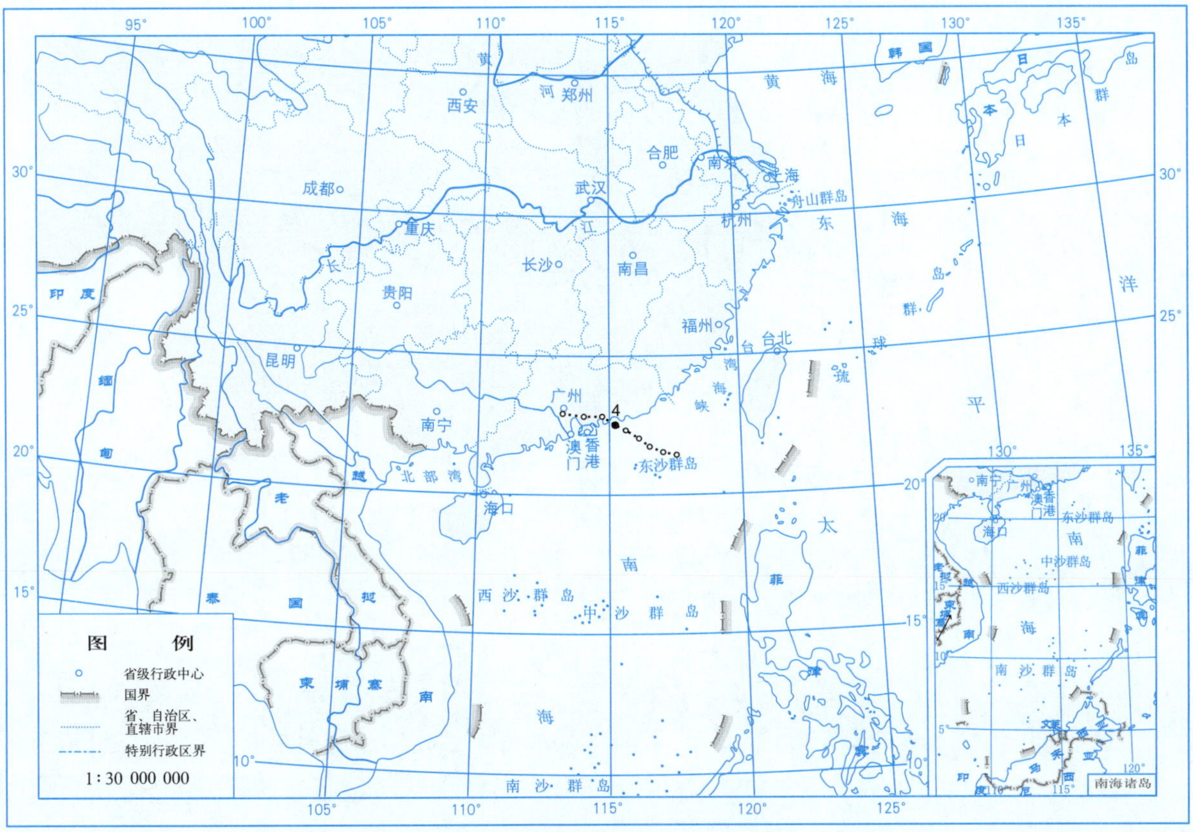

图 2.7.1 热带低压（TD2201）路径

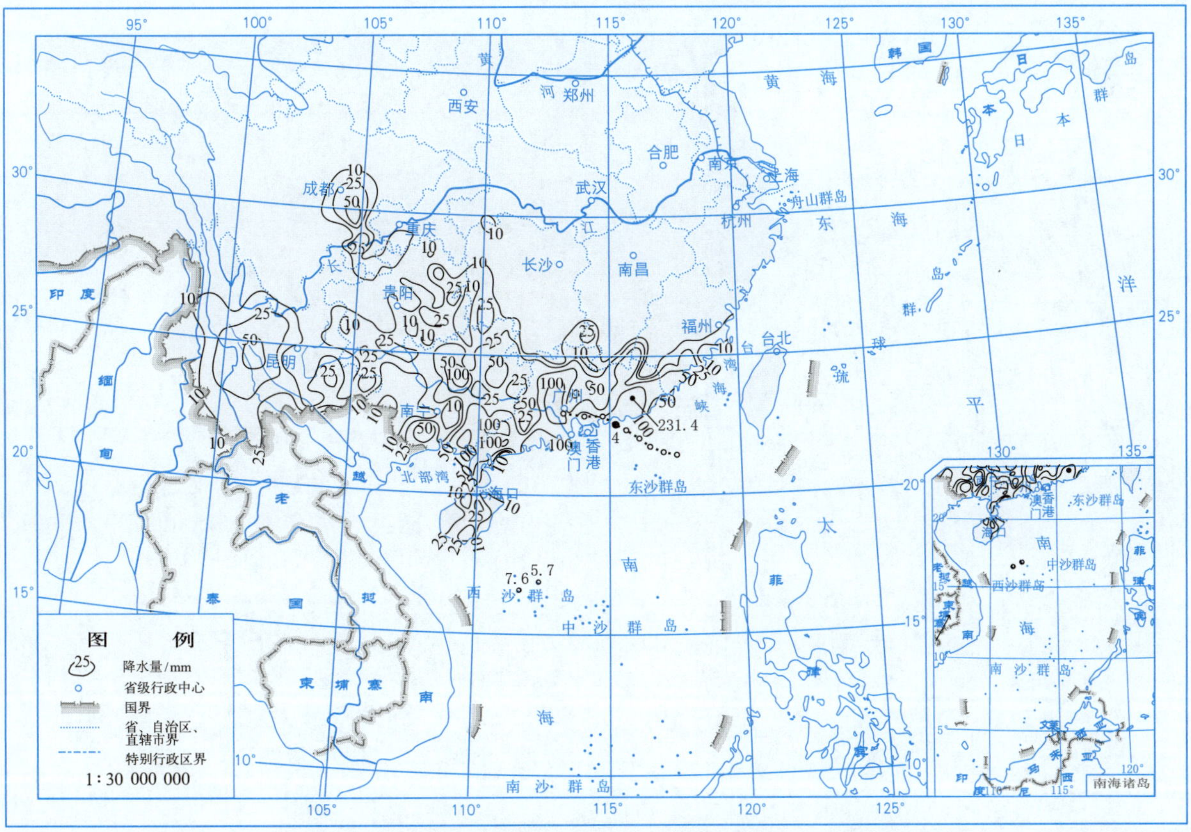

图 2.7.2 热带低压（TD2201）总降水量（8月3—5日）

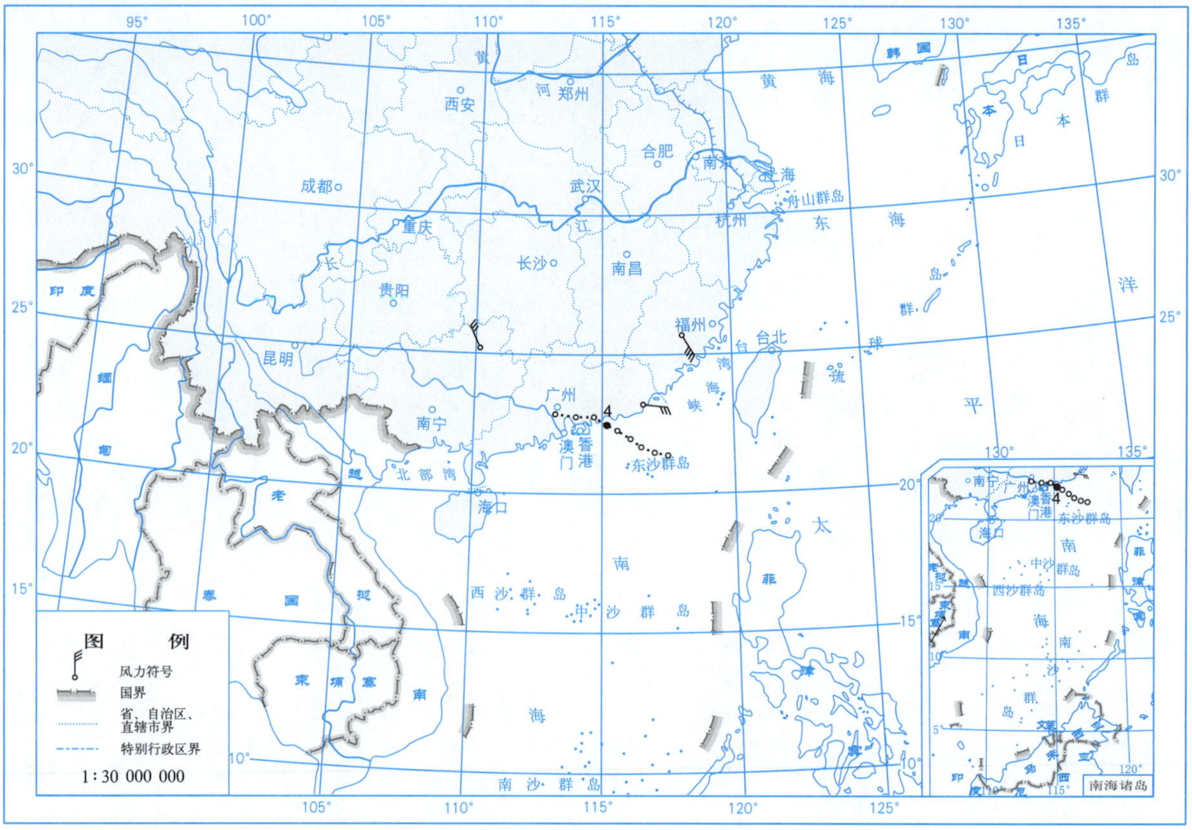

图 2.7.3　热带低压（TD2201）大风分布（8月3—4日）

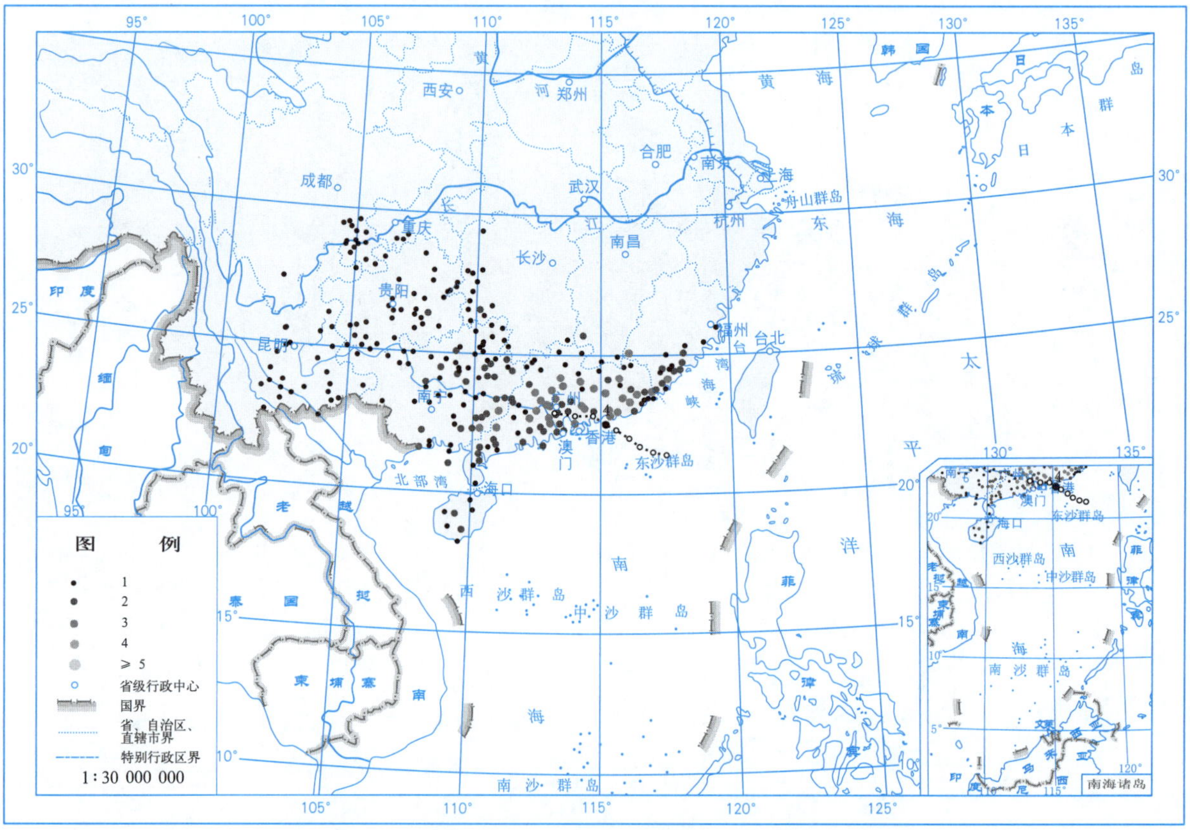

图 2.7.4　热带低压（TD2201）总降水日数（单位：d）

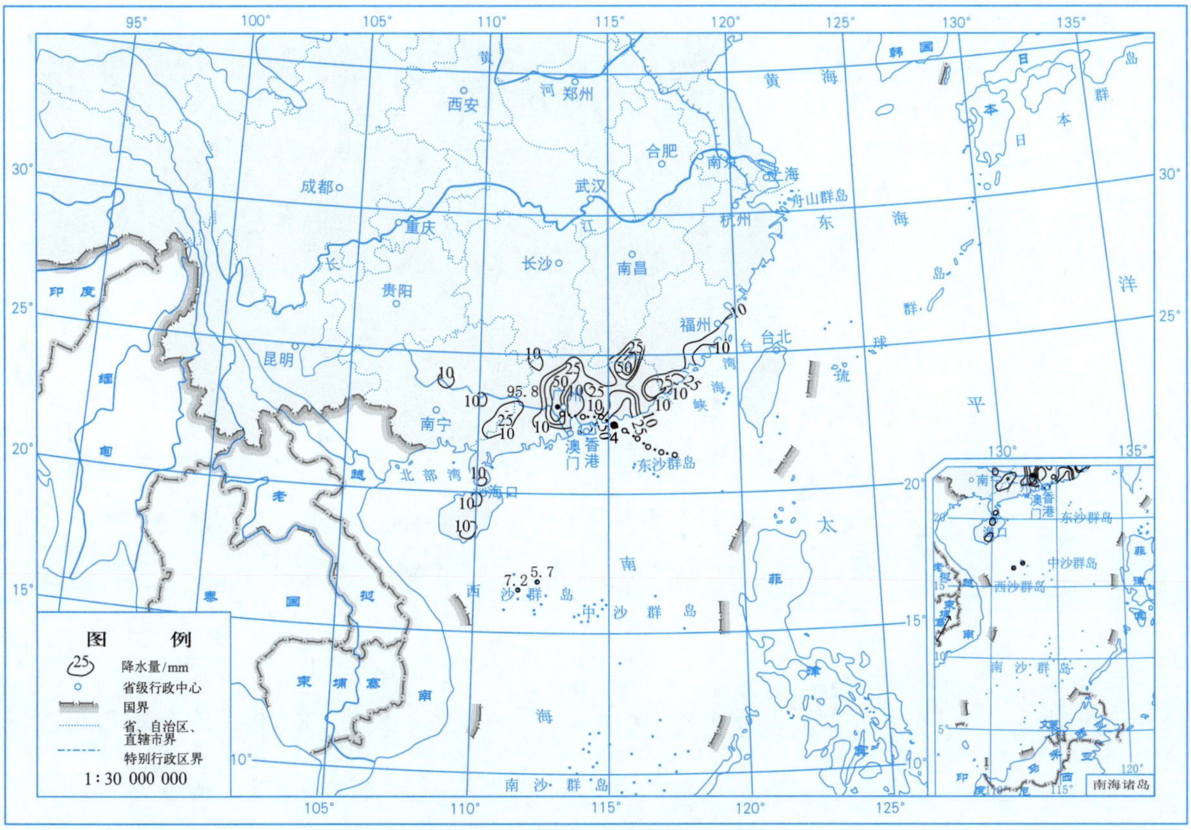

图 2.7.5　2022年8月3日的日降水量

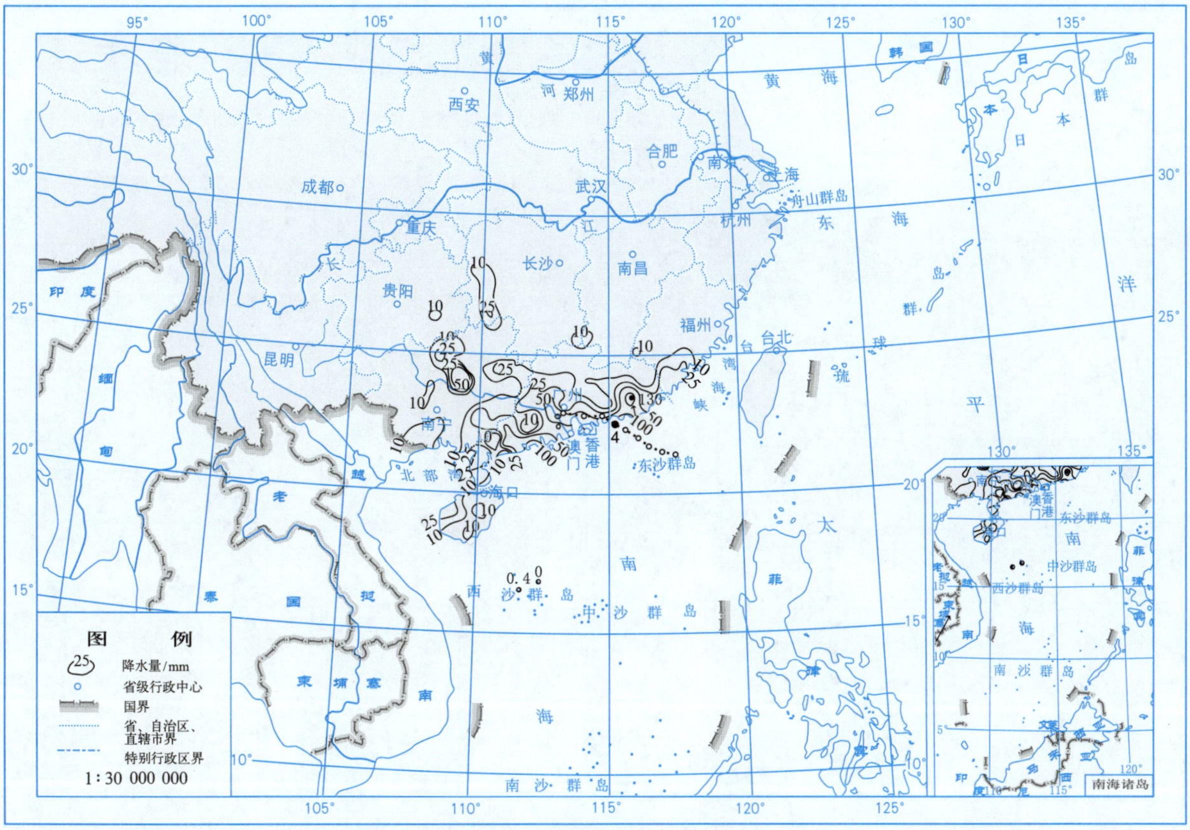

图2.7.6　2022年8月4日的日降水量

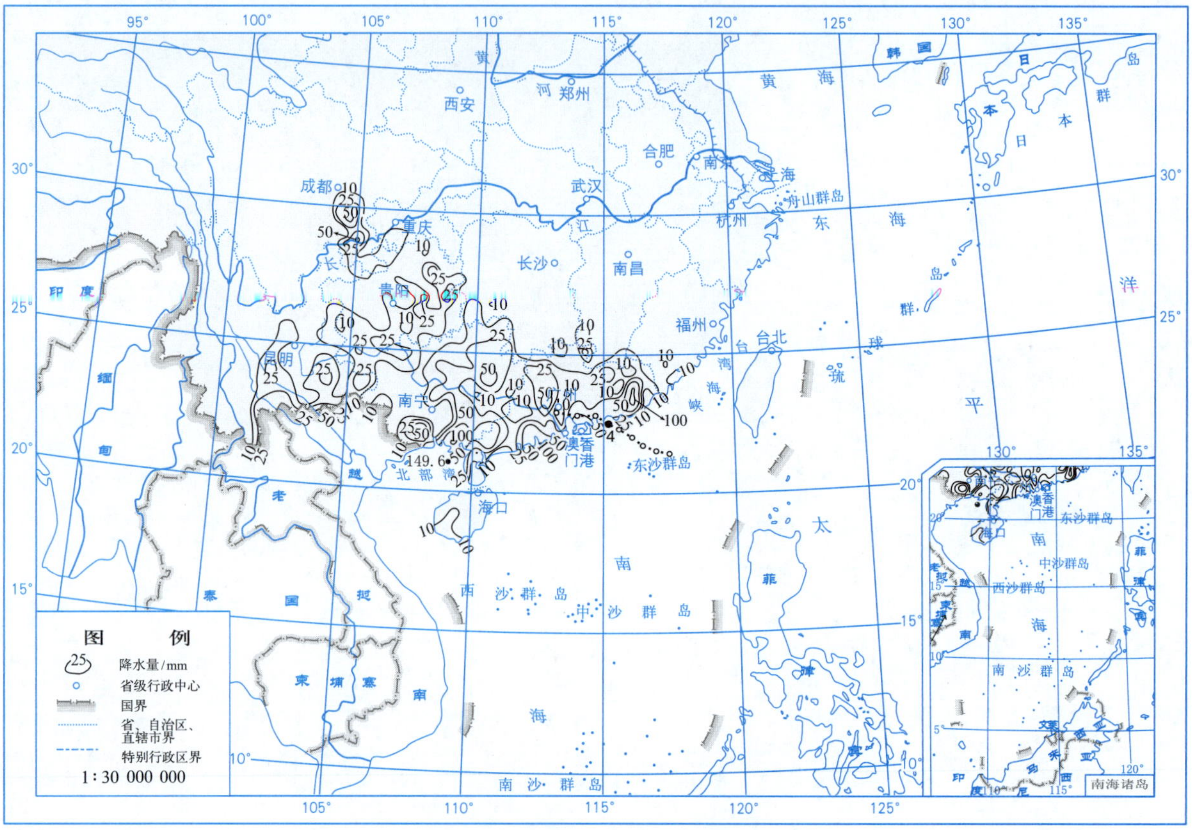

图 2.7.7　2022年8月5日的日降水量

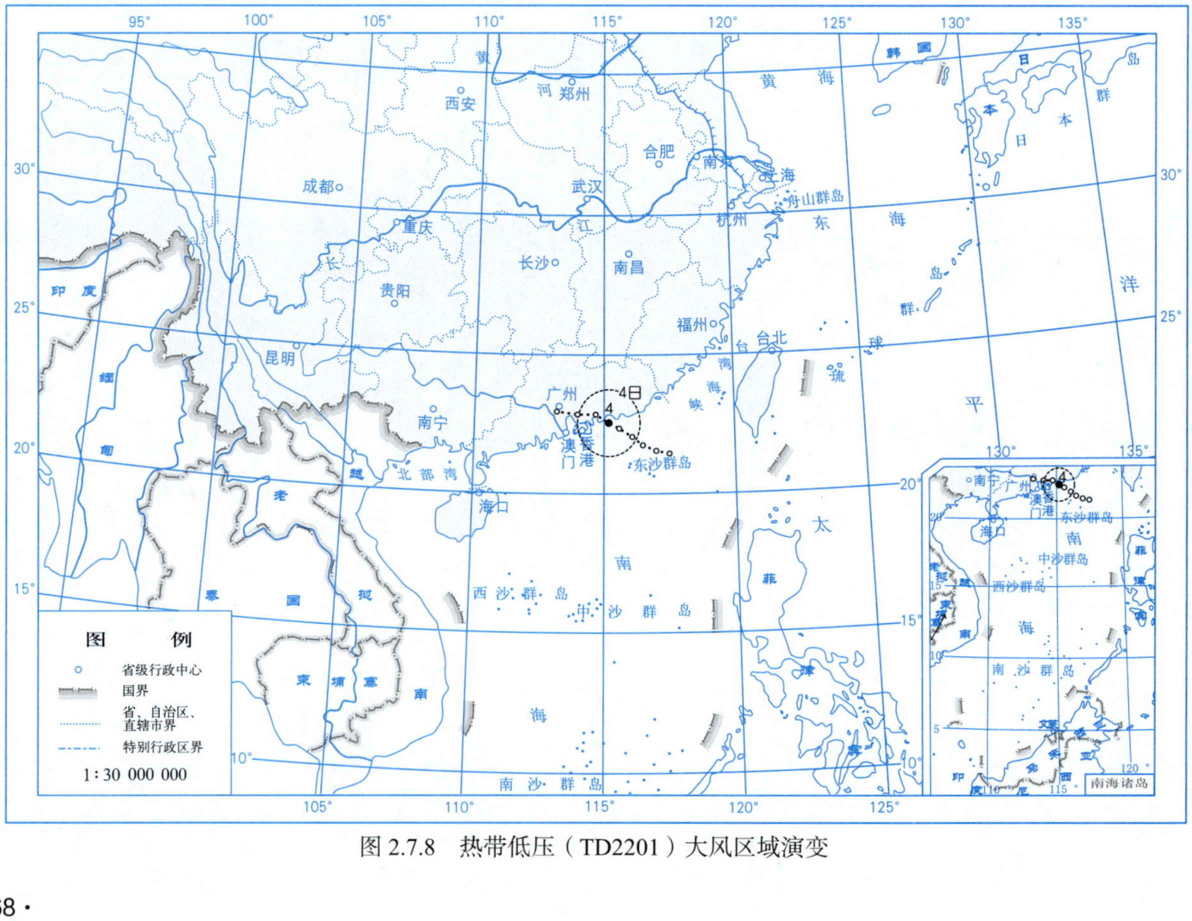

图 2.7.8　热带低压（TD2201）大风区域演变

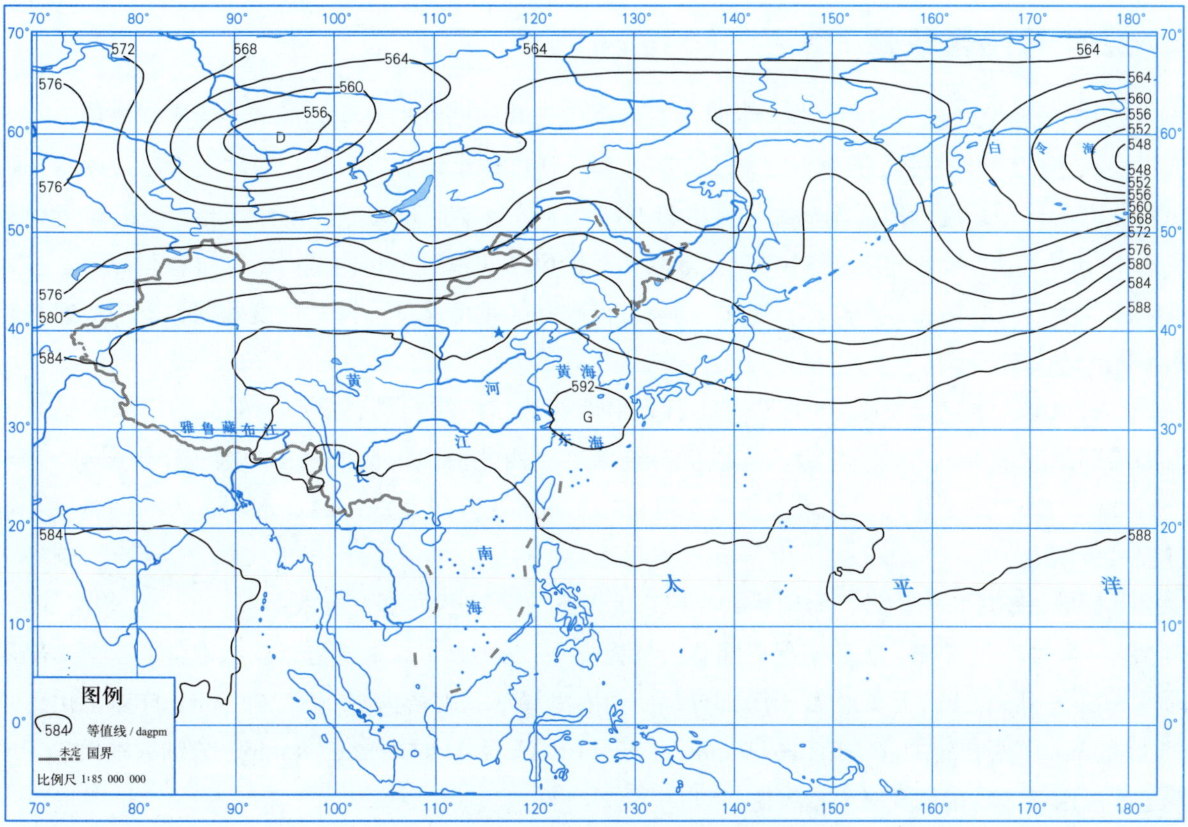

图 2.7.9　2022年8月4日08时500 hPa高度场

2.8　2207 号热带风暴“木兰”（Mulan）

第 2207 号热带风暴“木兰”是由 8 月 8 日夜间位于我国西沙群岛附近的西北太平洋洋面上一个热带低压发展形成。形成后低压中心向东北方向移动，强度逐渐增强，9 日上午发展为热带风暴，随即折向西北方向移动，逐渐向海南岛靠近，次日 08 时 15 分登陆广东省湛江市徐闻县，登陆时近中心最大风速 20 m/s，中心最低气压 995 hPa。登陆后，热带风暴“木兰”折向偏西，穿过琼州海峡，进入北部湾海域，随后向西偏北方向移动，于 11 日凌晨再次登陆越南北部沿海，强度减弱，下午快速在越南境内消散（表 2.8.1）。

受热带风暴“木兰”影响，8 月 9—11 日，海南西沙、广东局部、广西局部、湖南南部局部、江西南部局部出现最大风力 6 ～ 7 级、阵风 7 ～ 9 级。江西龙南出现最大风力 7 级（15.1 m/s)、阵风 9 级（21.8 m/s），广东上川岛出现最大风力 7 级（14.1 m/s)、阵风 9 级（24.2 m/s），为本次热带风暴影响过程风极值。

受其影响，8 月 8—11 日，海南局部、广东北部部分、广西大部、云南南部局部、贵州南部局部、湖南永兴、江西南部局部、福建南部局部总雨量为 10 ～ 50 mm；海南部分、广东部分、广西南部局部总雨量为 50 ～ 150 mm；广东南部沿海部分、广西沿海局部总雨量为 150 ～ 261 mm。广东上川岛总雨量 260.5 mm，广西合浦 11 日雨量 169.9 mm，广东吴川 10 日 04 时雨量 67.8 mm，分别为本次热带风暴影响过程总雨量、日雨量及时雨量极值。

受“木兰”在南海中部生成并北上影响，8 月 8—9 日，华南三省出现了小到中雨，局部大到暴雨。10 日，“木兰”西北行穿过琼州海峡，海南出现局部暴雨，广东珠江口附近地区和西南部沿海出现暴雨到大暴雨，广西出现小到中雨。11 日，“木兰”迅速减弱，广东和广西大部出现中到大雨局部暴雨。

受其影响，造成广东、广西和海南省（区）出现了一定程度的灾情。总计受灾 12.66 万人，紧急避险转移 7.53 万人，紧急转移安置 0.12 万人，农作物受灾面积达到 0.068 万 hm^2，直接经济损失 0.35 亿元（表 2.8.2）。

图 2.8.1 ～图 2.8.9 分别是热带风暴“木兰”的路径图、总降水量图、总降水日数图、大风分布图、2022 年 8 月 9—11 日的日降水量图、大风区域演变图和 2022 年 8 月 10 日 08 时 500 hPa 高度场图。

表 2.8.1　2207 号热带风暴“木兰”（Mulan）8 月 8—11 日中心位置和强度

年	月	日	时	中心位置		中心气压 /hPa	最大风速 /（m/s）
				北纬 /°N	东经 /°E		
2022	8	8	20	15.5	111.7	1000	13
	8	9	02	15.7	112.1	998	15
	8	9	08	16.1	112.6	998	15
	8	9	11	16.7	113.1	996	18
	8	9	14	17.4	113.4	996	18
	8	9	17	18.0	113.0	995	20

年	月	日	时	中心位置		中心气压 /hPa	最大风速 /（m/s）
				北纬 /°N	东经 /°E		
2022	8	9	20	18.4	112.6	995	20
	8	9	23	18.8	112.2	995	20
	8	10	02	19.2	111.7	995	20
	8	10	05	19.8	111.2	995	20
	8	10	08	20.3	110.6	995	20
	8	10	11	20.2	110.1	995	20
	8	10	14	20.3	109.7	995	20
	8	10	20	20.5	109.3	995	20
	8	11	02	21.1	108.2	998	18
	8	11	08	21.6	106.6	998	15
	8	11	14	21.6	104.9	1000	10
消散							

表 2.8.2　2207 号热带风暴“木兰”（Mulan）在广东、广西和海南省（区）引发的灾情

受灾省（区、市）	受灾人口 / 万人	死亡人口 / 人	失踪人口 / 人	紧急避险转移人口 / 万人	紧急转移安置人口 / 万人	农作物		倒塌房屋 / 万间	直接经济损失 / 亿元
						受灾面积 / 万 hm^2	绝收面积 / 万 hm^2		
广东省	7.98	0	0	7.36	0.07	0.009	0	0	0.25
广西区	4.55	0	0	0.09	0	0.059	0	0	0.1
海南省	0.13	0	0	0.08	0.05	0	0	0	0
合计	12.66	0	0	7.53	0.12	0.068	0	0	0.35

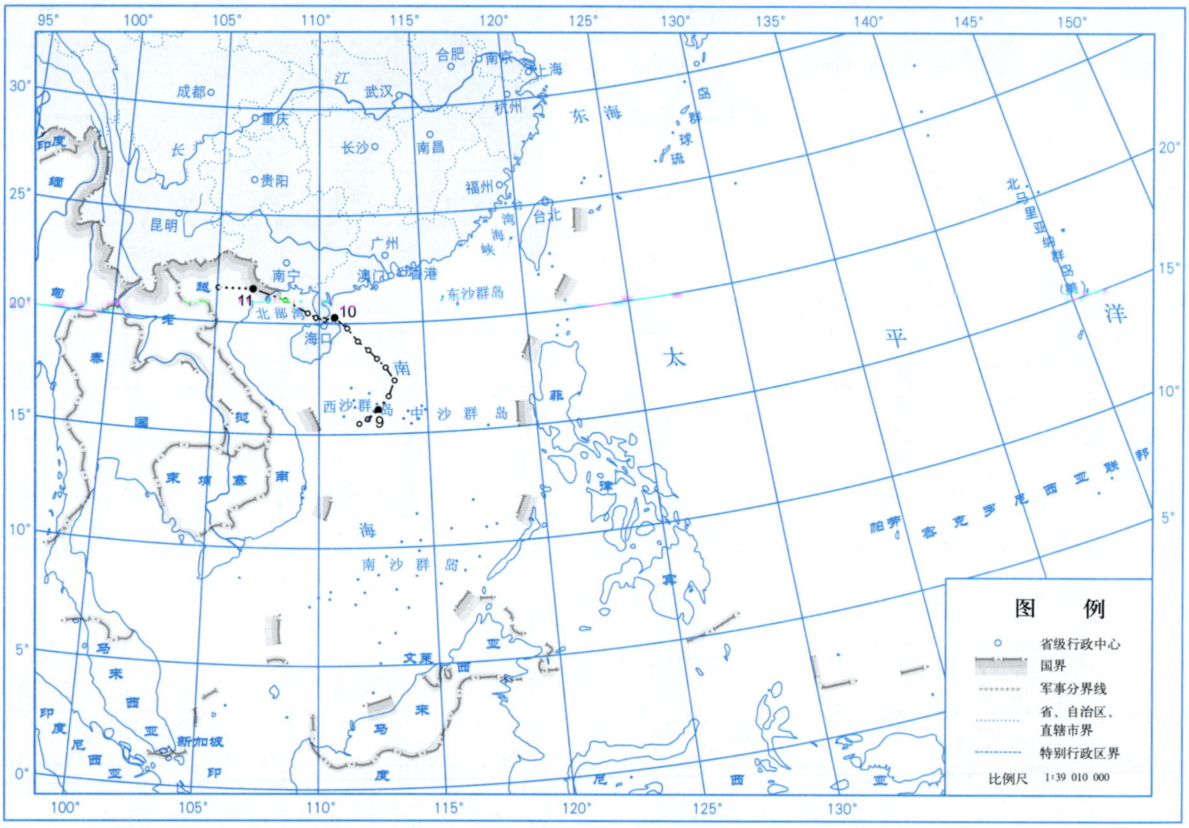

图 2.8.1　2207号热带风暴“木兰”（Mulan）路径

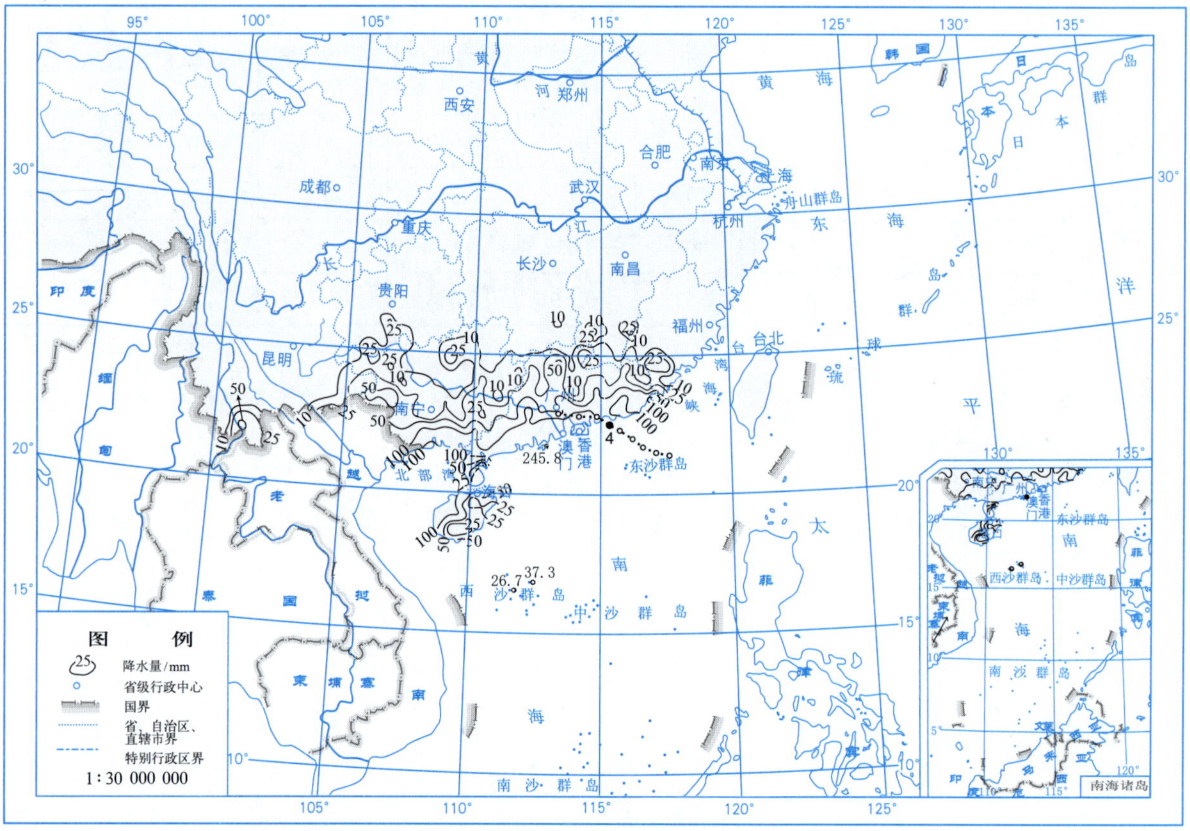

图 2.8.2　2207号热带风暴“木兰”（Mulan）总降水量（8月8—11日）

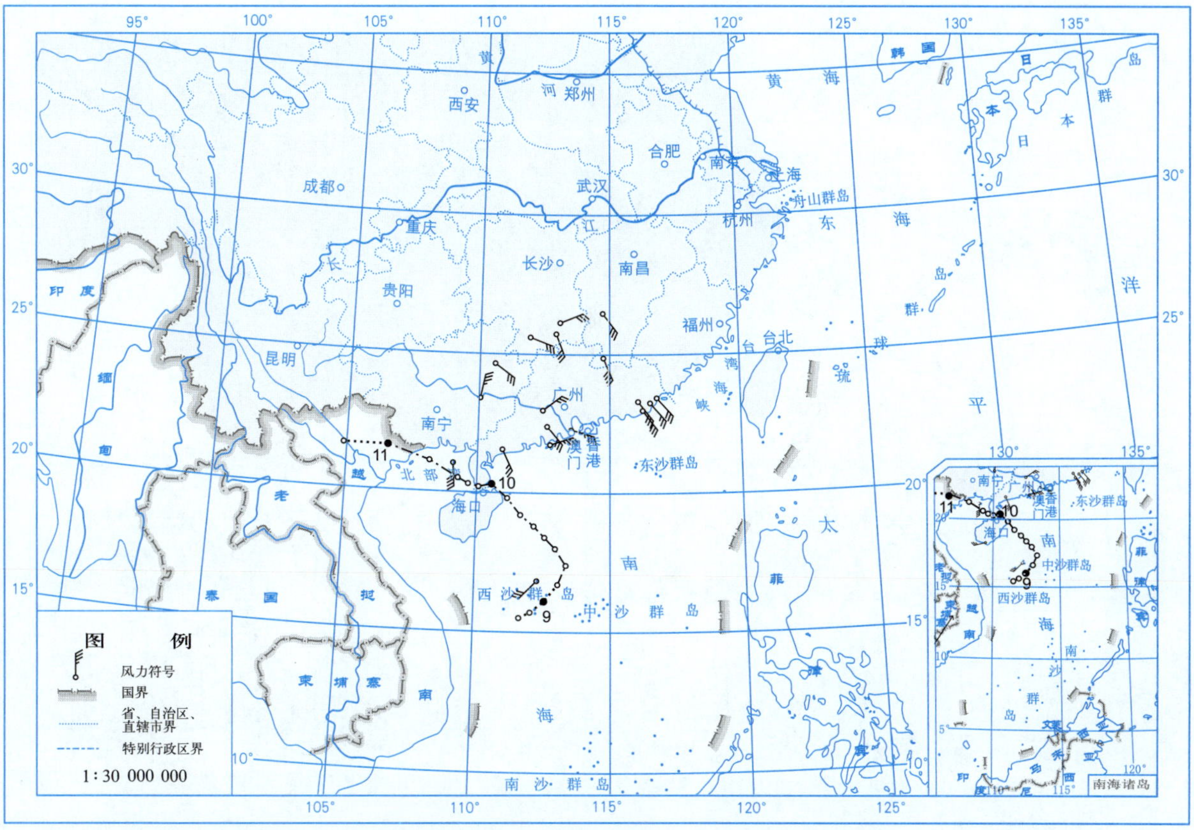

图 2.8.3　2207号热带风暴“木兰”（Mulan）大风分布（8月9—11日）

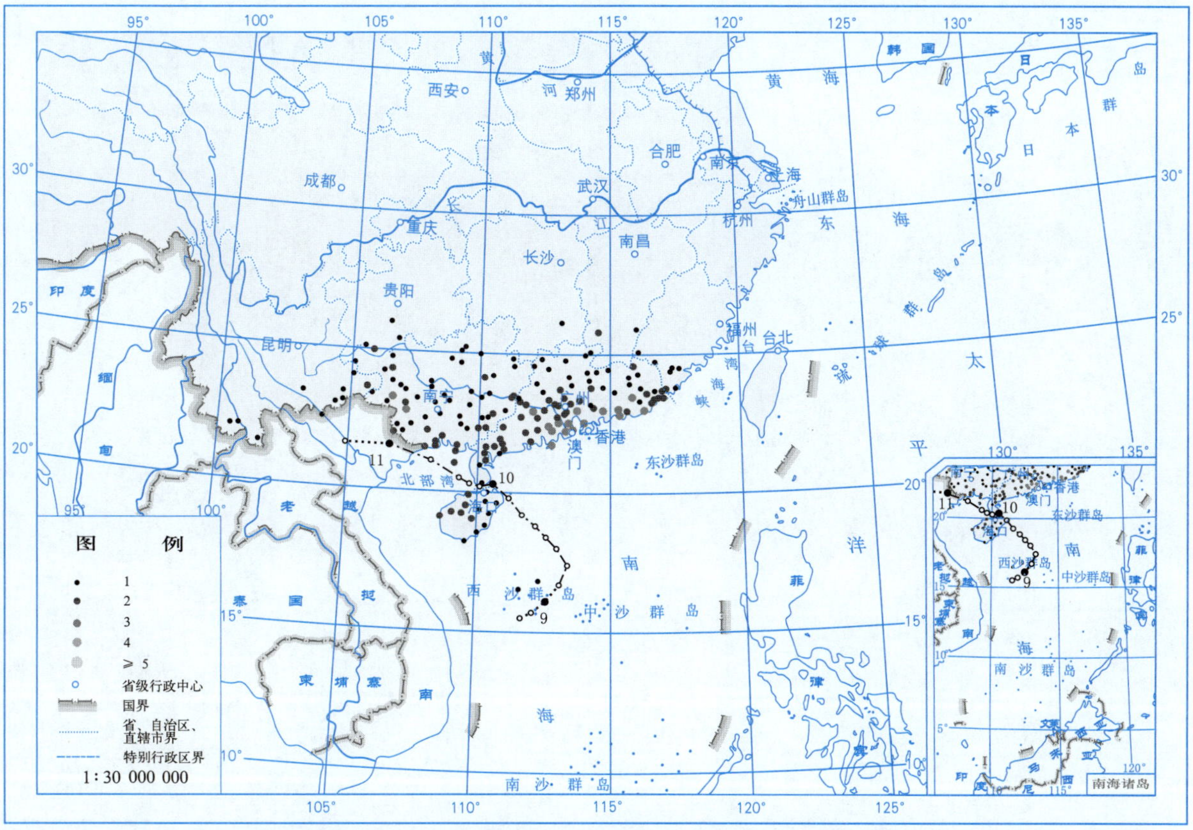

图 2.8.4　2207号热带风暴“木兰”（Mulan）总降水日数（单位：d）

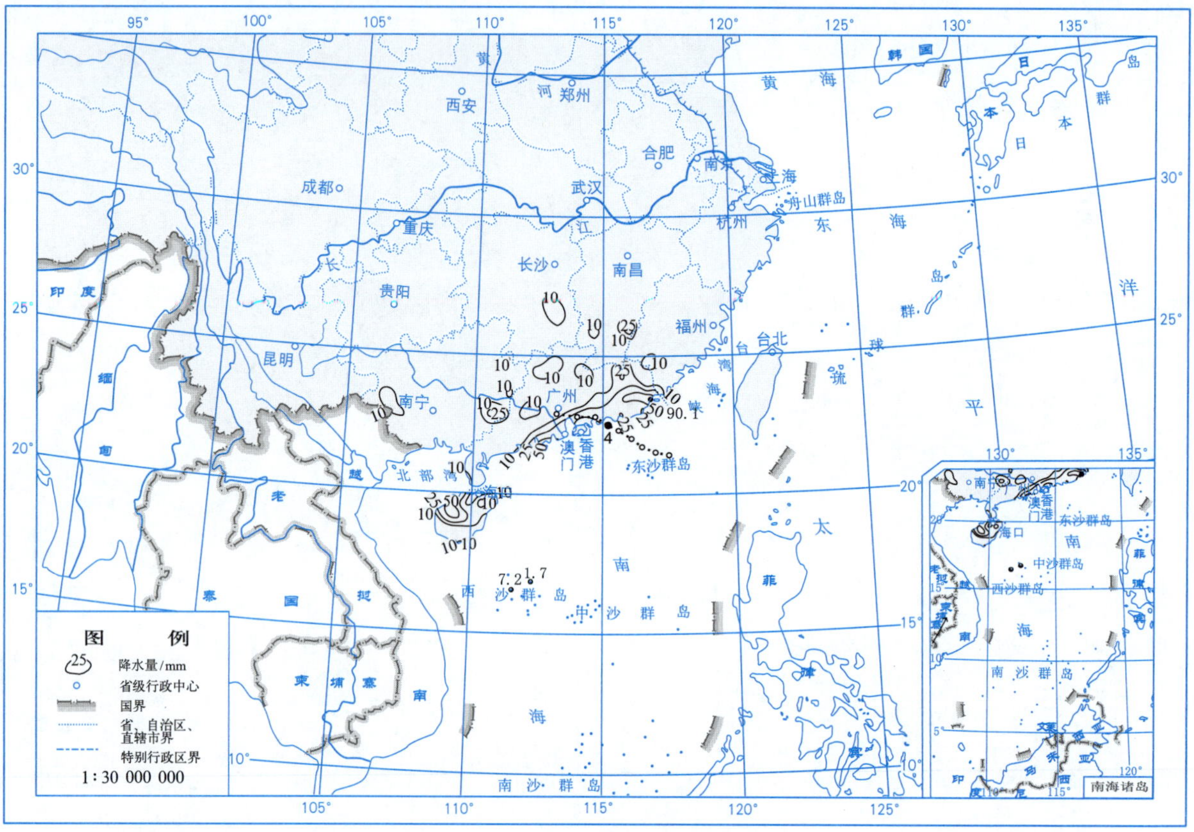

图 2.8.5 2022年8月9日的日降水量

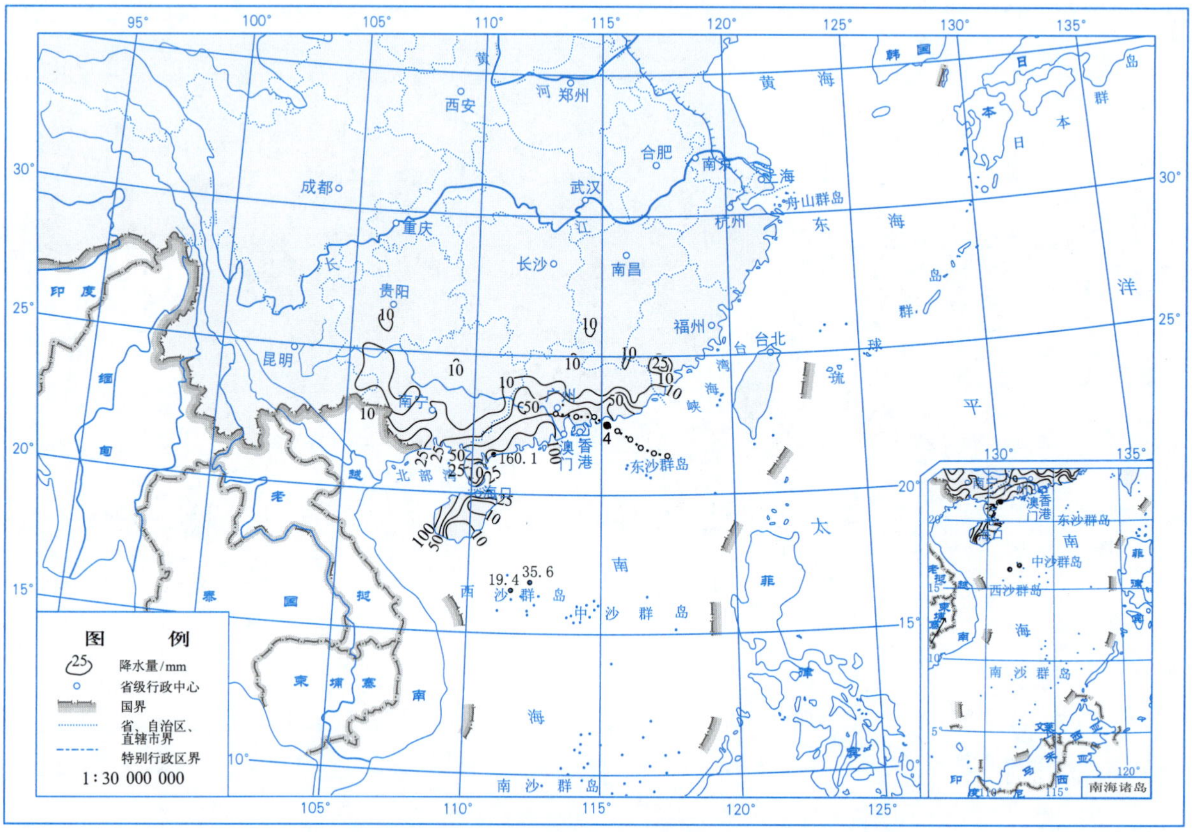

图 2.8.6 2022年8月10日的日降水量

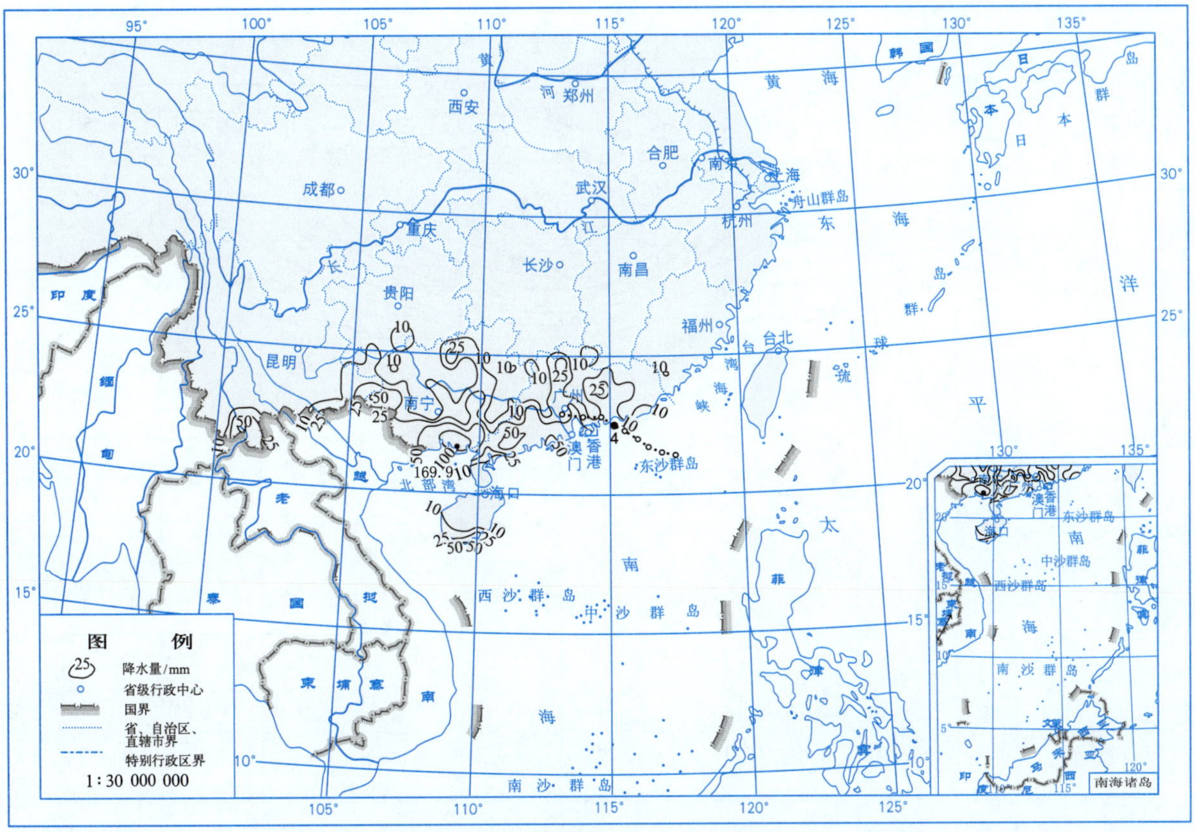

图 2.8.7　2022年8月11日的日降水量

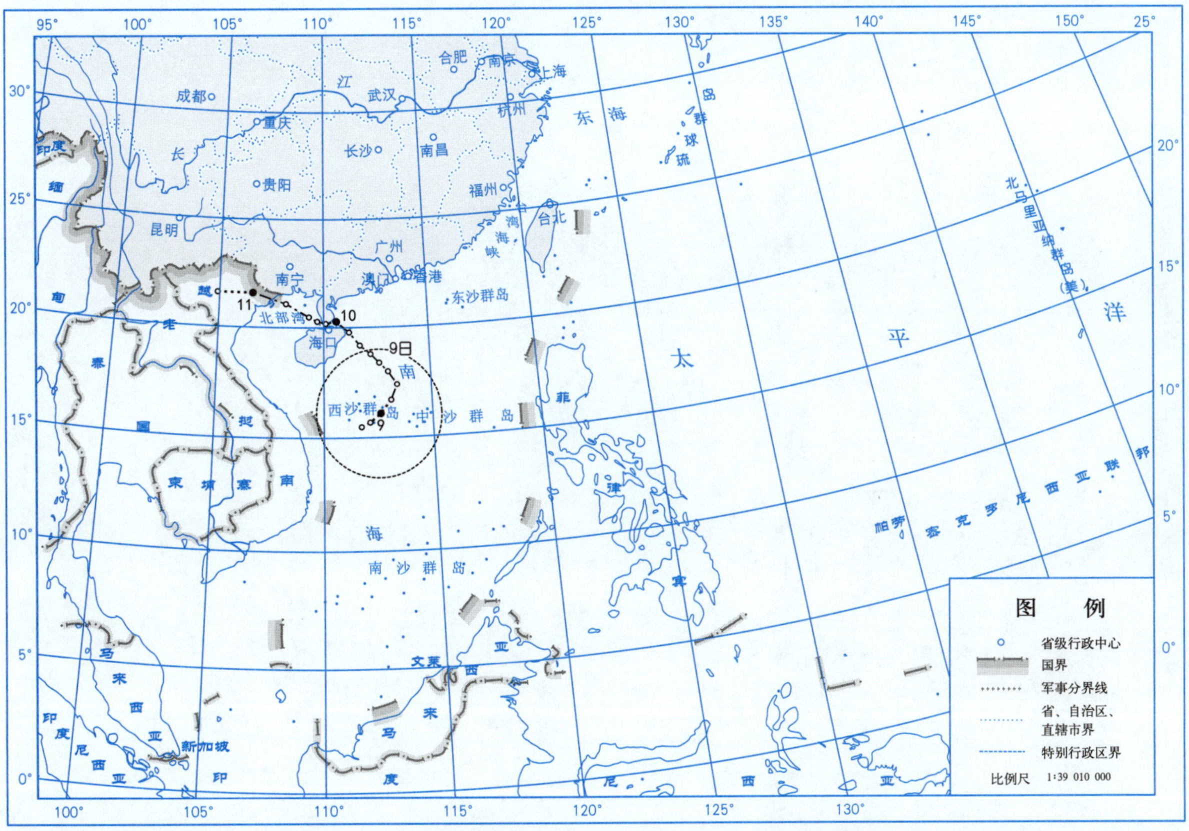

图 2.8.8　2207号热带风暴"木兰"（Mulan）大风区域演变

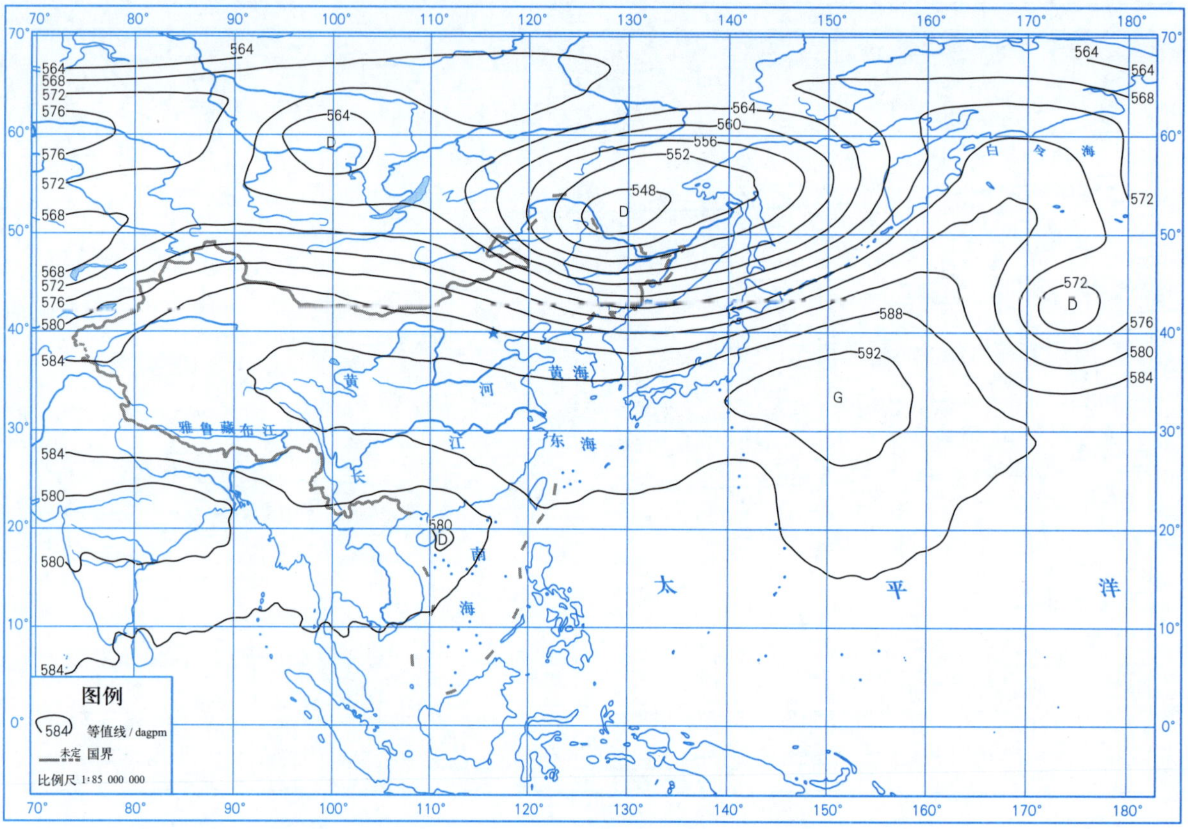

图 2.8.9 2022年8月10日08时500 hPa高度场

2.9　2208 号热带风暴“米雷”（Meari）

第 2208 号热带风暴“米雷”是由 8 月 10 日早晨位于美国塞班岛北偏西约 1350 km 的西北太平洋洋面上一个热带低压发展形成。形成后低压中心向西北方向移动，11 日早晨转向偏西，当日夜间又折向偏北方向移动，并随即发展为热带风暴。之后，热带风暴“米雷”13 日下午登陆日本本州岛东部沿海，并转向东北行，14 日夜间发生变性，随后穿过千岛群岛，进入鄂霍次克海海域。尔后，“米雷”转向偏北行，强度逐渐减弱，于 16 日夜间在堪察加半岛以西的海面减弱消散。

表 2.9.1 是热带风暴“米雷”的中心位置和强度。图 2.9.1 ～图 2.9.3 分别是热带风暴“米雷”的路径图、大风区域演变图和 2022 年 8 月 13 日 14 时 500 hPa 高度场图。

表 2.9.1　2208 号热带风暴“米雷”（Meari）8 月 10—16 日中心位置和强度

年	月	日	时	中心位置		中心气压 /hPa	最大风速 /（m/s）
				北纬 /°N	东经 /°E		
2022	8	10	08	26.0	140.0	1005	13
	8	10	14	26.8	139.5	1005	13
	8	10	20	27.6	138.5	1005	13
	8	11	02	28.4	137.6	1005	13
	8	11	08	28.9	136.3	1005	13
	8	11	14	28.8	135.8	1005	13
	8	11	20	28.8	135.5	1002	15
	8	12	02	29.5	135.9	1000	18
	8	12	08	30.4	136.3	1000	18
	8	12	14	30.8	136.4	1000	18
	8	12	20	31.8	136.7	1000	18
	8	13	02	32.9	136.7	998	20
	8	13	08	33.8	137.3	998	20
	8	13	14	34.8	138.2	998	20
	8	13	20	35.8	140.3	998	20
	8	14	02	37.7	142.7	998	20
	8	14	08	39.3	144.7	998	20
	8	14	14	41.5	147.3	998	20
△	8	14	20	43.8	149.4	995	20
	8	15	02	46.8	151.1	990	18
	8	15	08	50.0	152.0	990	18

（续表）

年	月	日	时	中心位置		中心气压 /hPa	最大风速 /（m/s）
				北纬 /°N	东经 /°E		
2022	8	15	14	51.9	152.5	988	18
	8	15	20	53.8	153.4	988	18
	8	16	02	55.9	154.1	990	15
	8	16	08	57.6	154.7	990	15
	8	16	14	58.6	155.5	992	13
	8	16	20	59.2	157.1	994	10
消散							

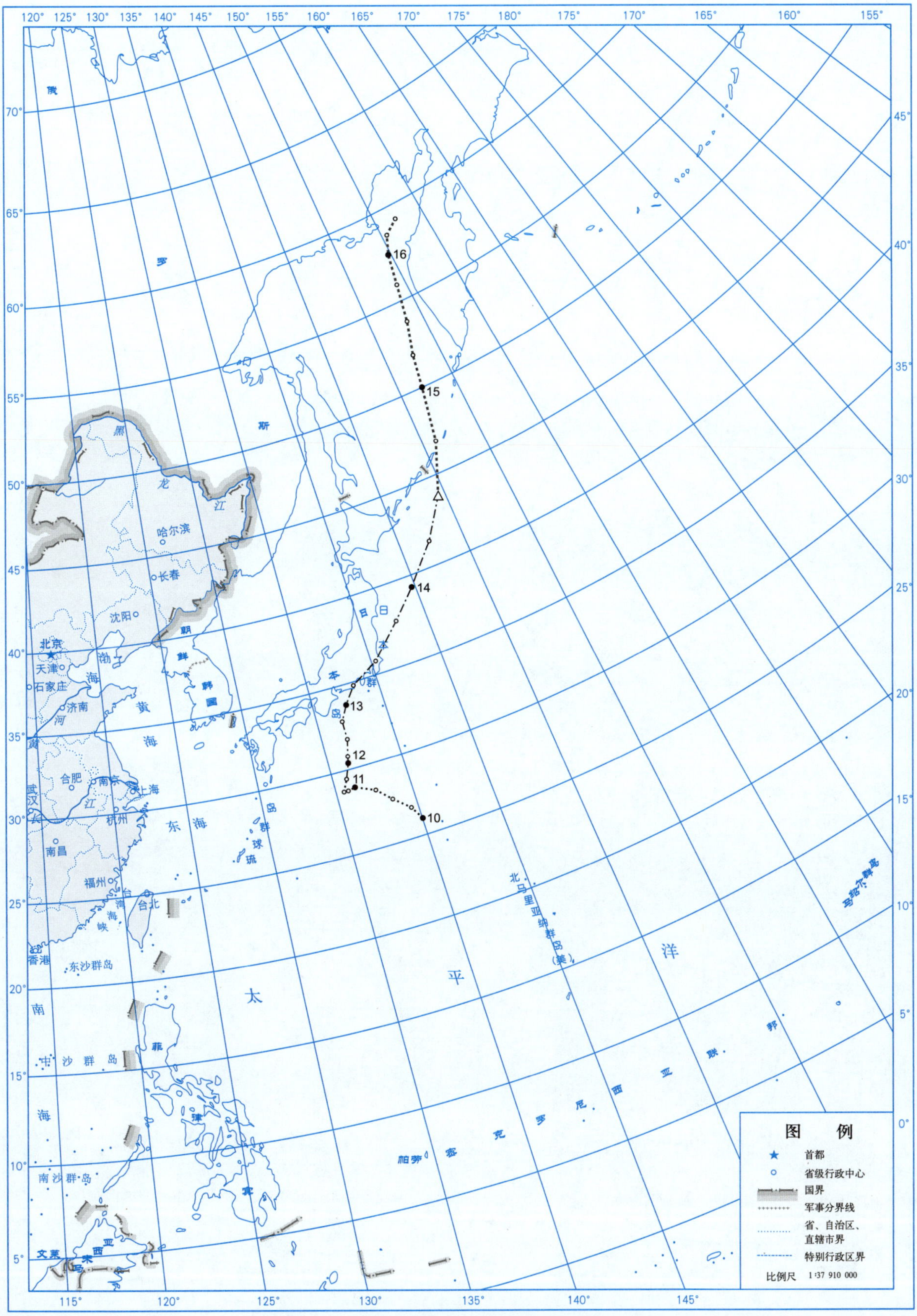

图 2.9.1　2208号热带风暴“米雷”（Meari）路径

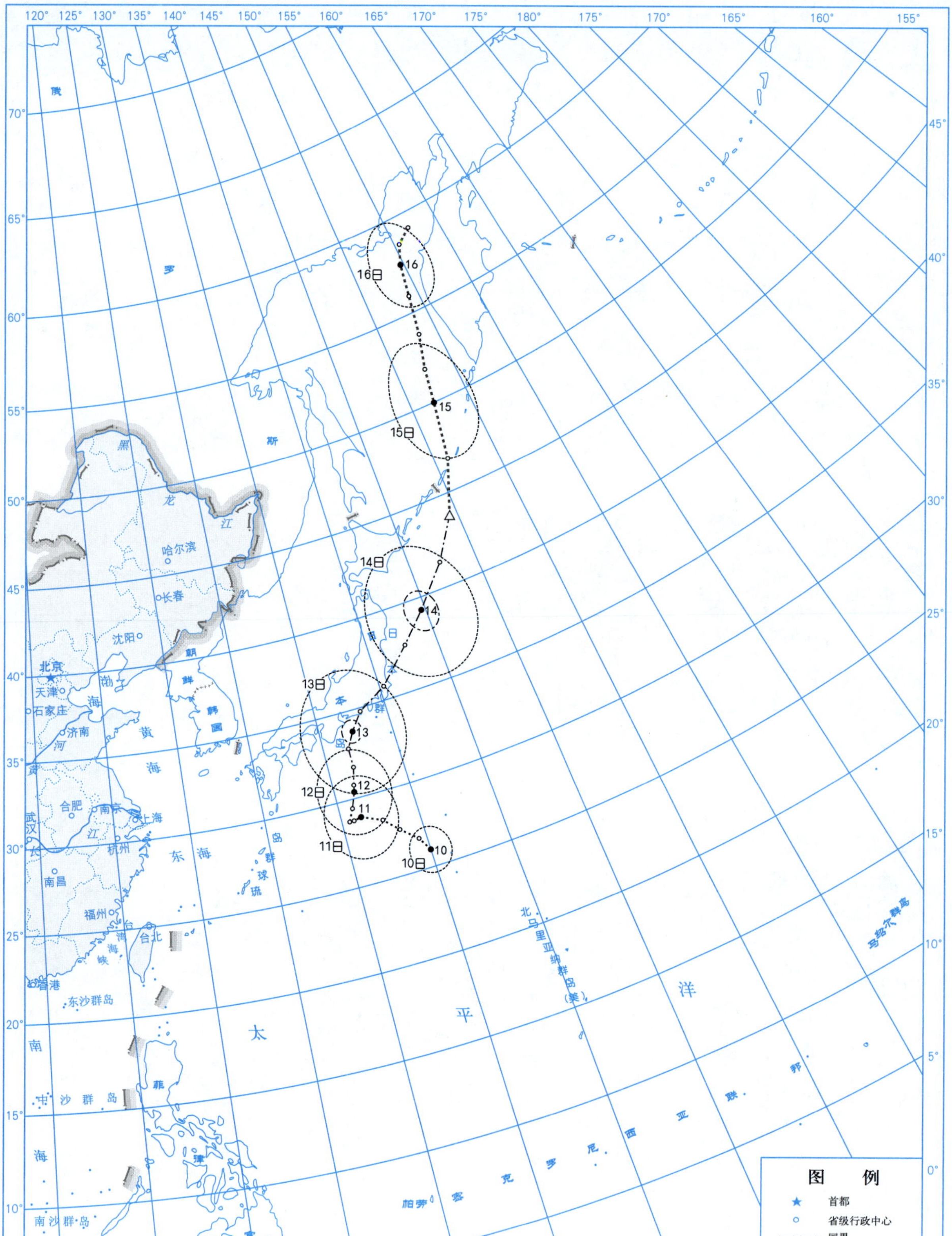

图 2.9.2　2208号热带风暴“米雷”（Meari）大风区域演变

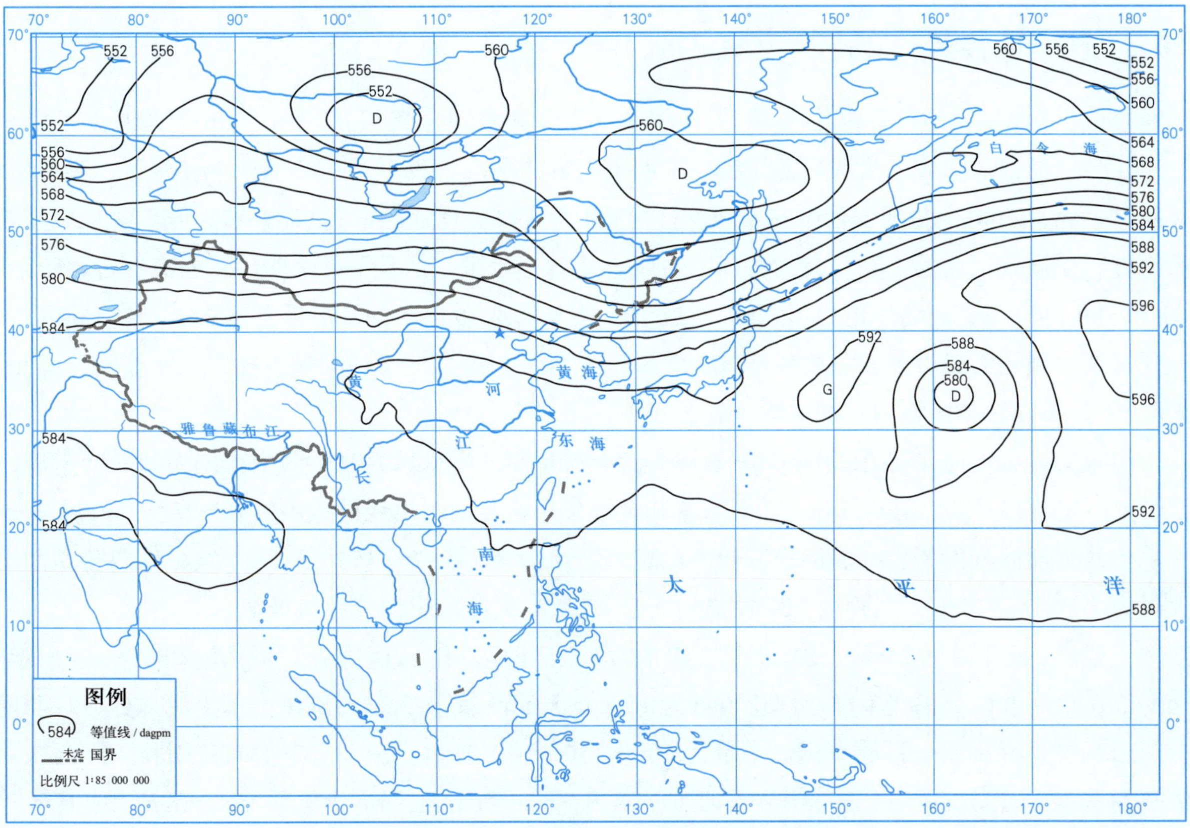

图 2.9.3　2022年8月13日14时500 hPa高度场

2.10 2209 号台风“马鞍”（Ma-on）

第 2209 号台风“马鞍”是由 8 月 21 日早晨位于菲律宾吕宋岛以东约 600 km 的西北太平洋洋面上一个热带低压发展形成。形成后低压中心向西偏南方向移动，22 日下午发展为热带风暴，移速减慢，次日折向西偏北方向，并加强为强热带风暴。之后，“马鞍”登陆吕宋岛东部沿海，于 24 日凌晨进入南海海域，强度逐渐增强，当日夜间增强为台风。其后，台风“马鞍”逐渐向广东沿海靠近，于 25 日 10 时 30 分登陆广东省茂名市电白区，登陆时近中心最大风速 30 m/s，中心最低气压 982 hPa。登陆后，“马鞍”强度快速减弱为热带风暴，途径广东、广西，25 日下午进入北部湾海域，随即二次登陆越南北部，沿海于 26 日早晨在越南境内减弱消散（表 2.10.1）。

受台风“马鞍”登陆广东西南部影响，8 月 24—26 日，广东部分、广西中东部大部、云南峨山和元江、贵州安顺和平塘、湖南郴州、江西永新和金溪、福建九仙山出现最大风力 6 ～ 7 级、阵风 7 ～ 10 级；广东西南沿海局部、广西涠洲岛和崇左出现最大风力 8 ～ 9 级、阵风 9 ～ 11 级；广西防城港出现最大风力 10 级（25.0 m/s）、阵风 12 级（33.6 m/s），为本次台风影响过程风极值。

受其影响，8 月 24—26 日，海南局部、广东大部、广西大部、云南部分、贵州南部部分、四川宁南、湖南局部、江西金溪、福建南部局部总雨量为 10 ～ 50 mm；海南大部、广东南部沿海部分、广西南部部分、云南屏边和勐腊、福建莆田总雨量为 50 ～ 150 mm；海南琼山、广东徐闻和阳春、广西东兴和涠洲岛总雨量为 150 ～ 218 mm；其中广西东兴总雨量 217.1 mm，26 日雨量 168.0 mm，26 日 4 时雨量 47.5 mm，分别为本次台风影响过程总雨量、日雨量及时雨量极值。

受“马鞍”南海西北行影响，8 月 24 日，华南出现小雨，局部中到大雨。25—26 日，“马鞍”在广东电白登陆后偏西移动并减弱，海南出现大面积暴雨局部大暴雨，广东中南部、广西和云南中南部先后出现中到大雨局部暴雨到大暴雨。

受其影响，造成广东、广西和海南省（区）出现了一定程度的灾情。总计受灾 53.65 万人，紧急转移避险 49.77 万人，紧急转移安置 0.87 万人，农作物受灾面积 0.503 万 hm^2，农作物绝收面积 0.007 万 hm^2，倒塌房屋 70 间，直接经济损失 1.49 亿元（表 2.10.2）。

图 2.10.1 ～图 2.10.9 分别是台风“马鞍”的路径图、总降水量图、大风分布图、总降水日数图、2022 年 8 月 24—26 日的日降水量图、大风区域演变图和 2022 年 8 月 25 日 08 时 500 hPa 高度场图。

表 2.10.1 2209 号台风“马鞍”（Ma-on）8 月 21—26 日中心位置和强度

年	月	日	时	中心位置		中心气压 /hPa	最大风速 /（m/s）
				北纬 /°N	东经 /°E		
2022	8	21	08	17.6	127.9	1002	13
	8	21	14	17.2	127.3	1002	13
	8	21	20	16.9	126.5	1002	13
	8	22	02	16.6	125.7	1000	15
	8	22	08	16.3	124.5	1000	15

（续表）

年	月	日	时	中心位置		中心气压 /hPa	最大风速 /（m/s）
				北纬 /°N	东经 /°E		
2022	8	22	14	16.2	123.7	998	18
	8	22	20	16.1	123.5	995	20
	8	23	02	16.1	123.4	990	23
	8	23	08	17.0	122.8	985	25
	8	23	14	17.9	121.6	985	25
	8	23	20	18.4	120.4	985	25
	8	24	02	19.0	118.9	985	25
	8	24	08	19.4	117.4	982	28
	8	24	11	19.5	116.9	980	30
	8	24	14	19.7	116.4	980	30
	8	24	17	20.0	115.8	980	30
	8	24	20	20.2	114.8	975	33
	8	24	23	20.3	114.0	975	33
	8	25	02	20.6	113.2	970	35
	8	25	05	20.8	112.5	970	35
	8	25	08	21.1	111.9	975	35
	8	25	11	21.6	111.2	982	30
	8	25	14	21.7	110.0	990	23
	8	25	20	21.4	108.1	990	23
	8	26	02	21.7	106.2	998	15
	8	26	08	21.7	104.4	1000	13
消散							

表 2.10.2　2209 号台风“马鞍”（Ma-on）在广东、广西和海南省（区）引发的灾情

受灾省（区、市）	受灾人口 / 万人	死亡人口 / 人	失踪人口 / 人	紧急避险转移人口 / 万人	紧急转移安置人口 / 万人	农作物		倒塌房屋 / 万间	直接经济损失 / 亿元
						受灾面积 / 万 hm^2	绝收面积 / 万 hm^2		
广东省	50.72	0	0	49.72	0.74	0.110	0.004	0.006	0.85
广西区	2.87	0	0	0.02	0.11	0.390	0.003	0.001	0.64
海南省	0.06	0	0	0.03	0.02	0.003	0	0	0
合计	53.65	0	0	49.77	0.87	0.503	0.007	0.007	1.49

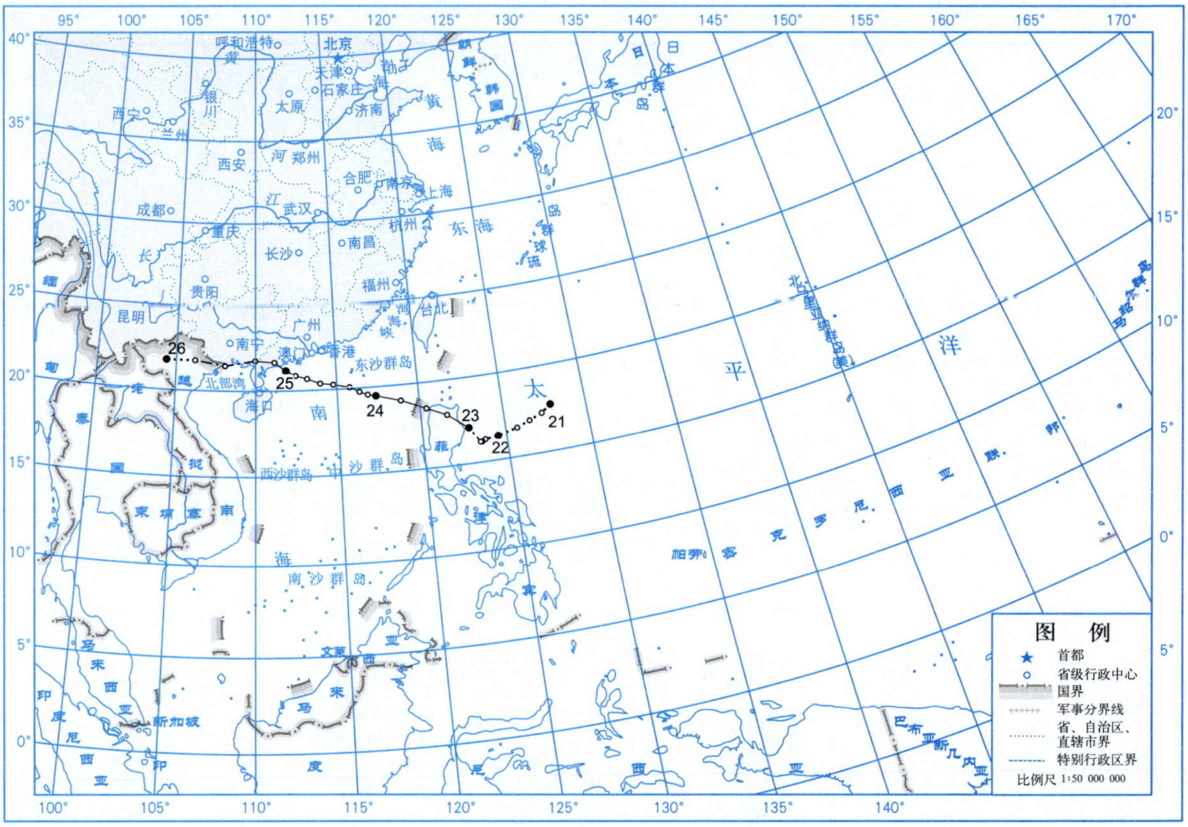

图 2.10.1　2209号台风“马鞍”（Ma-on）路径

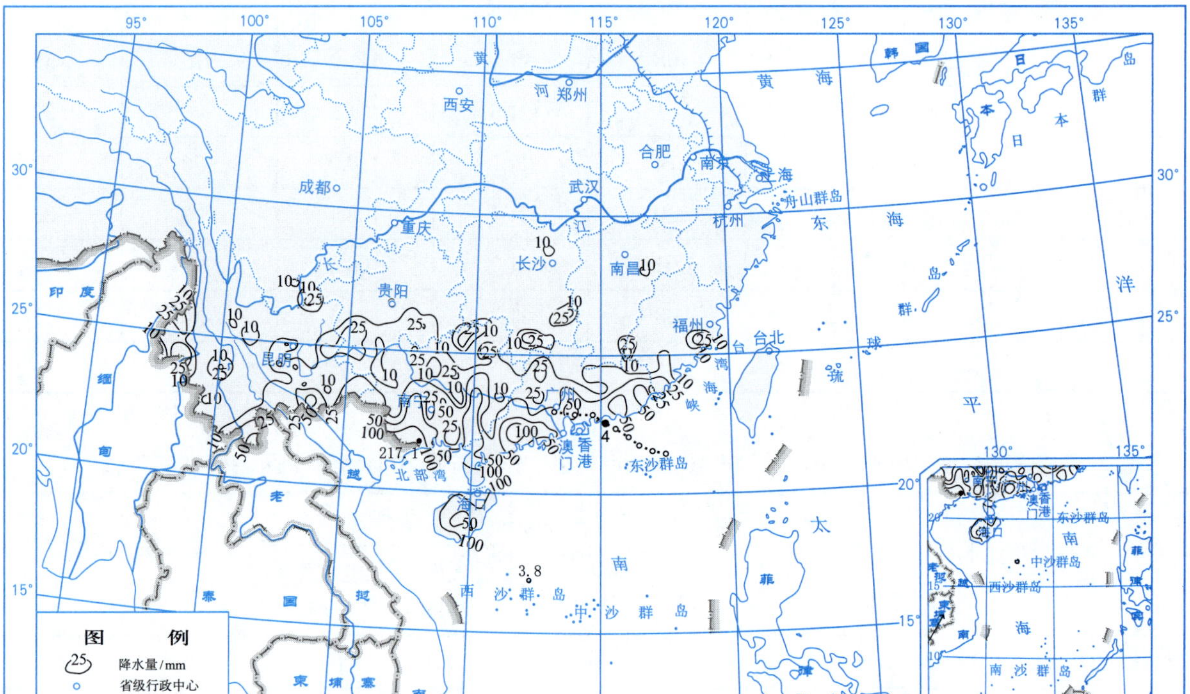

图 2.10.2　2209号台风“马鞍”（Ma-on）总降水量（8月24—26日）

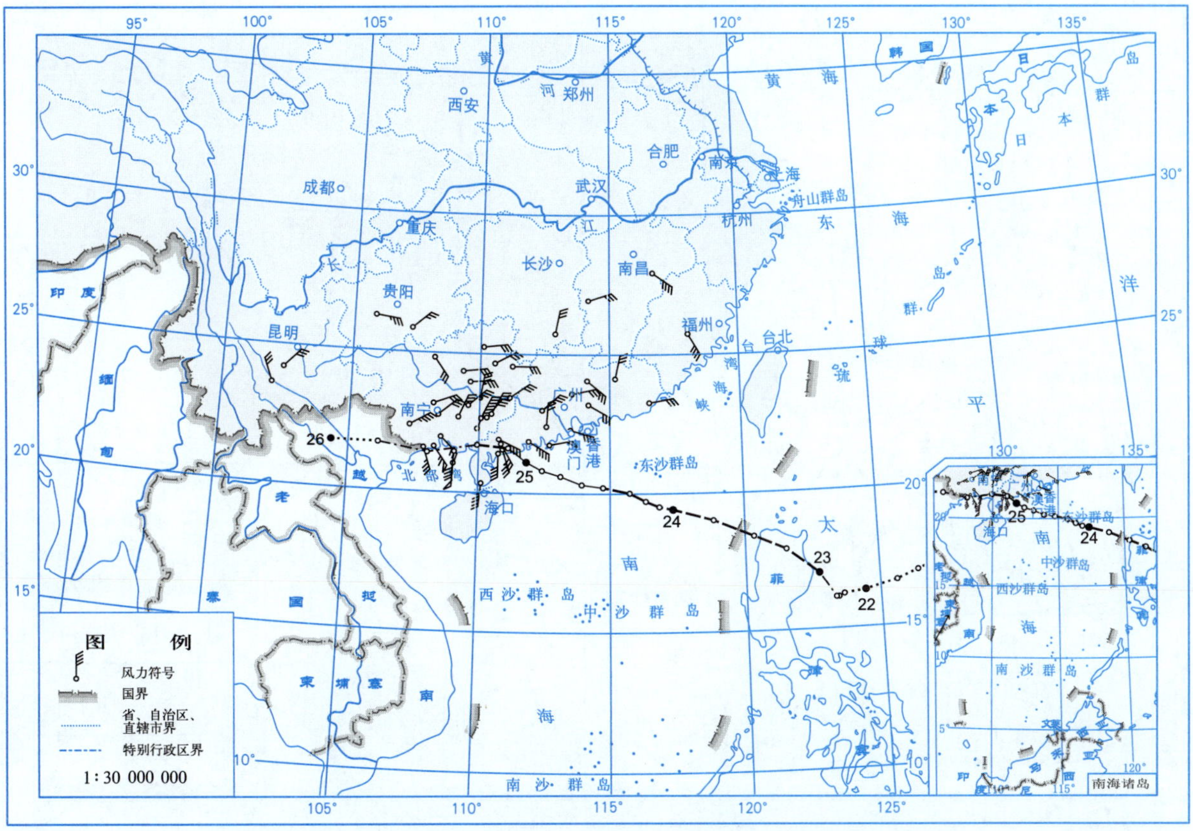

图 2.10.3　2209号台风“马鞍”（Ma-on）大风分布（8月24—26日）

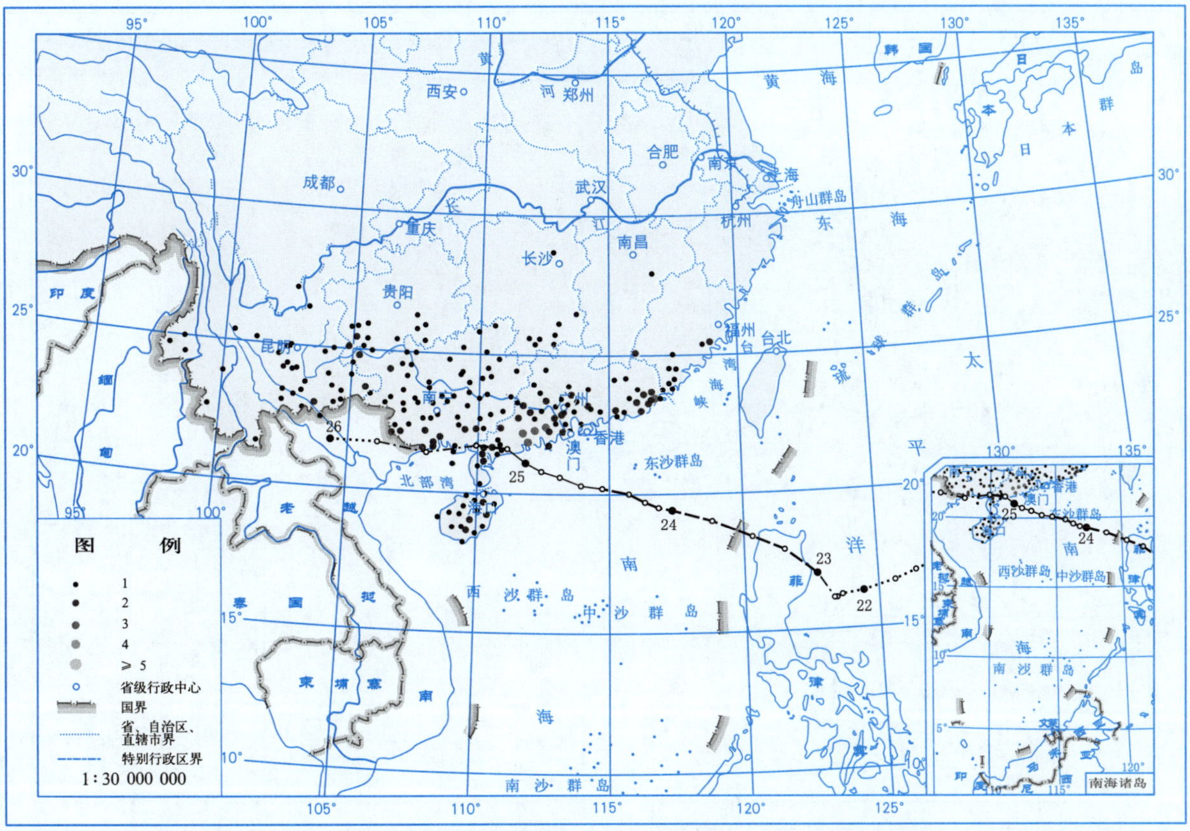

图 2.10.4　2209号台风“马鞍”（Ma-on）总降水日数（单位：d）

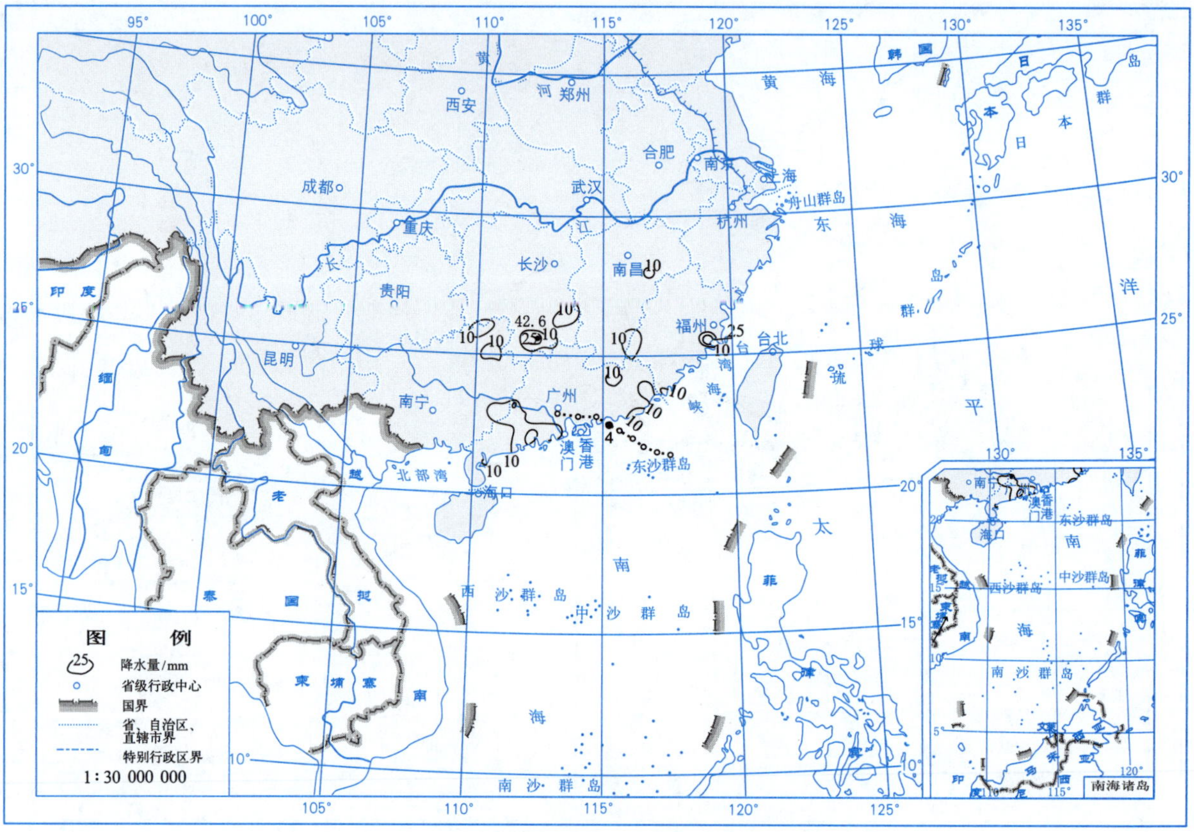

图 2.10.5　2022年8月24日的日降水量

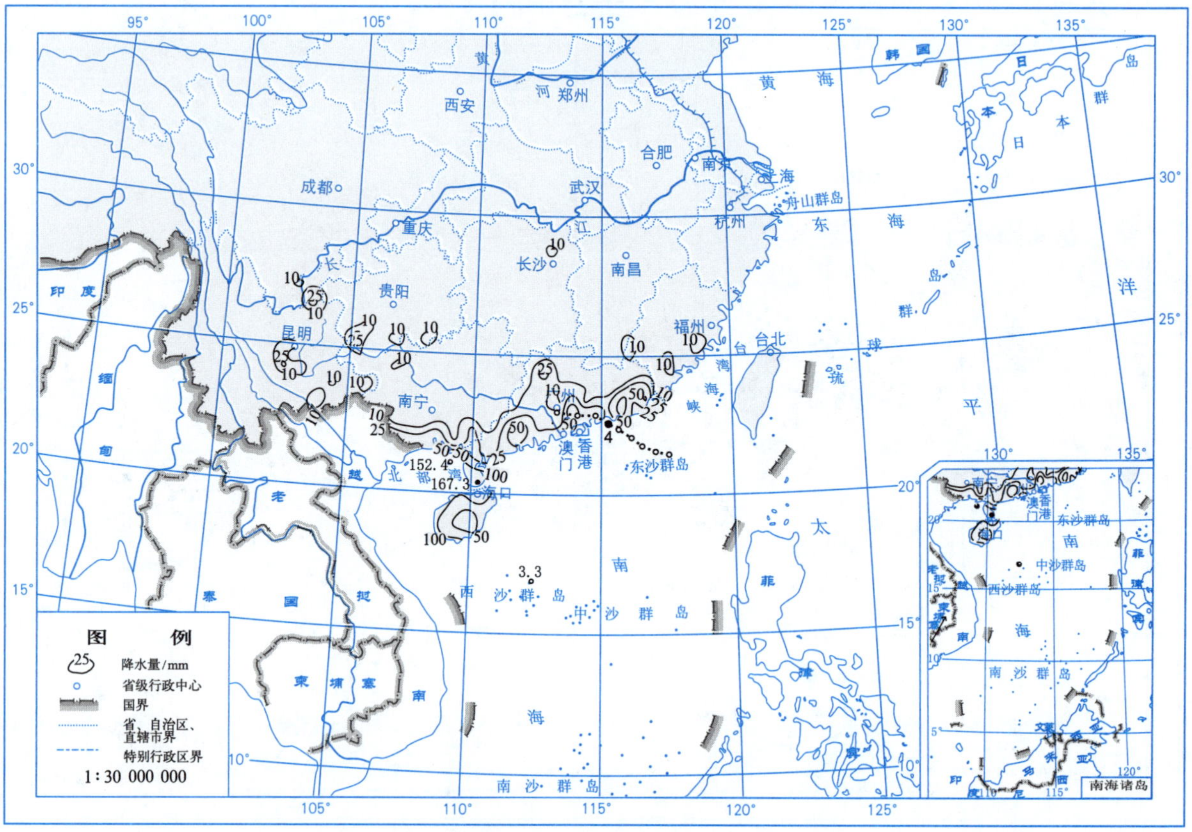

图 2.10.6　2022年8月25日的日降水量

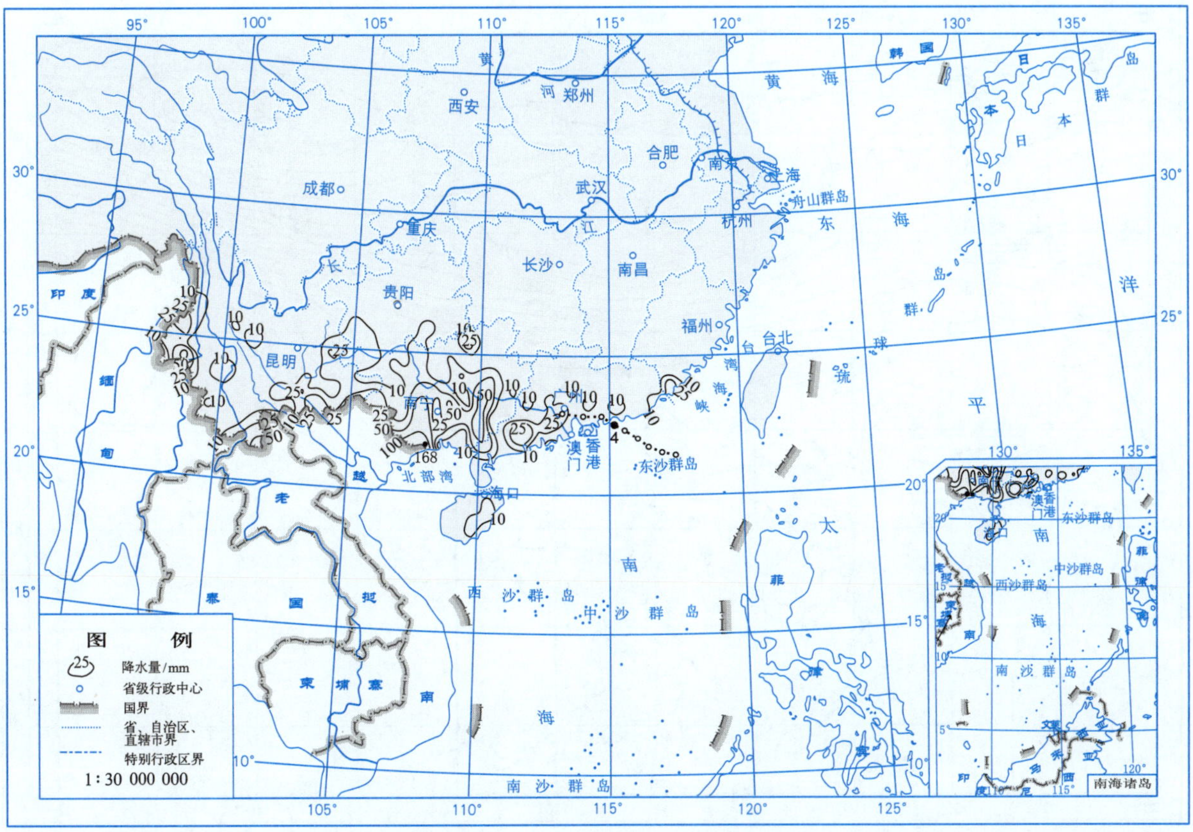

图 2.10.7　2022年8月26日的日降水量

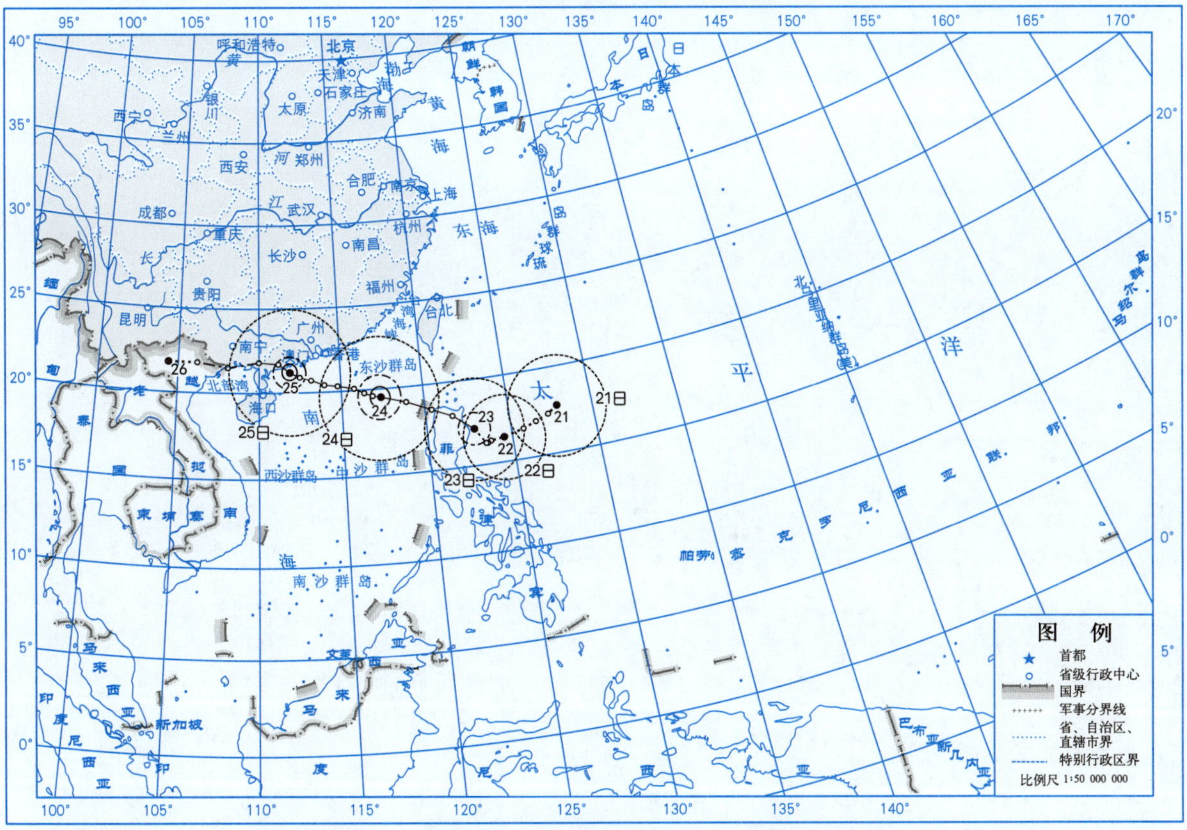

图 2.10.8　2209号台风“马鞍”（Ma-on）大风区域演变

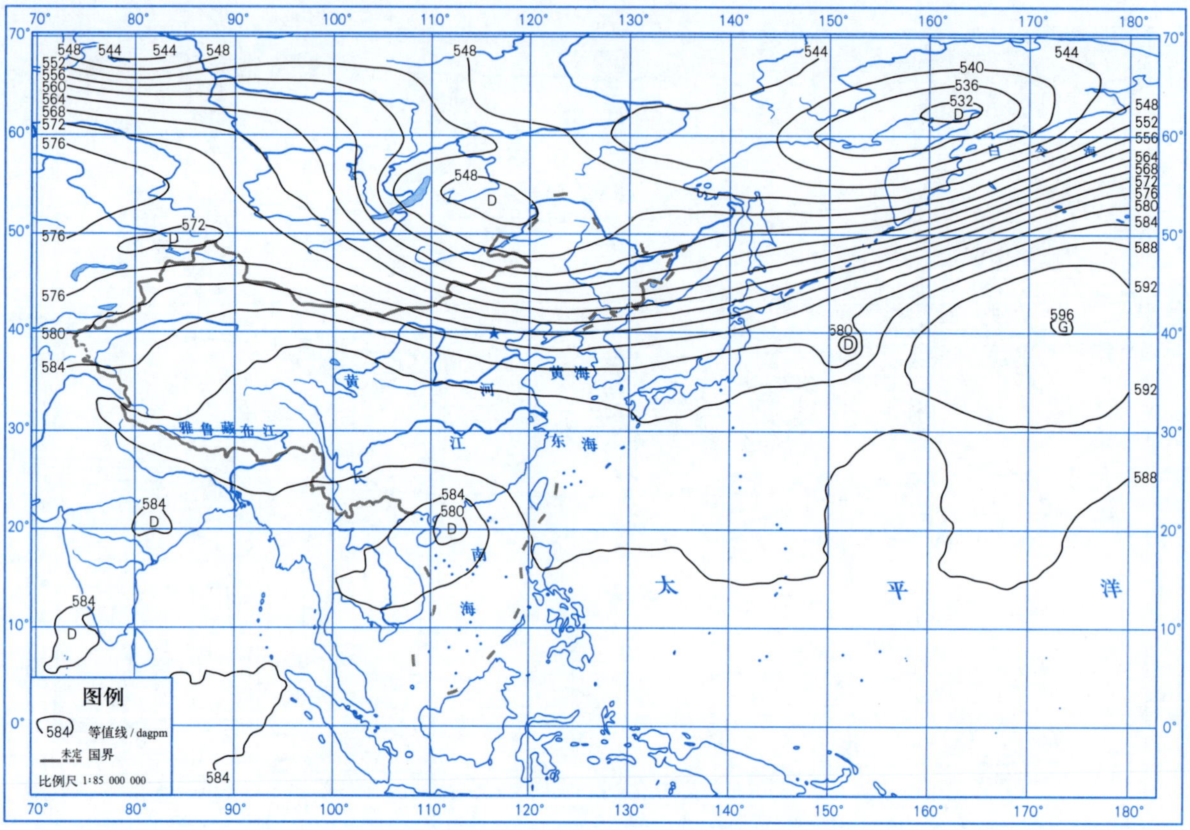

图 2.10.9　2022年8月25日08时500 hPa高度场

2.11　2210 号强台风“蝎虎”（Tokage）

第 2210 号强台风“蝎虎”是由 8 月 21 日早晨位于美国关岛东北约 1060 km 的西北太平洋洋面上一个热带低压发展形成。形成后低压中心向偏北方向移动，强度逐渐增强，22 日早晨发展为热带风暴，次日凌晨加强为强热带风暴，下午继续增强至台风，24 日凌晨进一步加强为强台风。之后，强台风“蝎虎”加速向东北方向移动，强度减弱，25 日下午减弱至强热带风暴，次日凌晨继续减弱为热带风暴，当日夜间变性为温带气旋后，迅速在阿留申群岛附近海域减弱消散。

表 2.11.1 是强台风“蝎虎”的中心位置和强度。图 2.11.1 ～图 2.11.3 分别是强台风“蝎虎”的路径图、大风区域演变图和 2022 年 8 月 24 日 08 时 500 hPa 高度场图。

表 2.11.1　2210 号强台风“蝎虎”（Tokage）8 月 21—27 日中心位置和强度

年	月	日	时	中心位置		中心气压 /hPa	最大风速 /（m/s）
				北纬 /°N	东经 /°E		
2022	8	21	08	21.5	150.7	1002	13
	8	21	14	21.8	151.0	1002	13
	8	21	20	22.2	151.2	1002	13
	8	22	02	23.0	151.5	1000	15
	8	22	08	24.1	151.6	998	18
	8	22	14	25.0	151.6	995	20
	8	22	20	26.0	151.5	990	23
	8	23	02	27.2	151.3	985	25
	8	23	08	28.7	150.6	980	28
	8	23	14	30.3	149.9	975	33
	8	23	20	31.6	149.0	965	38
	8	24	02	32.9	148.6	955	42
	8	24	08	34.2	148.6	955	42
	8	24	14	35.2	149.0	955	42
	8	24	20	36.2	149.5	960	40
	8	25	02	37.2	150.2	965	38
	8	25	08	38.8	151.4	975	33
	8	25	14	40.4	152.9	985	28
	8	25	20	42.9	155.0	990	25

（续表）

年	月	日	时	中心位置		中心气压 /hPa	最大风速 /（m/s）
				北纬 /°N	东经 /°E		
2022	8	26	02	44.9	157.5	998	23
	8	26	08	46.9	160.8	998	23
	8	26	14	48.7	165.0	1002	20
△	8	26	20	50.2	170.5	1005	18
	8	27	02	50.2	177.7	1008	15
消散							

图 2.11.1　2210号强台风“蝎虎”（Tokage）路径

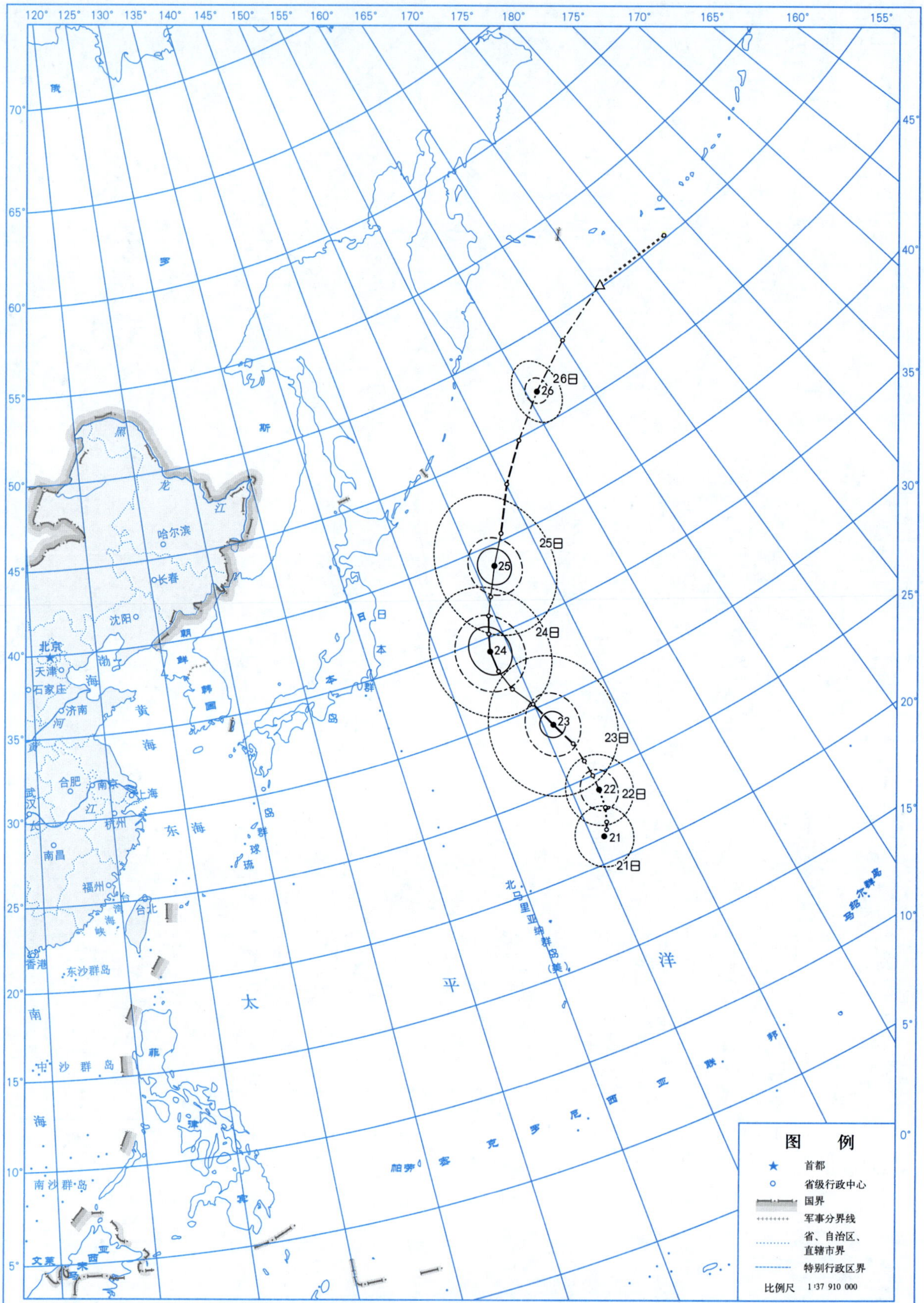

图 2.11.2　2210号强台风“蝎虎”（Tokage）大风区域演变

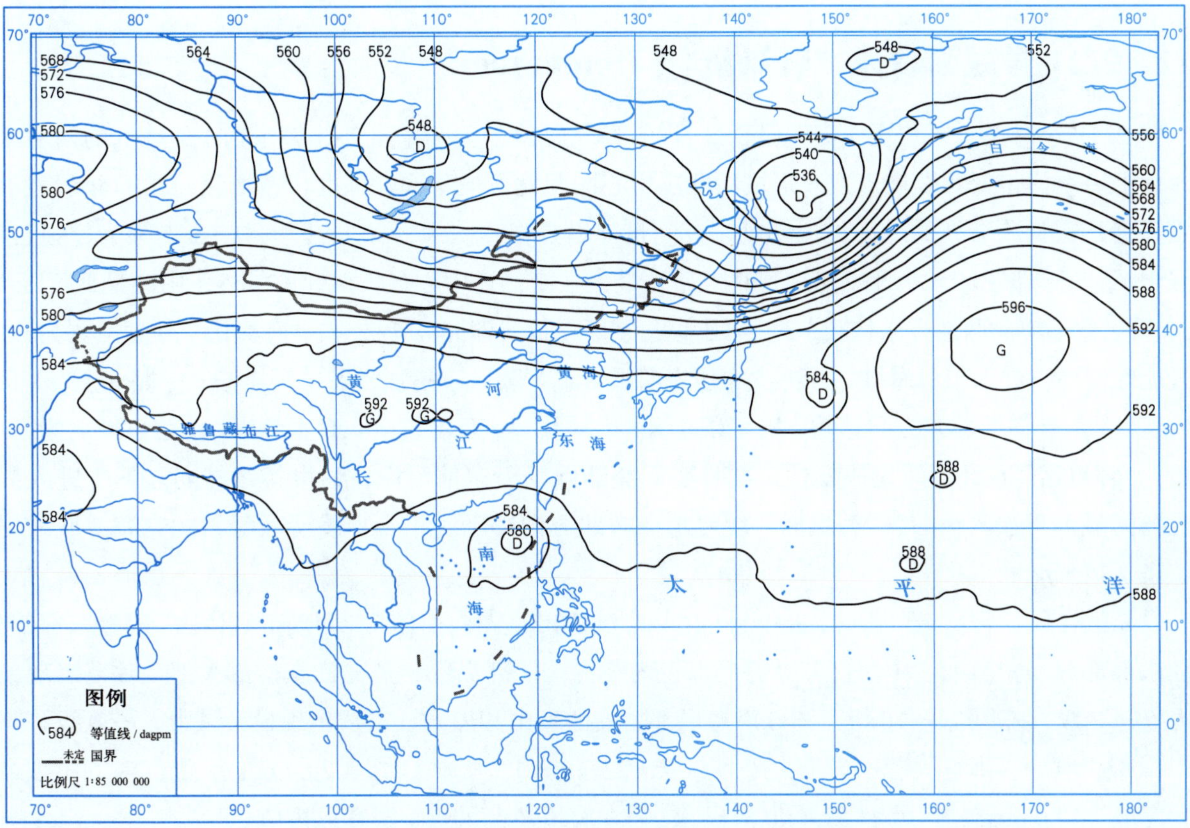

图 2.11.3　2022年8月24日08时500 hPa高度场

2.12 2211 号超强台风“轩岚诺”（Hinnamnor）

第 2211 号超强台风“轩岚诺”是由 8 月 28 日凌晨位于美国塞班岛北偏东约 1110 km 的西北太平洋洋面上一个热带低压发展形成。形成后低压中心向西北方向移动，强度快速增强，28 日早晨发展为热带风暴，次日凌晨转为偏西方向移动，夜间迅速增强至强台风，30 日凌晨进一步增强为超强台风。超强台风“轩岚诺”于 30 日夜间达到其生命史最大强度，近中心最大风速 62 m/s，中心最低气压 915 hPa，其后逐渐转向西南方向移动，2 日早晨移速减缓并折向偏北。转向后，“轩岚诺”快速减弱为台风，穿过琉球群岛，进入东海海域，并再次加强为超强台风。随后，超强台风“轩岚诺”一路北上，5 日减弱为强台风，转向北偏东方向移动，快速穿过朝鲜海峡，于 6 日早晨进入日本海海域，强度减弱为台风。之后，“轩岚诺”6 日夜间完成变性，次日凌晨登陆俄罗斯东部沿海，强度持续减弱，下午进入鄂霍次克海海域。再次入海后，“轩岚诺”缓慢地向东北方向移动，于 9 日凌晨在鄂霍次克海海域减弱消散（表 2.12.1）。

受超强台风“轩岚诺”影响，9 月 1—8 日，广东局部、湖南衡山、江西瑞金和庐山、福建东部部分、浙江东部部分、安徽天柱山、江苏沿海局部、内蒙古东北部局部、黑龙江东南部大部及呼玛出现最大风力 6 ~ 7 级、阵风 7 ~ 10 级；浙江沿海局部、安徽黄山和黑龙江绥滨出现最大风力 8 ~ 9 级、阵风 9 ~ 11 级，其中，浙江大陈出现最大风力 9 级（22.7 m/s）、阵风 11 级（29.4 m/s），浙江嵊泗出现最大风力 9 级（22.0 m/s）、阵风 11 级（30.5 m/s），为本次超强台风影响过程风极值。

受其影响，9 月 1—8 日，海南局部、广东沿海局部、广西涠洲岛、福建局部、浙江部分、安徽南部局部、上海大部、江苏东南部部分、黑龙江中东部部分总雨量为 10 ~ 50 mm；广东东部偏东局部、浙江东北部部分、上海大部、江苏南部局部、黑龙江局部总雨量为 50 ~ 150 mm；浙江东北部局部总雨量为 150 ~ 274 mm；浙江鄞州总雨量 273.9 mm，3 日雨量 148.5 mm，分别为本次强台风影响过程总雨量及日雨量极值；浙江余姚 4 日 21 时雨量 43.9 mm，为本次超强台风影响过程时雨量极值。

受“轩岚诺”抵近南落巴士海峡影响，9 月 1 日，广东东部沿海和福建沿海出现中到大雨局部暴雨。9 月 2 日，“轩岚诺”掉头北上，海南和浙江东部出现小到中雨局部大雨；3—5 日，受“轩岚诺”北上的外围环流影响，浙江、上海和江苏南部连续 3 日出现中到大雨局部暴雨；6—8 日，随着“轩岚诺”转向东北快速移动并与东北冷涡合并，黑龙江出现小到中雨局部大雨。

受其影响，造成上海、江苏和浙江省（市）出现了一定程度的灾情。总计受灾 38.9 万人，紧急转移避险 22.21 万人，紧急转移安置 14.06 万人，农作物受灾面积 0.064 万 hm^2，直接经济损失 0.52 亿元（表 2.12.2）。

图 2.12.1 ~图 2.12.14 分别是超强台风“轩岚诺”的路径图、总降水量图、大风分布图、总降水日数图、2022 年 9 月 1—8 日的日降水量图、大风区域演变图和 2022 年 9 月 5 日 08 时 500 hPa 高度场图。

表 2.12.1　2211 号超强台风“轩岚诺”（Hinnamnor）8 月 28 日—9 月 9 日中心位置和强度

年	月	日	时	中心位置		中心气压 /hPa	最大风速 /（m/s）
				北纬 /°N	东经 /°E		
2022	8	28	02	23.8	150.8	1000	15
	8	28	08	25.0	150.0	998	18
	8	28	14	25.9	149.3	998	18
	8	28	20	26.7	148.4	990	23
	8	29	02	27.1	146.8	985	25
	8	29	08	27.4	145.3	980	30
	8	29	14	27.4	143.3	965	38
	8	29	20	27.3	141.3	950	45
	8	30	02	27.1	139.3	935	52
	8	30	08	26.8	137.4	930	55
	8	30	14	26.8	135.5	920	60
	8	30	20	26.6	133.7	915	62
	8	31	02	26.3	131.9	915	62
	8	31	08	25.9	130.3	915	62
	8	31	14	25.4	129.1	920	60
	8	31	20	24.7	127.8	925	58
	9	1	02	23.8	126.5	925	58
	9	1	08	22.6	125.8	915	62
	9	1	14	21.8	125.6	915	62
	9	1	20	21.3	125.5	925	58
	9	2	02	21.3	125.4	935	52
	9	2	08	21.4	125.4	950	45
	9	2	14	22.0	125.0	960	40
	9	2	20	22.2	124.7	965	38
	9	3	02	22.5	124.7	965	38
	9	3	08	23.0	124.7	960	40
	9	3	14	23.7	124.7	960	40
	9	3	20	24.3	124.8	955	42
	9	4	02	25.0	124.6	950	45

（续表）

年	月	日	时	中心位置		中心气压 /hPa	最大风速 /（m/s）
				北纬 /°N	东经 /°E		
2022	9	4	08	26.1	124.5	930	52
	9	4	14	27.0	124.7	920	55
	9	4	20	27.7	124.6	920	55
	9	5	02	28.6	124.8	920	55
	9	5	08	29.8	124.9	925	52
	9	5	14	31.0	125.5	930	50
	9	5	20	32.4	126.5	940	48
	9	6	02	34.2	128.1	950	45
	9	6	08	36.4	130.4	965	38
	9	6	14	39.9	133.5	970	35
△	9	6	20	44.0	137.0	980	33
	9	7	02	48.0	138.6	982	30
	9	7	08	52.5	138.5	978	25
	9	7	14	54.6	139.0	975	23
	9	7	20	55.8	139.1	975	23
	9	8	02	56.9	140.8	975	20
	9	8	08	58.0	142.9	975	18
	9	8	14	58.6	145.0	978	15
	9	8	20	58.9	147.2	984	15
	9	9	02	59.4	150.0	988	13
消散							

表 2.12.2　2211 号超强台风“轩岚诺”（Hinnamnor）在上海、江苏和浙江省（市）引发的灾情

受灾省（区、市）	受灾人口 / 万人	死亡人口 / 人	失踪人口 / 人	紧急避险转移人口 / 万人	紧急转移安置人口 / 万人	农作物		倒塌房屋 / 万间	直接经济损失 / 亿元
						受灾面积 / 万 hm^2	绝收面积 / 万 hm^2		
上海市	0.46	0	0	0.44	0	0.003	0	0	0.01
江苏省	0.72	0	0	0.72	0	0	0	0	0
浙江省	37.72	0	0	21.05	14.06	0.061	0	0	0.51
合计	38.9	0	0	22.21	14.06	0.064	0	0	0.52

图 2.12.1 2211号超强台风“轩岚诺”（Hinnamnor）路径

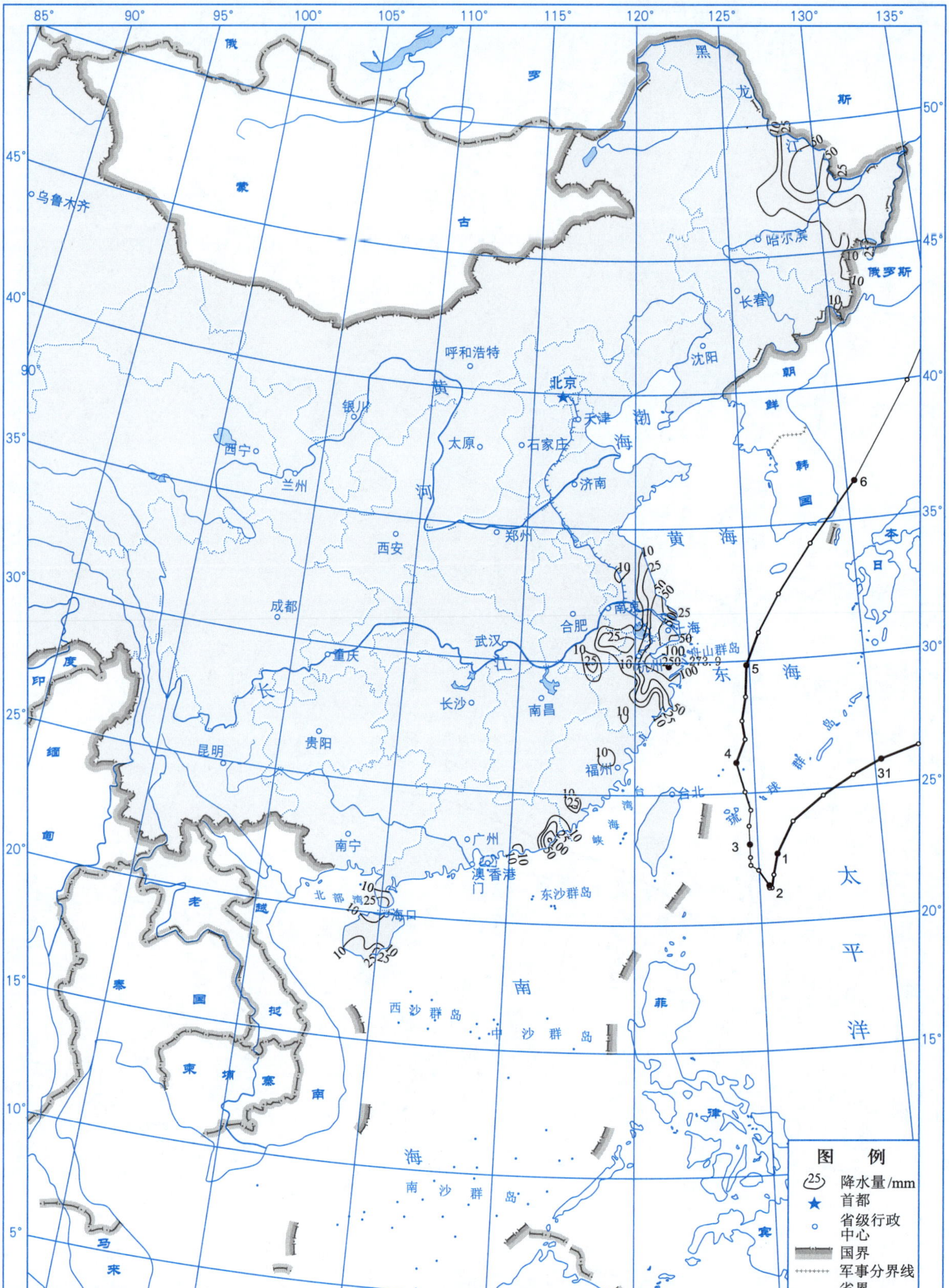

图 2.12.2　2211号超强台风“轩岚诺”（Hinnamnor）总降水量（9月1—8日）

图 2.12.3　2211号超强台风“轩岚诺”（Hinnamnor）大风分布（9月1—8日）

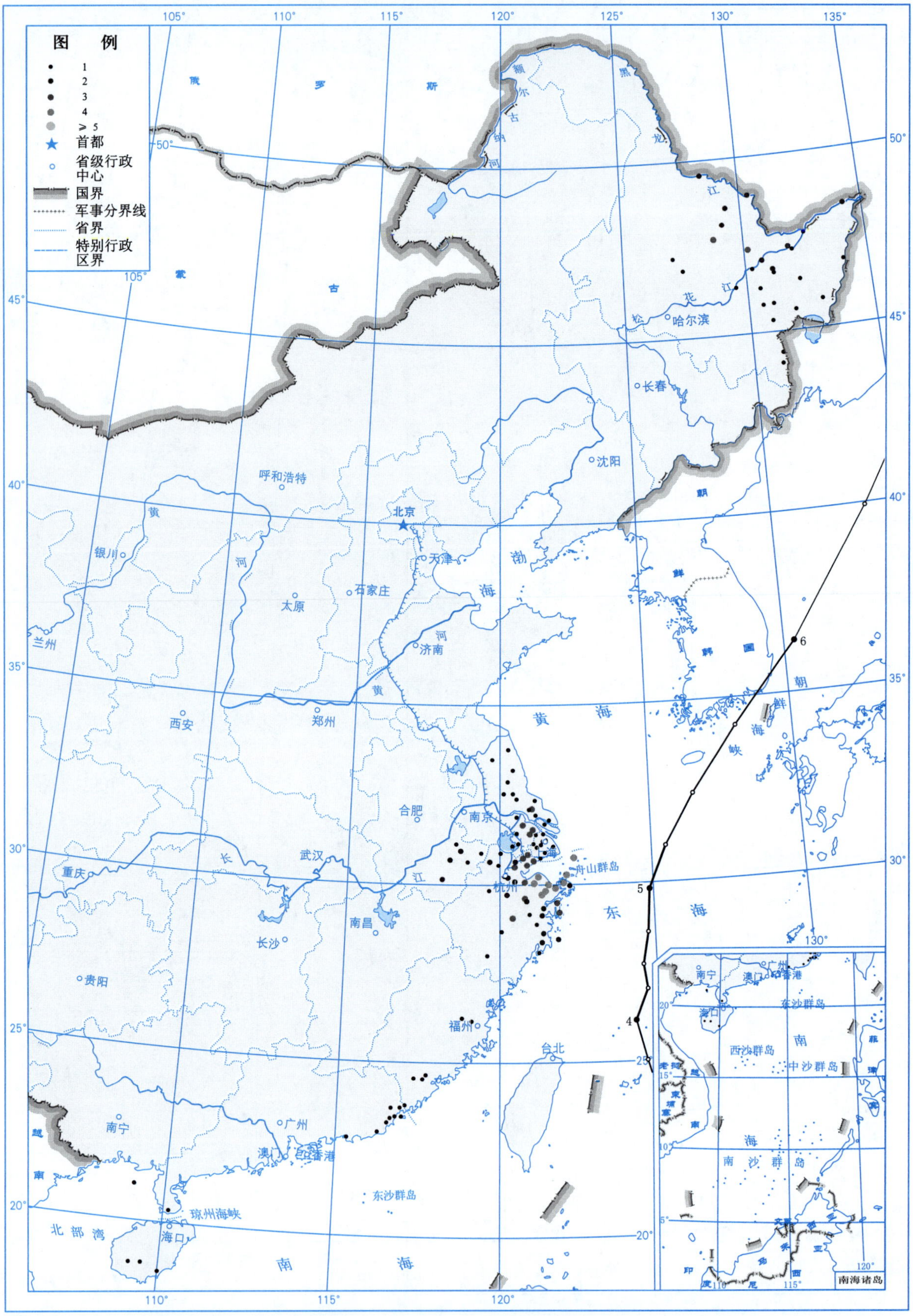

图 2.12.4　2211号超强台风"轩岚诺"（Hinnamnor）总降水日数（单位：d）

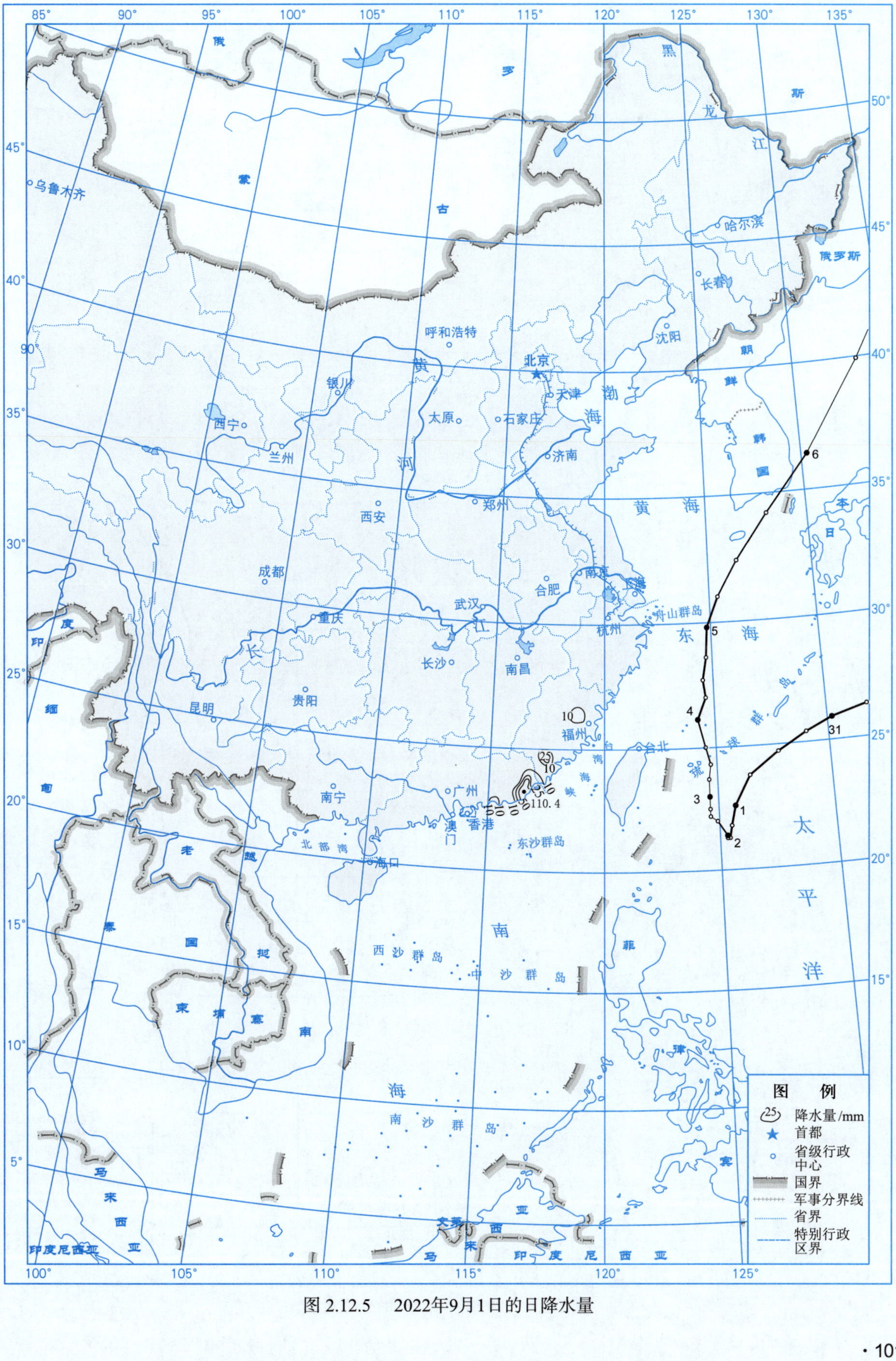

图 2.12.5　2022年9月1日的日降水量

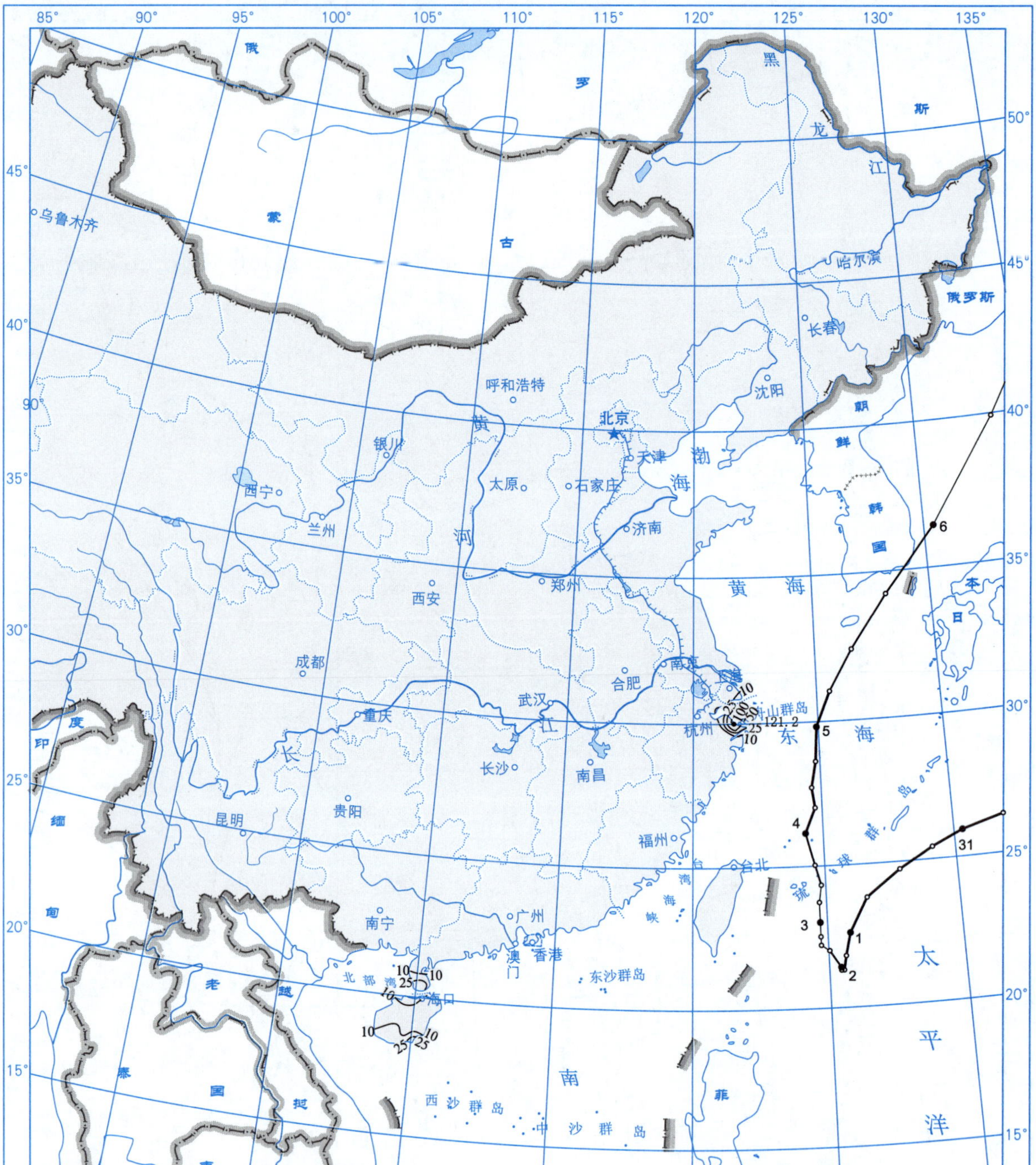

图 2.12.6　2022年9月2日的日降水量

图 2.12.7 2022年9月3日的日降水量

图 2.12.8　2022年9月4日的日降水量

图 2.12.9 2022年9月5日的日降水量

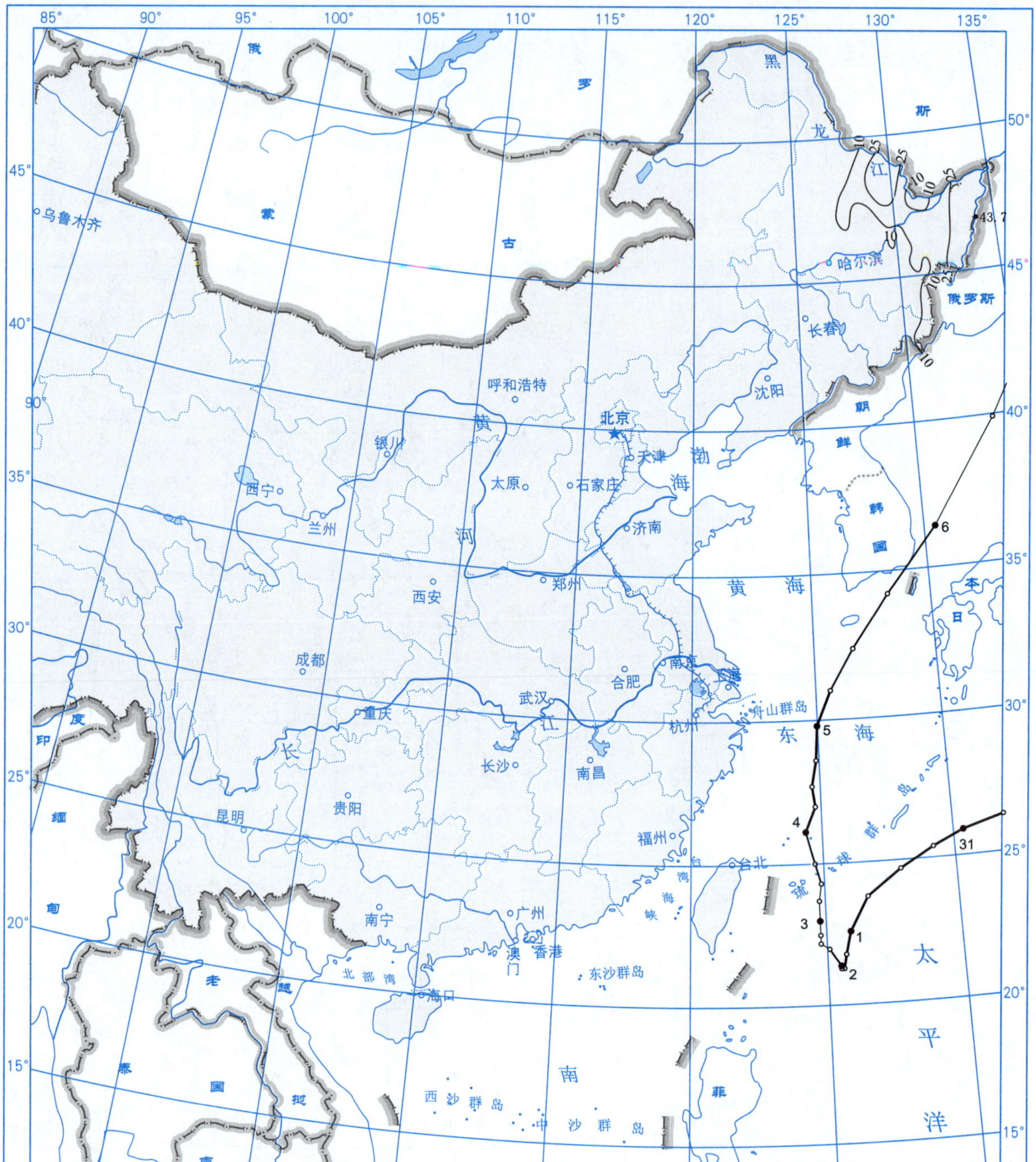

图 2.12.10　2022年9月6日的日降水量

图 2.12.11　2022年9月7日的日降水量

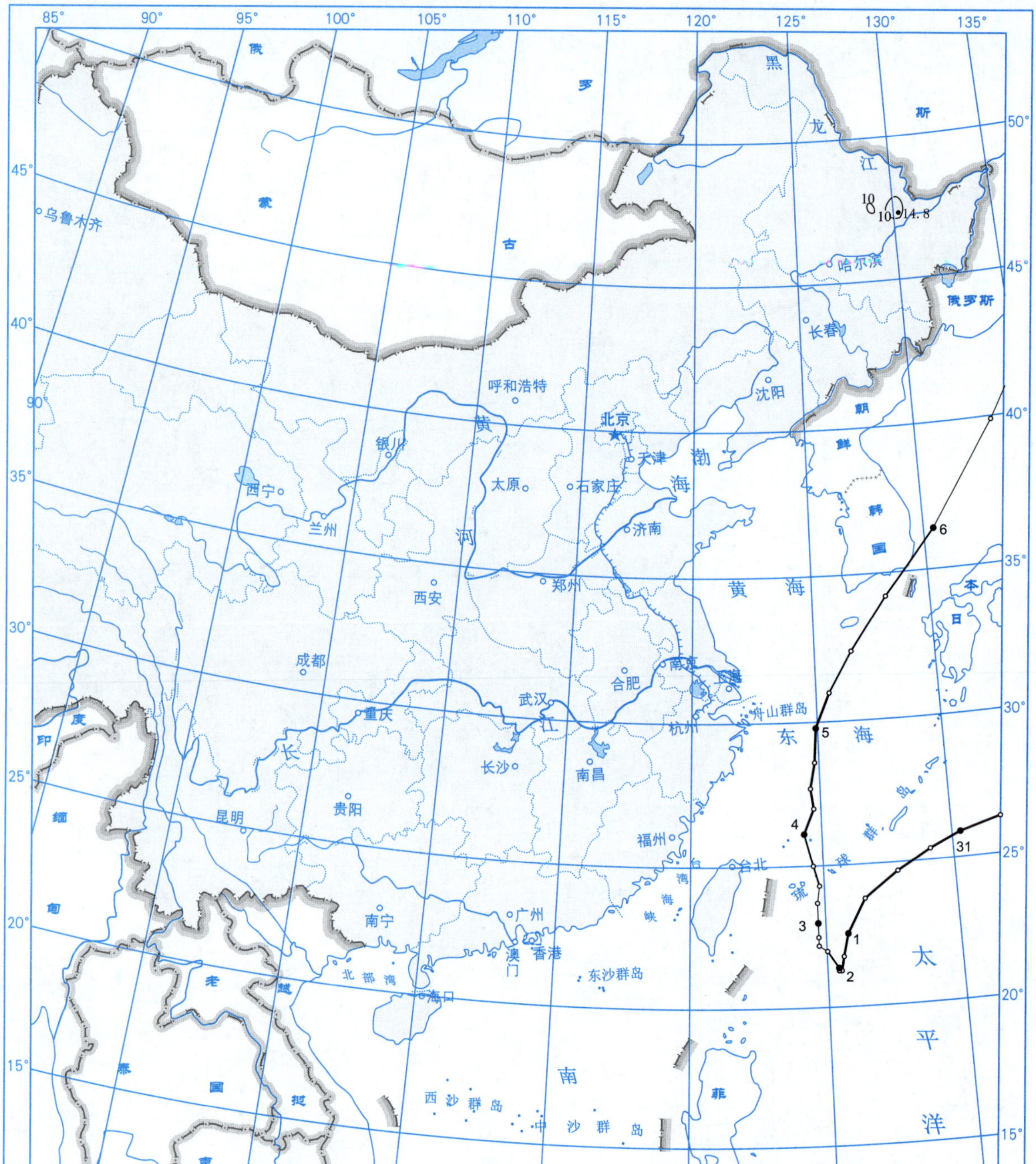

图 2.12.12　2022年9月8日的日降水量

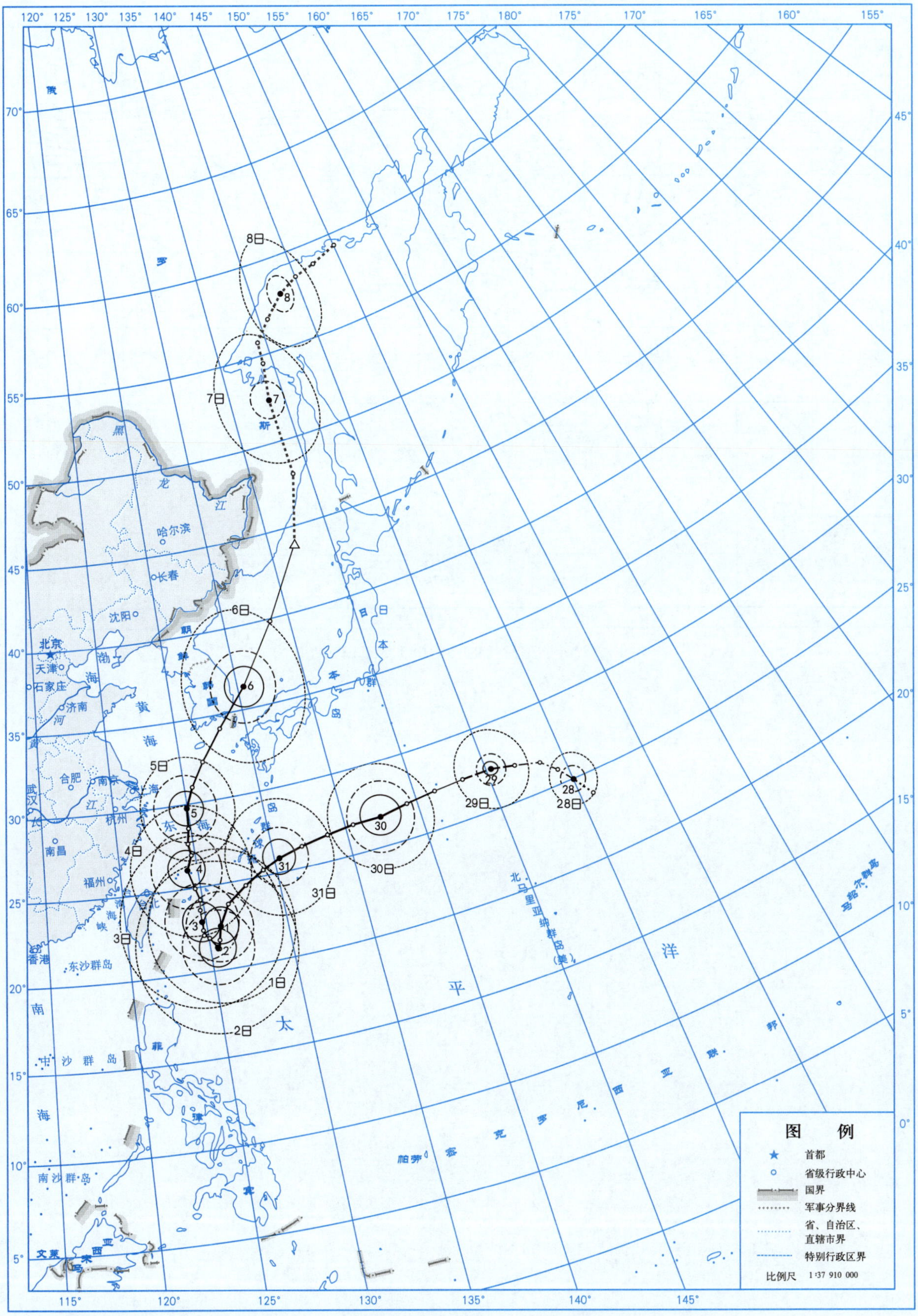

图 2.12.13　2211号超强台风“轩岚诺”（Hinnamnor）大风区域演变

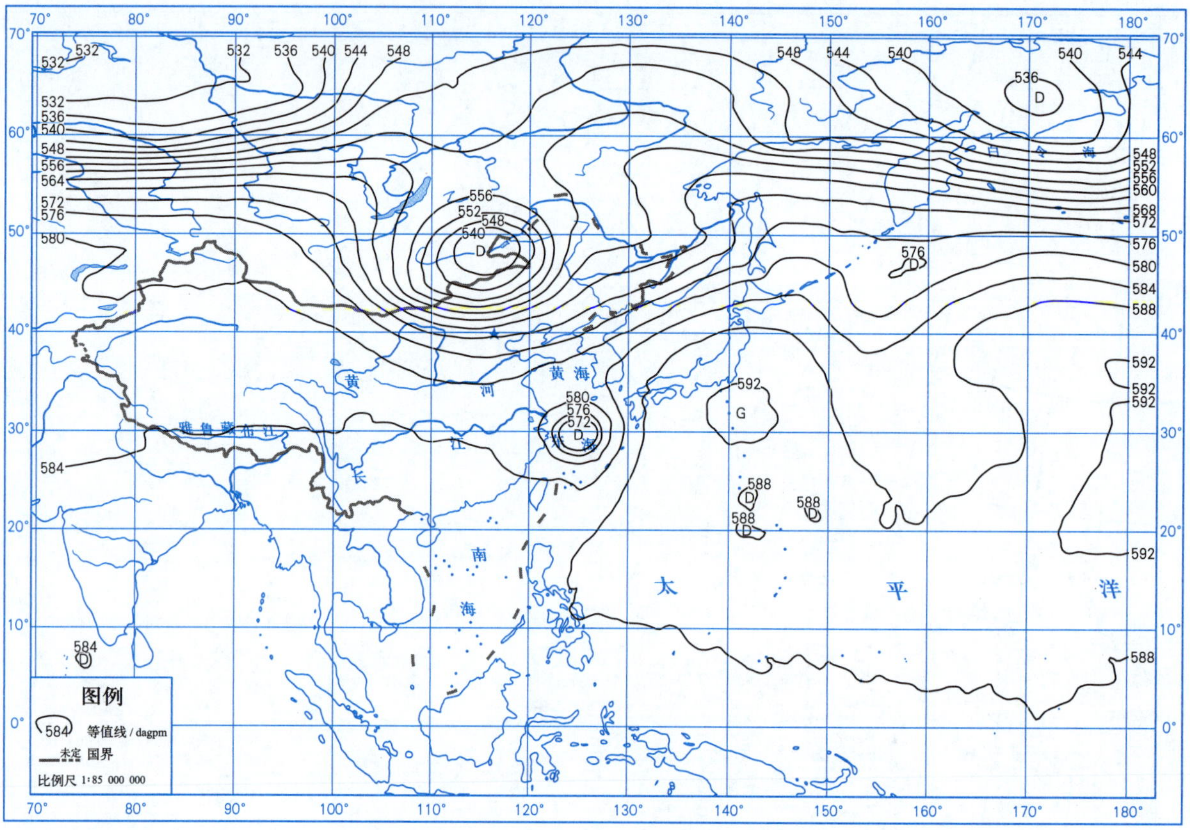

图 2.12.14　2022年9月5日08时500 hPa高度场

2.13　热带低压（TD2202）

热带低压（TD2202）是于 8 月 30 日早晨在日本冲绳岛东南方向约 940 km 西北太平洋洋面上形成。形成后低压中心向西偏北方向移动，31 日转向北偏西，移速略有加快，随后于 1 日凌晨在距离冲绳岛东南约 460 km 的西北太平洋洋面上快速消散。

表 2.13.1 是热带低压（TD2202）的中心位置和强度。图 2.13.1 ～图 2.13.3 分别是热带低压（TD2202）的路径图、大风区域演变图和 2022 年 8 月 31 日 14 时 500 hPa 高度场图。

表 2.13.1　热带低压（TD2202）8 月 30 日—9 月 1 日中心位置和强度

年	月	日	时	中心位置		中心气压 /hPa	最大风速 /（m/s）
				北纬 /°N	东经 /°E		
2022	8	30	08	20.0	133.9	1002	13
	8	30	14	20.0	133.5	1002	13
	8	30	20	20.1	133.1	1002	13
	8	31	02	20.2	132.7	1002	13
	8	31	08	20.4	132.3	1002	13
	8	31	14	21.1	132.1	1000	15
	8	31	20	22.2	131.6	1000	15
	9	1	02	23.2	130.7	1000	15
消散							

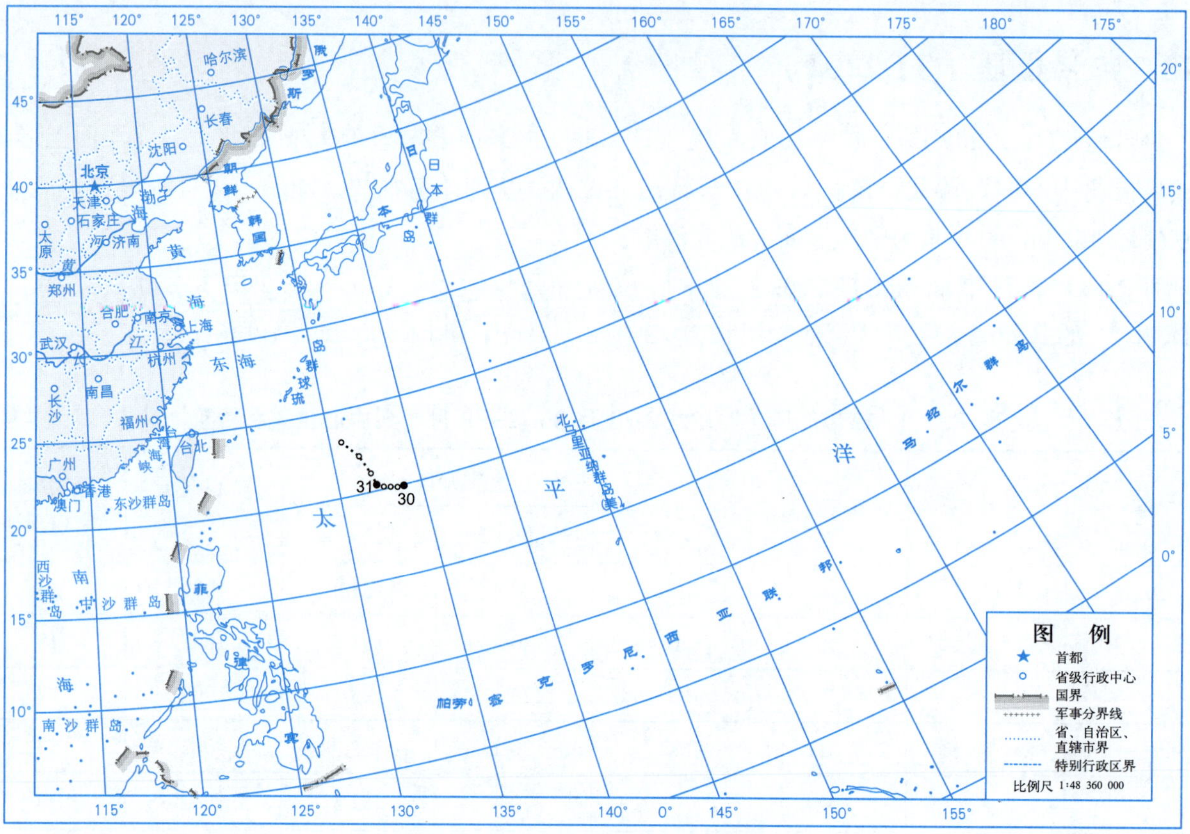

图 2.13.1 热带低压（TD2202）路径

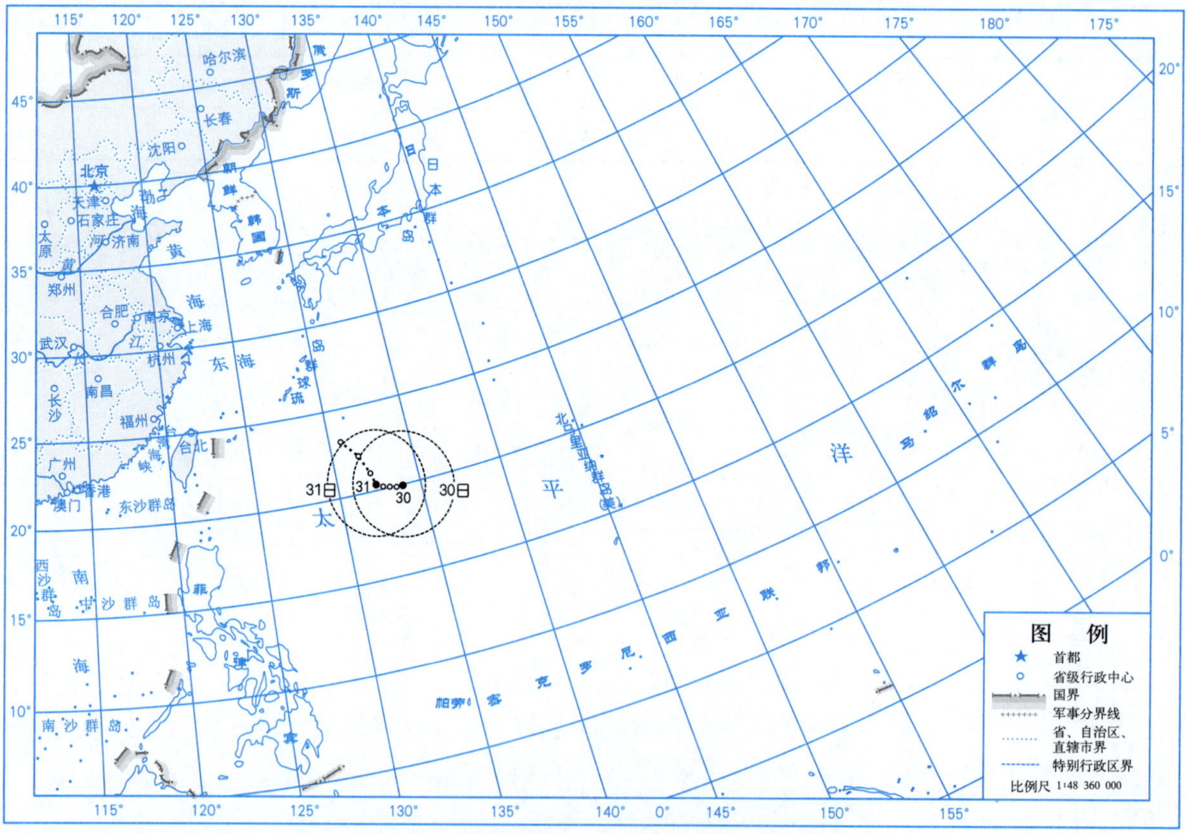

图 2.13.2 热带低压（TD2202）大风区域演变

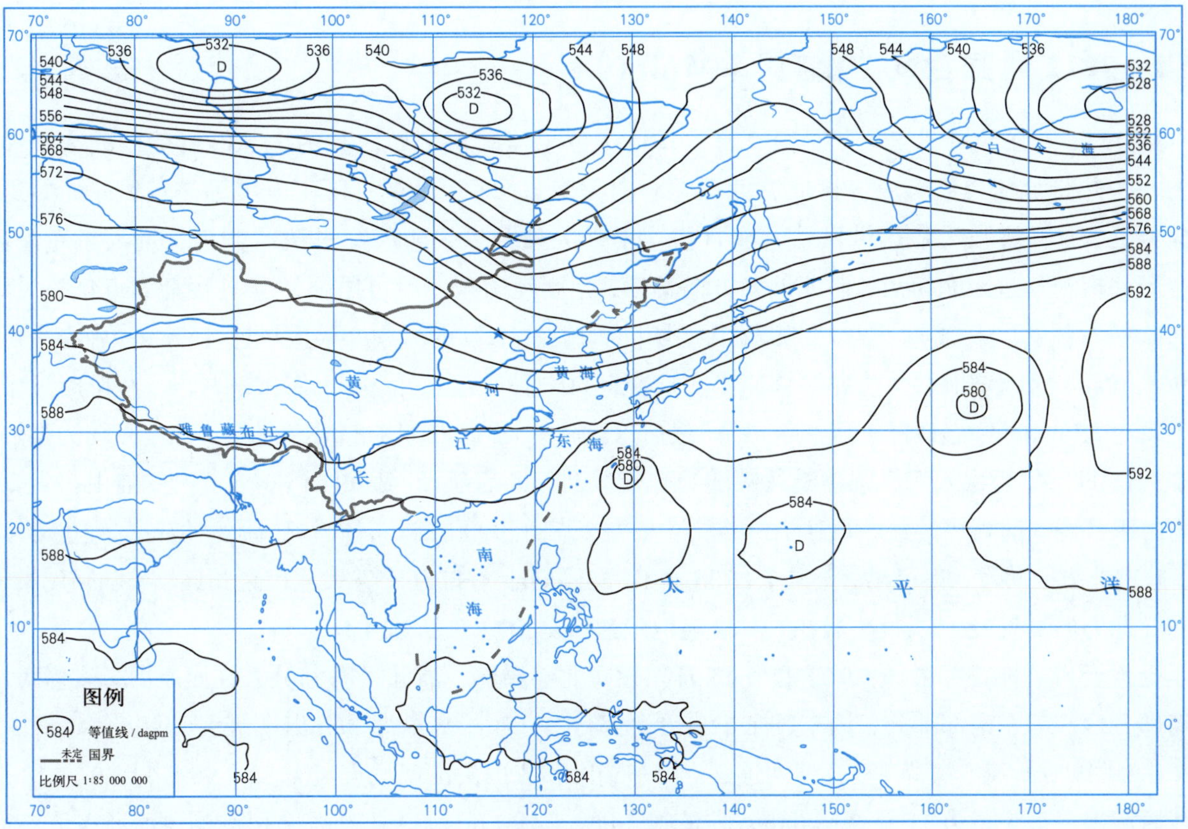

图 2.13.3　2022年8月31日14时500 hPa高度场

2.14 2212 号强台风“梅花”（Muifa）

第 2212 号强台风“梅花”是由 9 月 6 日下午位于美国塞班岛西北约 1180 km 的西北太平洋洋面上一个热带低压发展形成。形成后低压中心向偏南方向移动，7 日下午发展为热带风暴，并逐渐转向西北，9 日增强为强热带风暴，次日快速增强为强台风，随后穿过琉球群岛，进入东海海域。强台风“梅花”进入东海后，向北偏西方向移动，强度经历减弱后再增强，14 日逐渐靠近华东沿海，夜间减弱为台风，于 20 时 30 分登陆浙江舟山市普陀区，登陆时近中心最大风速 40 m/s，中心最低气压 965 hPa。首次登陆后，“梅花”快速于次日凌晨 00 时 30 分二次登陆上海市奉贤区，登陆时近中心最大风速 35 m/s，中心最低气压 975 hPa。之后，“梅花”沿着江苏东部沿海北上，强度减弱为强热带风暴，15 日下午再次入海，强度继续减弱为热带风暴，此后于 16 日 00 时 00 分三次登陆山东省青岛市崂山区，登陆时近中心最大风速 23 m/s，中心最低气压 990 hPa。三次登陆后，“梅花”穿过山东半岛，向东北方向移动，途径渤海海峡，16 日 11 时 25 分四次登陆辽宁省大连市金州区，登陆强度维持，夜间变性为温带气旋，17 日凌晨在吉林省境内快速减弱消散（表 2.14.1）。

受强台风“梅花”影响，9 月 11—17 日，福建北部局部、浙江沿海部分、江西庐山、安徽黄山、上海部分、江苏东南部部分、山东胶东半岛沿海部分、辽东半岛沿海部分出现最大风力 6 ～ 7 级、阵风 7 ～ 11 级；浙江沿海局部、江苏西连岛、山东泰山和成山头出现最大风力 8 ～ 9 级阵风 9 ～ 12 级；浙江嵊泗出现最大风力 11 级（28.0 m/s）、阵风 14 级（41.7 m/s）为本次强台风影响过程风极值。

受其影响，9 月 12—17 日，福建罗源、江西九江、浙江局部、安徽局部、江苏部分、山东局部、辽宁局部、吉林中南部部分、黑龙江东南部部分总雨量为 10 ～ 50 mm；浙江东部部分、安徽南部局部、上海大部、江苏东部南部部分、山东半岛部分、辽宁东南部部分、吉林南部部分、黑龙江南部局部总雨量为 50 ～ 150 mm；浙江东北部部分、上海局部、山东半岛部分、辽宁南部局部总雨量为 150 ～ 300 mm；浙江北部局部总雨量为 300 ～ 328 mm。浙江鄞州总雨量 327.1 mm，浙江石浦 14 日雨量 237.0 mm，浙江鄞州 14 日 20 时 55.3 mm，分别为本次强台风影响过程总雨量、日雨量及时雨量极值。

受强台风“梅花”外围云系影响，9 月 12—13 日，浙江东部、上海和江苏南部出现中到大雨局部暴雨。随后“梅花”一路北上先后登陆浙江、上海、山东和辽宁，14—16 日，浙江北部沿海、江苏沿海、山东沿海、辽宁南部先后出现大面积暴雨到大暴雨；17 日，“梅花”减弱消失，雨势迅速减弱，吉林东南部和黑龙江东南部出现小到中雨局部大雨。

受其影响，造成辽宁、上海、江苏、浙江和山东省（市）出现了一定程度的灾情。总计受灾 177.15 万人，紧急转移避险 109.63 万人，紧急转移安置 51.99 万人，农作物受灾面积 4.273 万 hm^2，农作物绝收面积 0.1 万 hm^2，倒塌房屋 30 间，直接经济损失 19.67 亿元（表 2.14.2）。

图 2.14.1 ～图 2.14.12 分别是强台风“梅花”的路径图、总降水量图、大风分布图、总降水日数图、2022 年 9 月 12—17 日的日降水量图、大风区域演变图和 2022 年 9 月 14 日 20 时 500 hPa 高度场图。

表 2.14.1　2212 号强台风“梅花”（Muifa）9 月 6—17 日中心位置和强度

年	月	日	时	中心位置		中心气压 /hPa	最大风速 /（m/s）
				北纬 /°N	东经 /°E		
2022	9	6	14	21.5	136.7	1002	13
	9	6	20	19.7	136.5	1000	15
	9	7	02	18.3	136.2	1000	15
	9	7	08	17.4	135.7	1000	15
	9	7	14	17.1	135.2	998	18
	9	7	20	17.0	134.6	998	18
	9	8	02	17.0	133.7	998	18
	9	8	08	17.1	132.9	995	20
	9	8	14	17.2	131.8	995	20
	9	8	20	17.5	131.0	990	23
	9	9	02	17.7	130.4	985	25
	9	9	08	18.2	129.4	985	25
	9	9	14	19.0	128.6	982	28
	9	9	20	19.4	127.9	980	30
	9	10	02	20.0	127.1	980	30
	9	10	08	20.7	126.2	975	33
	9	10	14	21.2	125.7	965	38
	9	10	20	21.7	125.5	955	42
	9	11	02	22.2	124.9	950	45
	9	11	08	22.6	124.5	945	48
	9	11	14	22.9	124.4	940	50
	9	11	20	23.3	124.3	940	50
	9	12	02	23.6	124.2	940	50
	9	12	08	24.0	124.2	955	42
	9	12	14	24.7	124.0	960	40
	9	12	20	24.9	124.0	960	40
	9	13	02	25.2	124.1	960	40
	9	13	08	25.7	124.1	955	42
	9	13	14	26.1	124.0	955	42
	9	13	20	26.6	123.9	955	42
	9	13	23	26.9	123.7	955	42

（续表）

年	月	日	时	中心位置		中心气压 /hPa	最大风速 /（m/s）
				北纬 /°N	东经 /°E		
2022	9	14	02	27.2	123.5	955	42
	9	14	05	27.6	123.4	955	42
	9	14	08	28.0	123.2	955	42
	9	14	11	28.4	123.0	945	48
	9	14	14	28.8	122.7	945	48
	9	14	17	29.3	122.5	950	45
	9	14	20	29.9	122.3	965	40
	9	14	23	30.5	121.9	965	40
	9	15	02	31.2	121.5	975	33
	9	15	05	31.9	121.2	980	30
	9	15	08	32.6	120.8	985	28
	9	15	11	33.3	120.5	988	25
	9	15	14	34.0	120.5	990	23
	9	15	17	34.7	120.4	990	23
	9	15	20	35.3	120.3	990	23
	9	15	23	35.9	120.4	990	23
	9	16	02	36.5	120.5	990	23
	9	16	05	37.0	120.7	990	23
	9	16	08	37.8	121.2	990	23
	9	16	11	38.8	121.9	992	23
	9	16	14	39.6	122.5	995	20
	9	16	17	40.6	123.8	998	20
△	9	16	20	41.5	124.7	1000	15
	9	16	23	42.3	126.0	1002	13
	9	17	02	42.8	127.1	1002	13
	9	17	05	43.5	128.1	1005	10
消散							

表 2.14.2　2212 号强台风“梅花”（Muifa）在辽宁、上海、江苏、浙江和山东省（市）引发的灾情

受灾省（区、市）	受灾人口 / 万人	死亡人口 / 人	失踪人口 / 人	紧急避险转移人口 / 万人	紧急转移安置人口 / 万人	农作物		倒塌房屋 / 万间	直接经济损失 / 亿元
						受灾面积 / 万 hm^2	绝收面积 / 万 hm^2		
辽宁省	1.63	0	0	0.34	0.06	0.12	0.011	0.001	0.36
上海市	42.44	0	0	27.2	15.01	0.416	0.004	0	0.7
江苏省	18.09	0	0	14.82	1.58	0.315	0.001	0	0.31
浙江省	109.87	0	0	67.27	35.34	2.832	0.081	0.002	18.14
山东省	5.12	0	0	0	0	0.590	0.003	0	0.16
合计	177.15	0	0	109.63	51.99	4.273	0.100	0.003	19.67

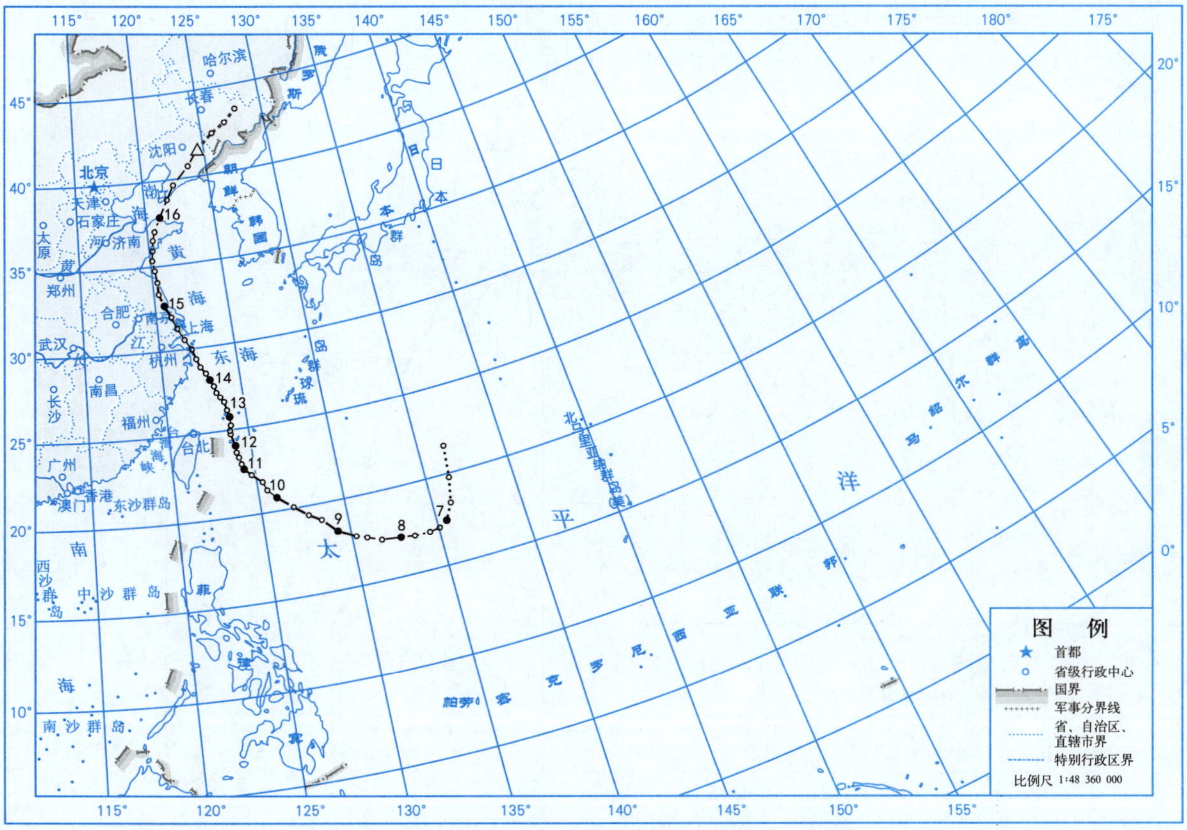

图 2.14.1　2212号强台风“梅花”（Muifa）路径

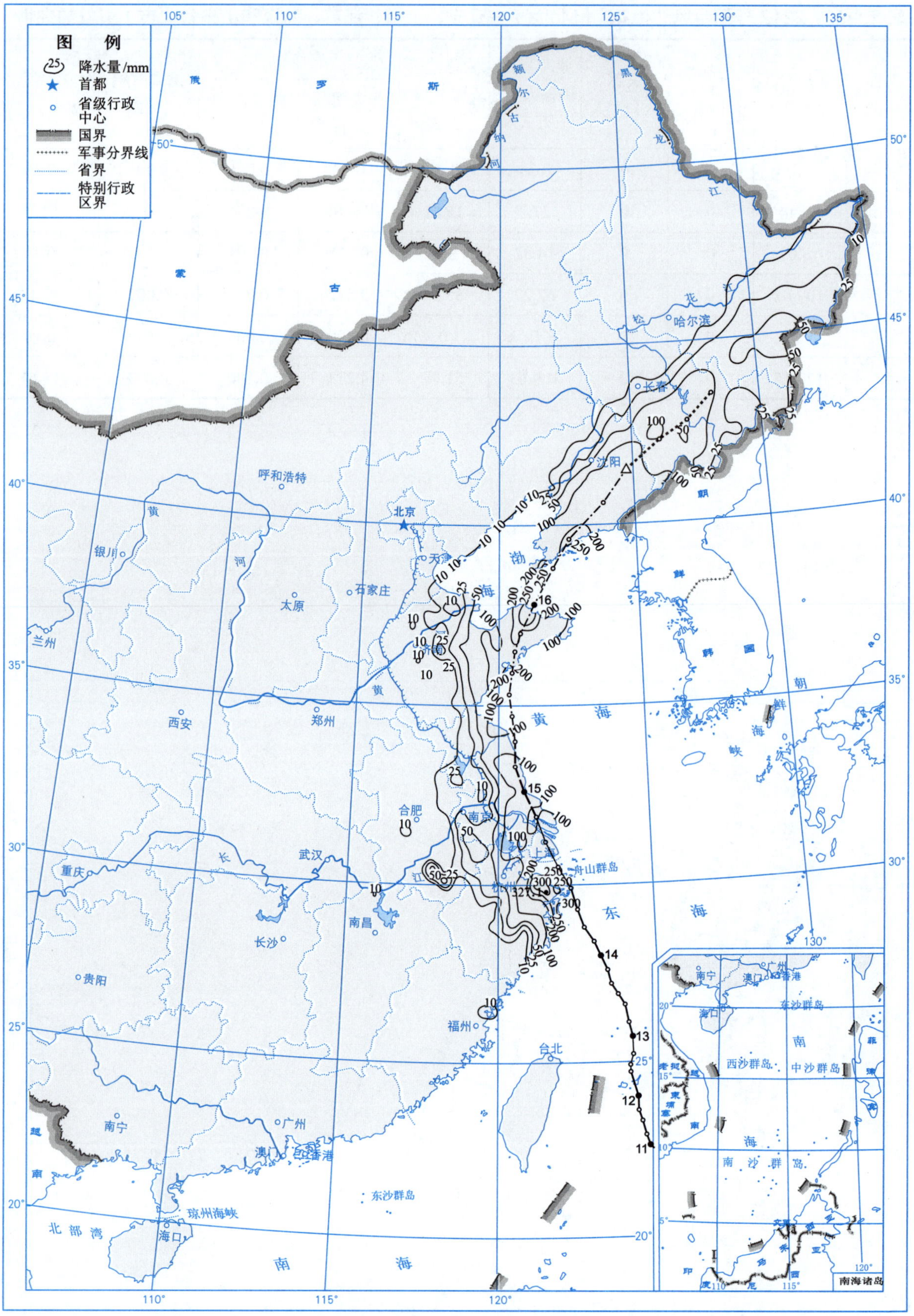

图 2.14.2　2212号强台风“梅花”（Muifa）总降水量（9月12—17日）

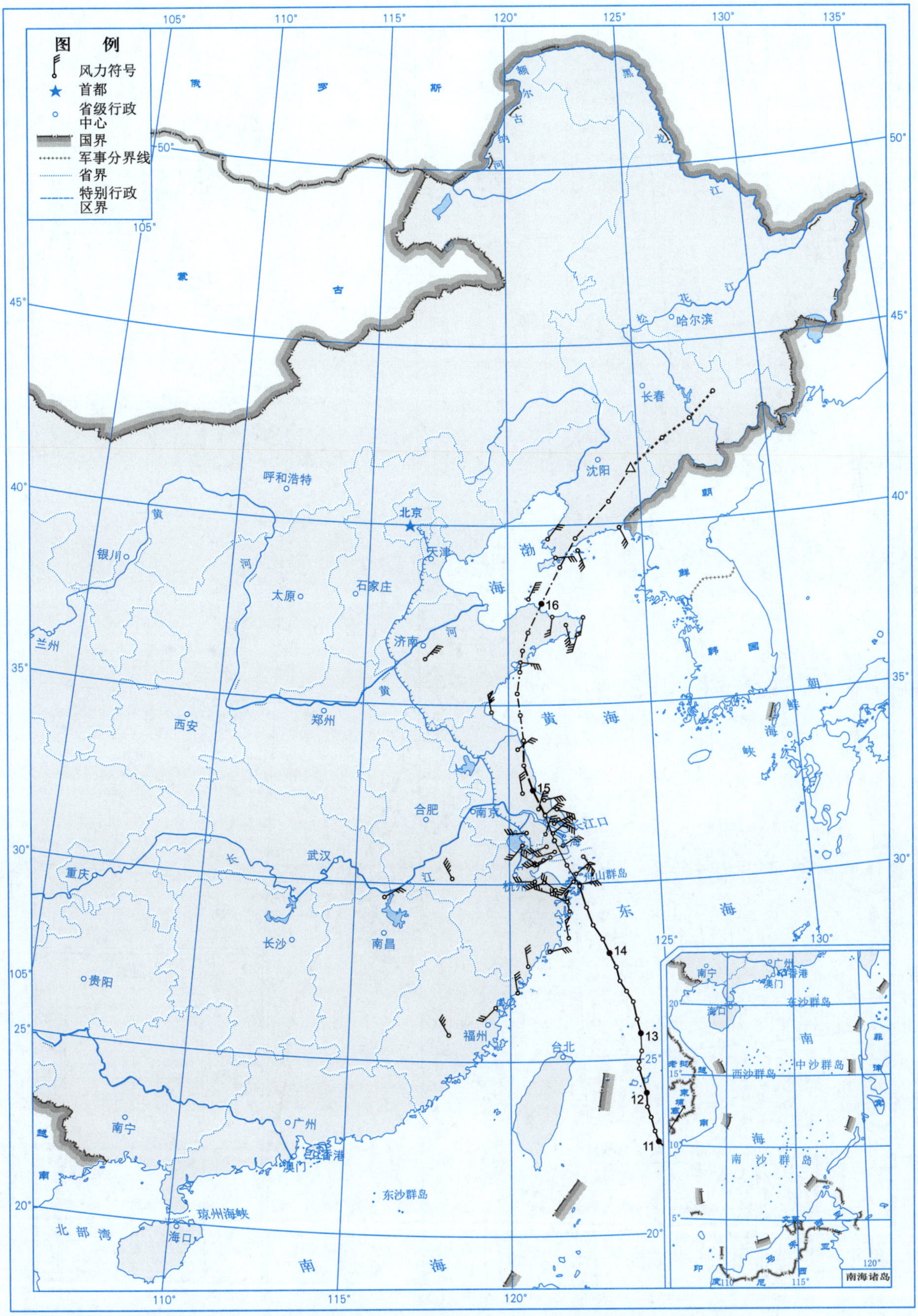

图 2.14.3 2212号强台风“梅花”（Muifa）大风分布（9月11—17日）

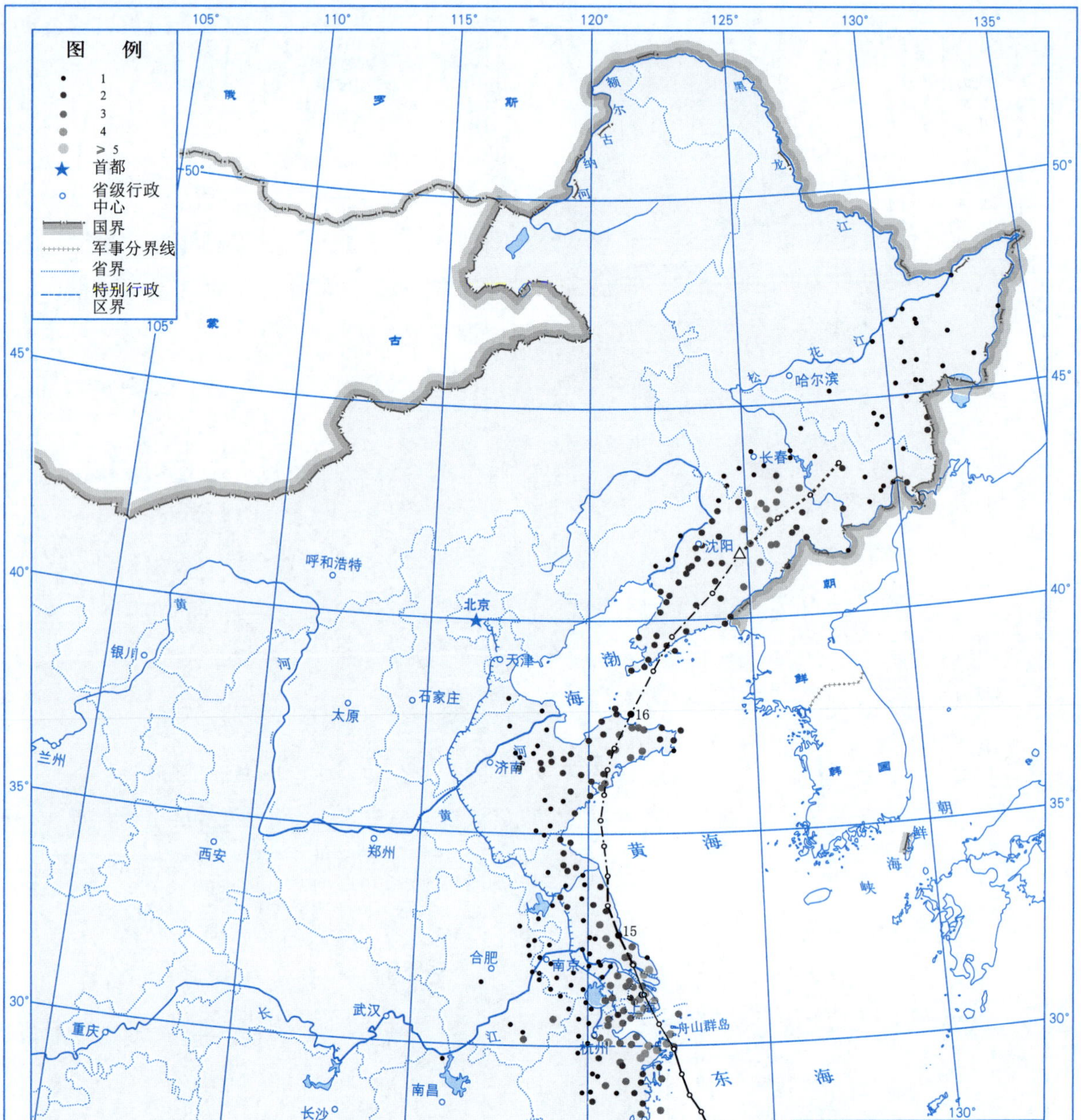

图 2.14.4　2212号强台风“梅花”（Muifa）总降水日数（单位：d）

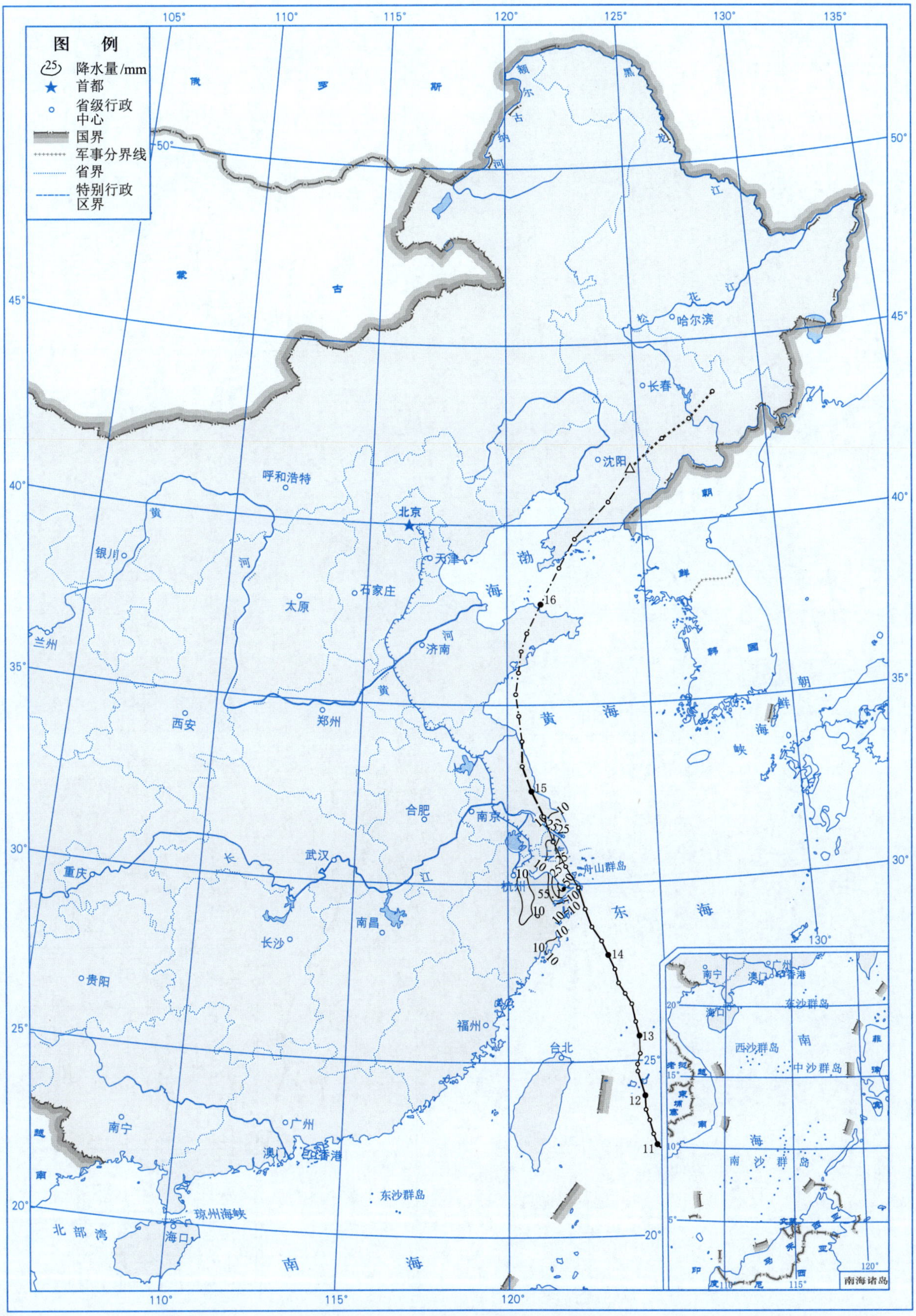

图 2.14.5 2022年9月12日的日降水量

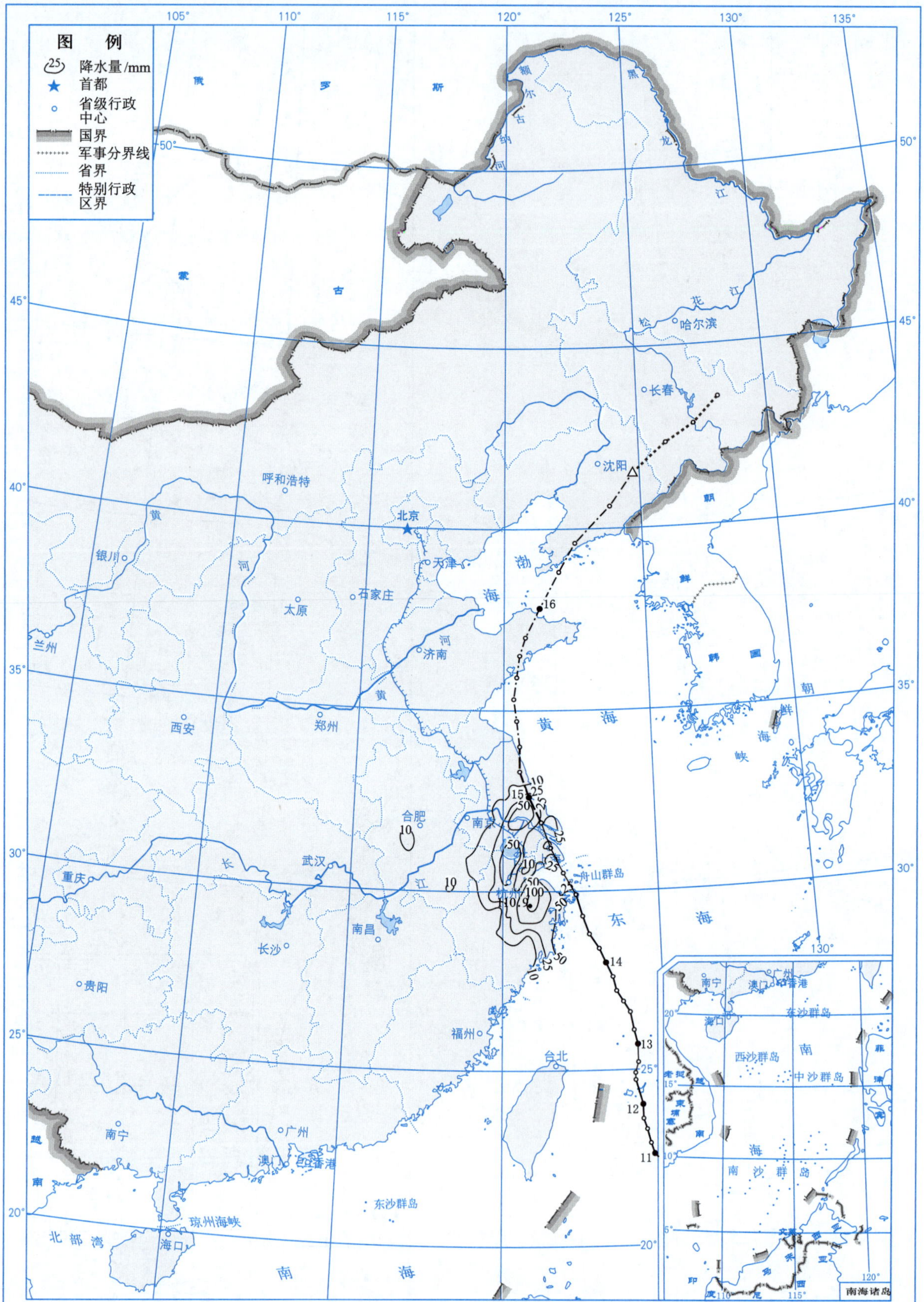

图 2.14.6 2022年9月13日的日降水量

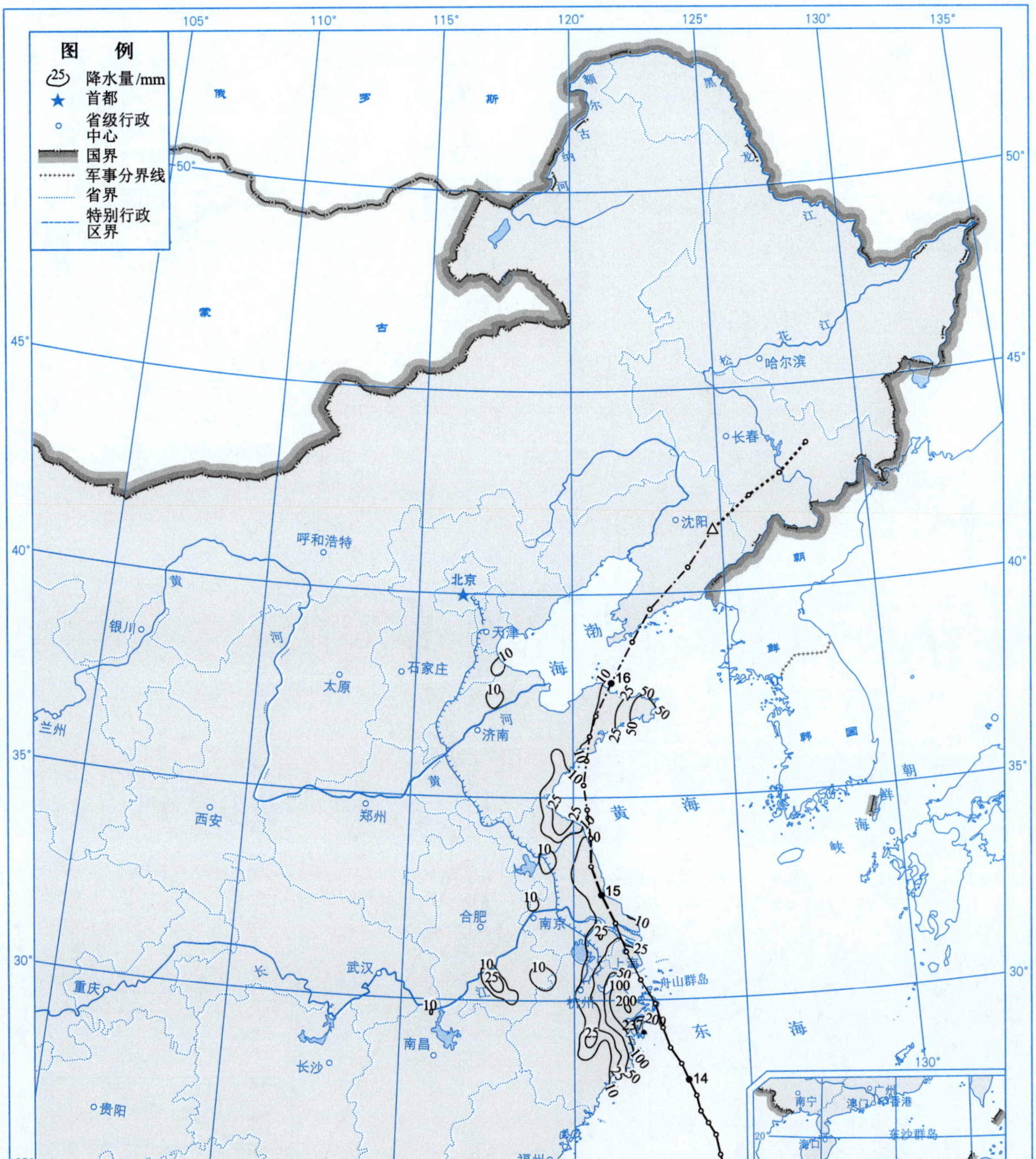

图 2.14.7　2022年9月14日的日降水量

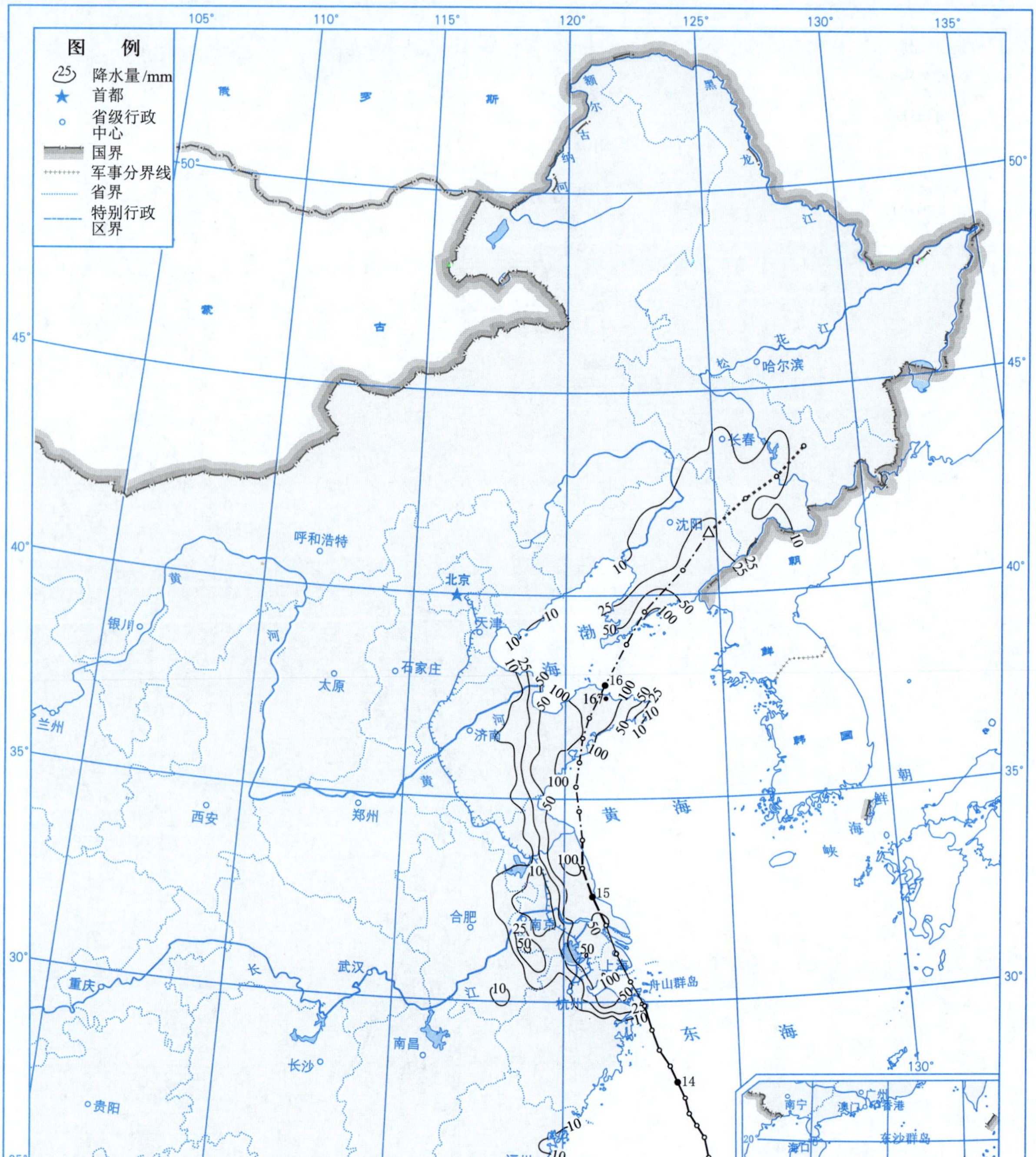

图 2.14.8　2022年9月15日的日降水量

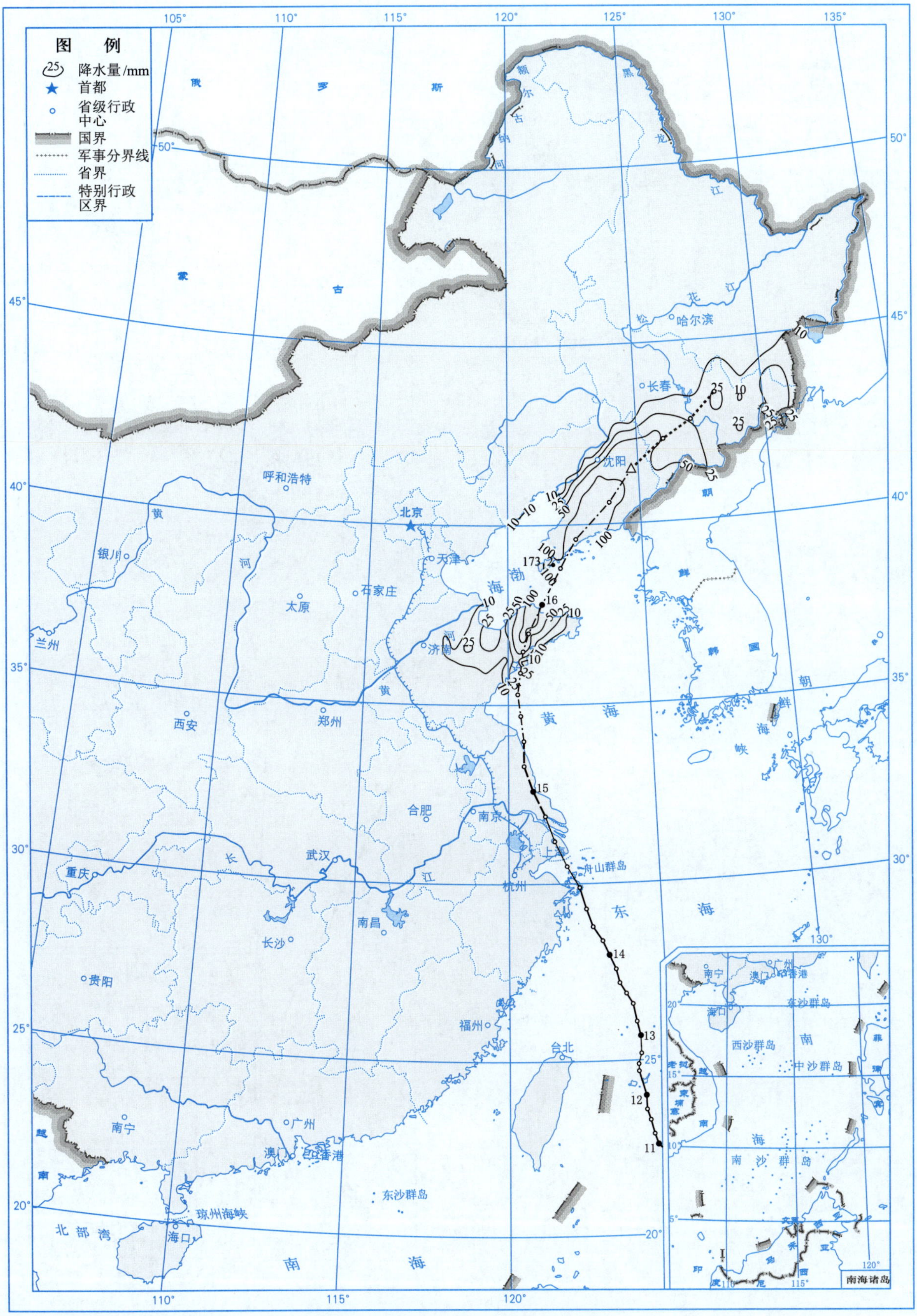

图 2.14.9　2022年9月16日的日降水量

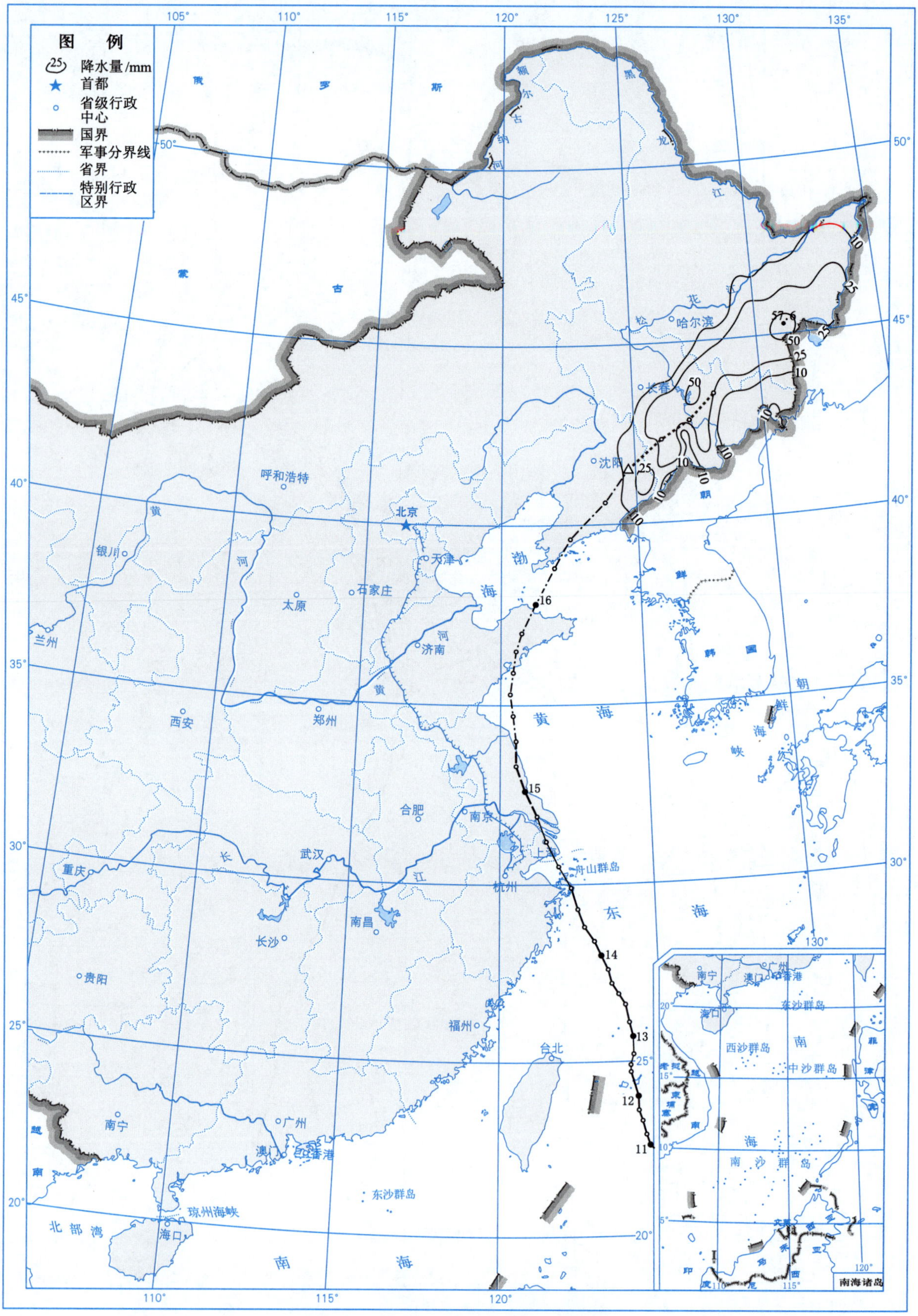

图 2.14.10 2022年9月17日的日降水量

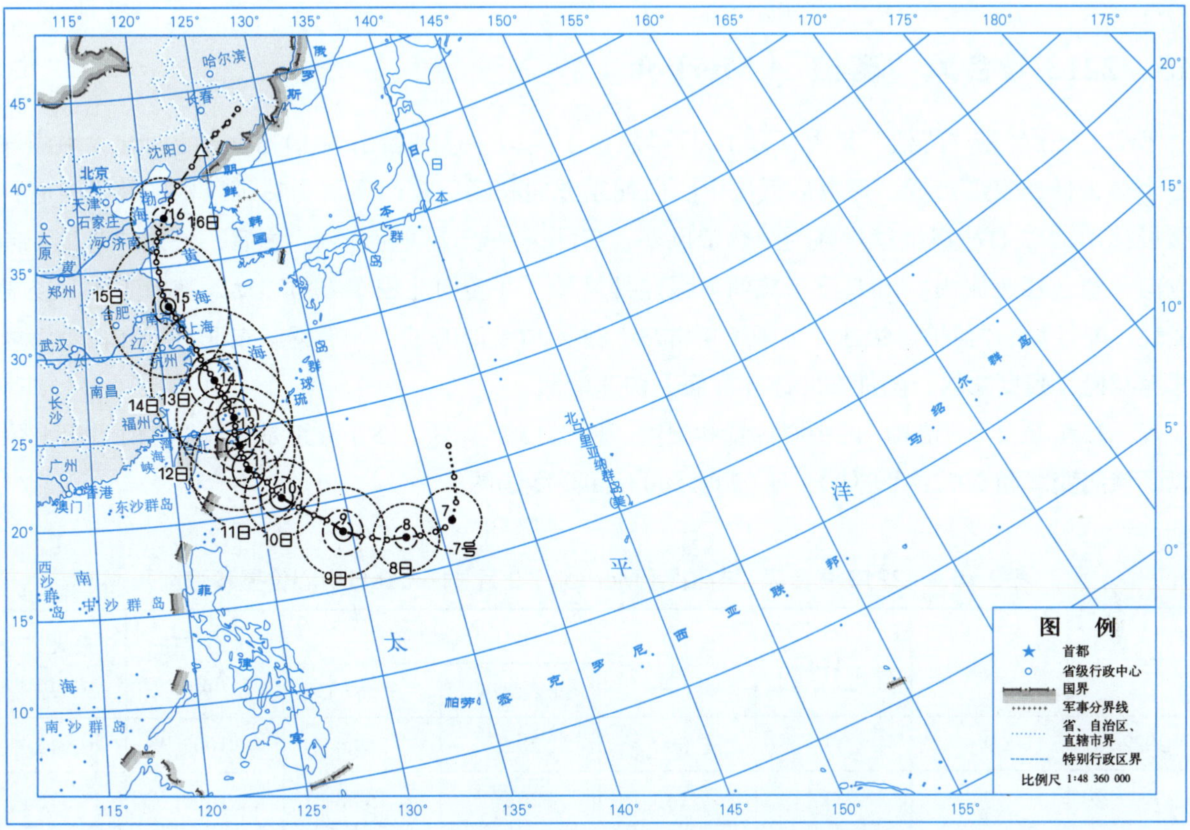

图 2.14.11　2212号强台风“梅花”（Muifa）大风区域演变

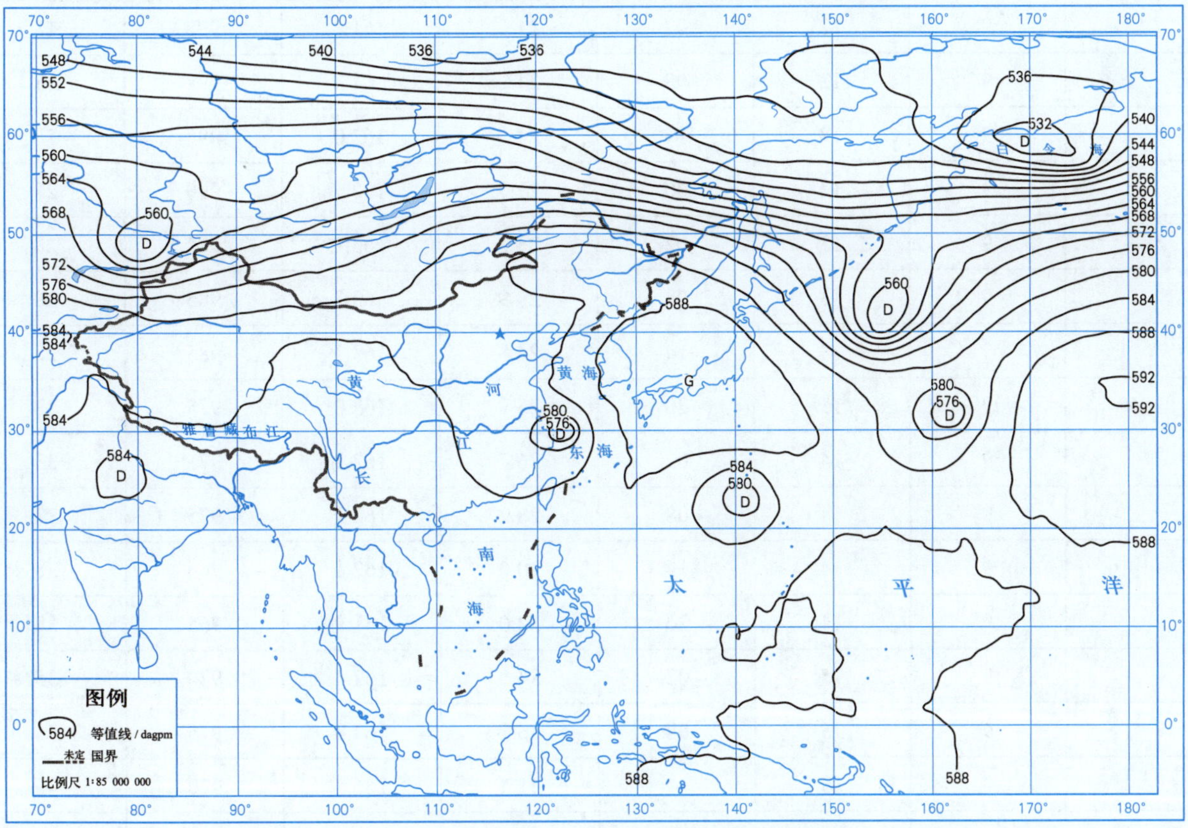

图 2.14.12　2022年9月14日20时500 hPa高度场

2.15　2213 号台风“苗柏”(Merbok)

第 2213 号台风“苗柏”是由 9 月 11 日早晨位于美国中途岛西南约 1990 km 的西北太平洋洋面上一个热带低压发展形成。形成后低压中心向偏东方向移动，夜间发展为热带风暴，并沿逆时针方向缓慢移动，13 日凌晨继续增强为强热带风暴，夜间进一步增强为台风。之后，台风“苗柏”向偏北方向移动，移速加快，15 日下午减弱为强热带风暴，并转向北偏东方向移动，随即于次日凌晨发生变性。变性后，“苗柏”快速穿过阿留申群岛，进入白令海海域，尔后继续东北行，在白令海峡附近移速减慢，强度减弱，随即在北冰洋洋面上快速消散。

表 2.15.1 是台风“苗柏”的中心位置和强度。图 2.15.1 ～图 2.15.3 分别是台风“苗柏”的路径图、大风区域演变图和 2022 年 9 月 15 日 02 时 500 hPa 高度场图。

表 2.15.1　2213 号台风“苗柏”(Merbok) 9 月 11—20 日中心位置和强度

年	月	日	时	中心位置		中心气压 /hPa	最大风速 /（m/s）
				北纬 /°N	东经 /°E		
2022	9	11	08	20.9	159.4	1002	13
	9	11	14	20.9	159.8	1000	15
	9	11	20	20.9	160.4	998	18
	9	12	02	21.0	161.0	998	18
	9	12	08	21.2	161.3	998	18
	9	12	14	21.9	162.0	998	18
	9	12	20	22.7	162.7	990	23
	9	13	02	23.3	163.1	985	28
	9	13	08	23.9	163.3	985	28
	9	13	14	24.8	163.1	985	28
	9	13	20	25.9	163.0	975	33
	9	14	02	26.7	162.3	975	33
	9	14	08	28.2	162.2	975	33
	9	14	14	30.0	162.1	965	38
	9	14	20	32.0	161.9	965	38
	9	15	02	34.0	162.4	970	35
	9	15	08	36.7	164.3	975	33
	9	15	14	41.4	166.5	970	30
	9	15	20	45.5	167.9	970	28

（续表）

年	月	日	时	中心位置		中心气压 /hPa	最大风速 /（m/s）
				北纬 /°N	东经 /°E		
△	9	16	02	48.7	170.2	965	28
	9	16	08	51.6	172.5	960	28
	9	16	14	54.6	174.9	955	28
	9	16	20	56.6	177.1	950	28
	9	17	02	59.2	180.5	950	28
	9	17	08	61.3	184.5	950	28
	9	17	14	63.0	187.3	960	25
	9	17	20	64.7	189.5	960	25
	9	18	02	65.9	190.5	960	25
	9	18	08	67.0	191.1	970	20
	9	18	14	67.5	191.3	980	18
	9	18	20	68.0	191.5	990	15
	9	19	02	68.5	191.7	990	15
	9	19	08	69.0	191.8	995	13
	9	19	14	69.5	191.5	995	13
	9	19	20	69.8	191.5	995	13
	9	20	02	70.1	191.5	995	13
消散							

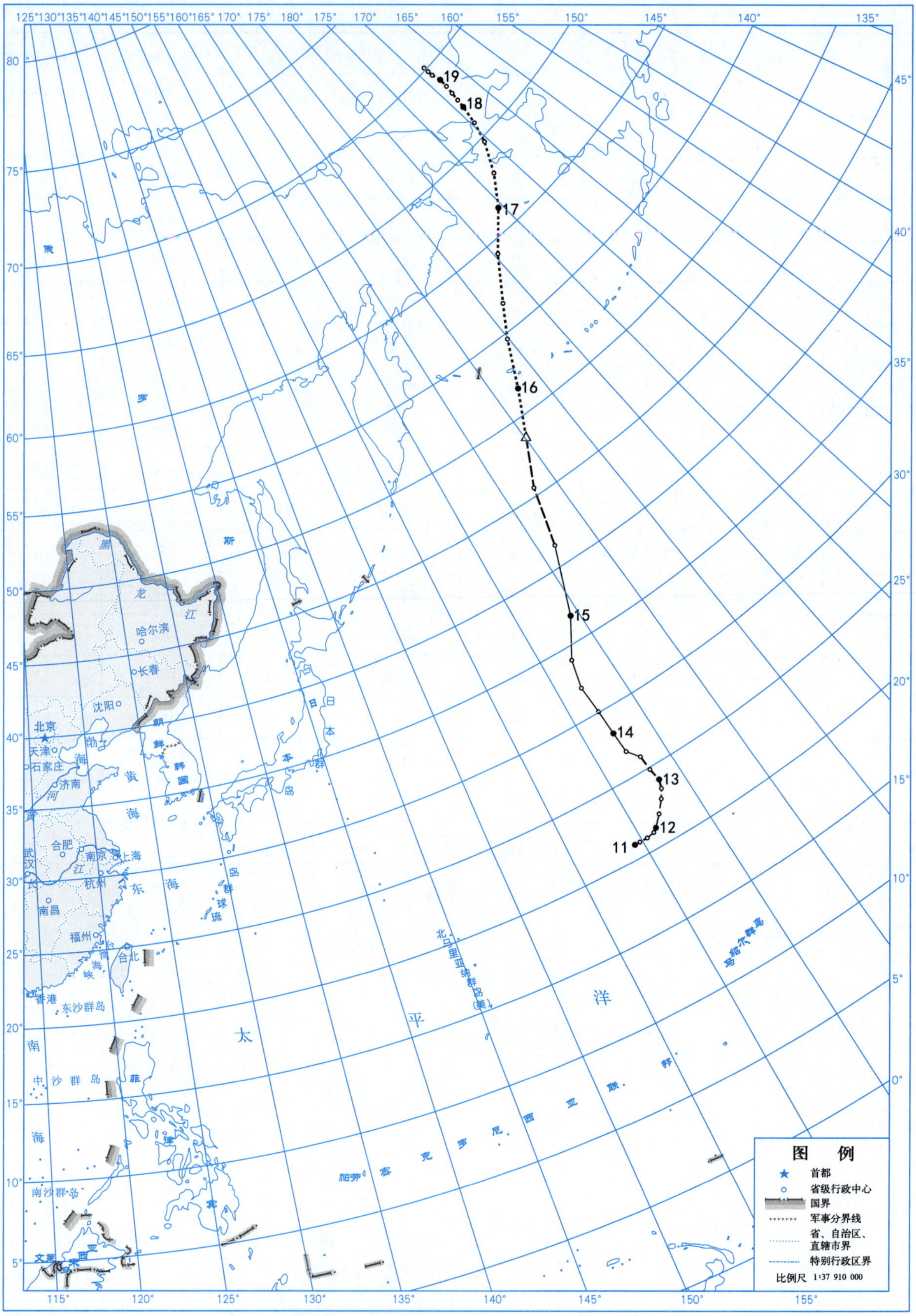

图 2.15.1　2213号台风“苗柏”（Merbok）路径

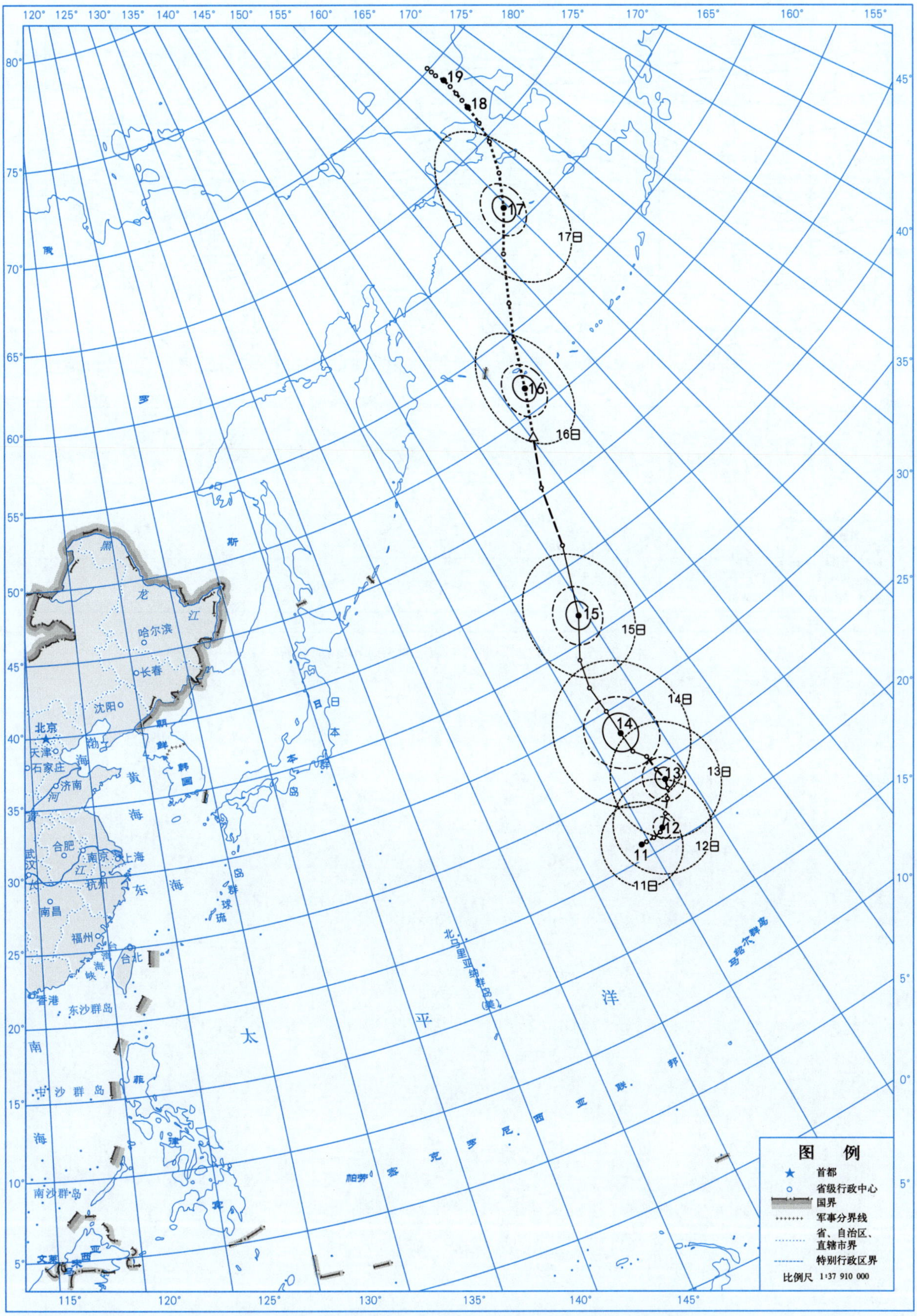

图 2.15.2　2213号台风“苗柏”（Merbok）大风区域演变

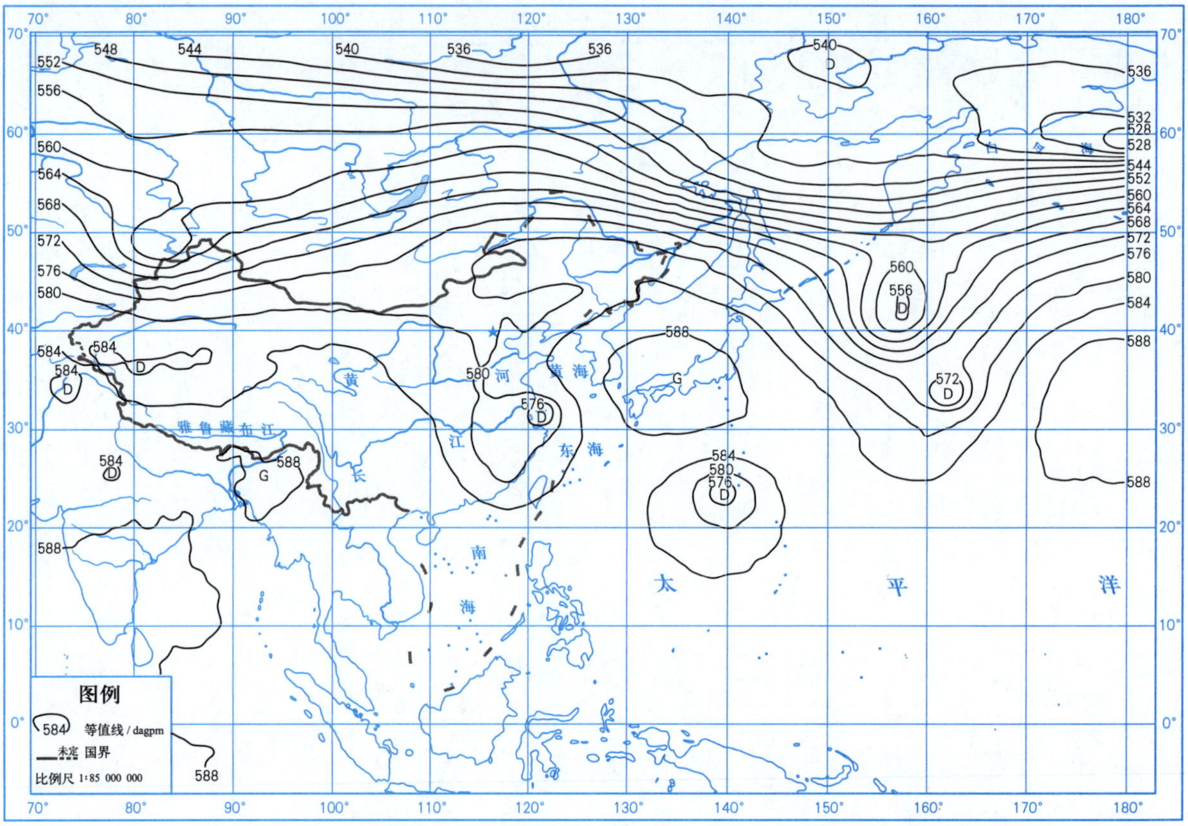

图 2.15.3　2022年9月15日02时500 hPa高度场

2.16 2214 号超强台风“南玛都”（Nanmadol）

第 2214 号超强台风“南玛都”是由 9 月 13 日凌晨位于美国塞班岛西北约 1090 km 的西北太平洋洋面上一个热带低压发展形成。形成后低压中心向东偏北方向移动，次日凌晨发展为热带风暴，随即折向偏西，进入快速增强阶段，15 日快速增强为台风，次日转向西北，并继续增强至超强台风，于 17 日凌晨达到其生命史最大强度，近中心最大风速 62 m/s，中心最低气压 915 hPa。之后，超强台风“南玛都”逐渐加大向北移动的分量，强度开始减弱，于 19 日下午登陆日本九州岛南部沿海，强度进一步减弱为强热带风暴。登陆后，“南玛都”沿着日本西部海岸线转向东北行，20 日凌晨减弱为热带气压，尔后横穿日本本州岛，发生变性，随即快速在日本以东的西北太平洋洋面消散。

表 2.16.1 是超强台风“南玛都”的中心位置和强度。图 2.16.1 ～图 2.16.3 分别是超强台风“南玛都”的路径图、大风区域演变图和 2022 年 9 月 18 日 14 时 500 hPa 高度场图。

表 2.16.1 2214 号超强台风“南玛都”（Nanmadol）9 月 13—20 日中心位置和强度

年	月	日	时	中心位置		中心气压 /hPa	最大风速 /（m/s）
				北纬 /°N	东经 /°E		
2022	9	13	02	22.0	138.3	1002	13
	9	13	08	21.9	138.5	1002	13
	9	13	14	22.1	138.9	1002	13
	9	13	20	22.3	139.5	1000	15
	9	14	02	22.4	140.1	998	18
	9	14	08	22.6	140.6	995	20
	9	14	14	22.8	140.7	995	20
	9	14	20	22.9	140.3	990	23
	9	15	02	23.1	139.8	985	25
	9	15	08	23.3	139.1	980	28
	9	15	14	23.4	137.9	975	33
	9	15	20	23.4	137.3	970	35
	9	16	02	23.4	136.4	965	38
	9	16	08	23.8	135.9	950	48
	9	16	14	24.2	135.5	940	52
	9	16	20	24.8	134.7	930	58
	9	17	02	25.5	133.8	915	62
	9	17	08	26.0	133.1	915	62

（续表）

年	月	日	时	中心位置		中心气压 /hPa	最大风速 /（m/s）
				北纬 /°N	东经 /°E		
2022	9	17	14	26.7	132.5	915	62
	9	17	20	27.5	132.0	920	60
	9	18	02	28.5	131.4	935	52
	9	18	08	29.7	131.0	945	48
	9	18	14	30.8	130.7	950	45
	9	18	20	31.9	130.5	955	42
	9	19	02	33.1	130.5	965	35
	9	19	08	33.9	130.8	975	30
	9	19	14	35.4	132.1	980	28
	9	19	20	36.7	134.5	985	25
	9	20	02	37.8	138.0	988	23
△	9	20	08	38.8	143.0	995	18
	9	20	14	38.4	147.3	1000	15
消散							

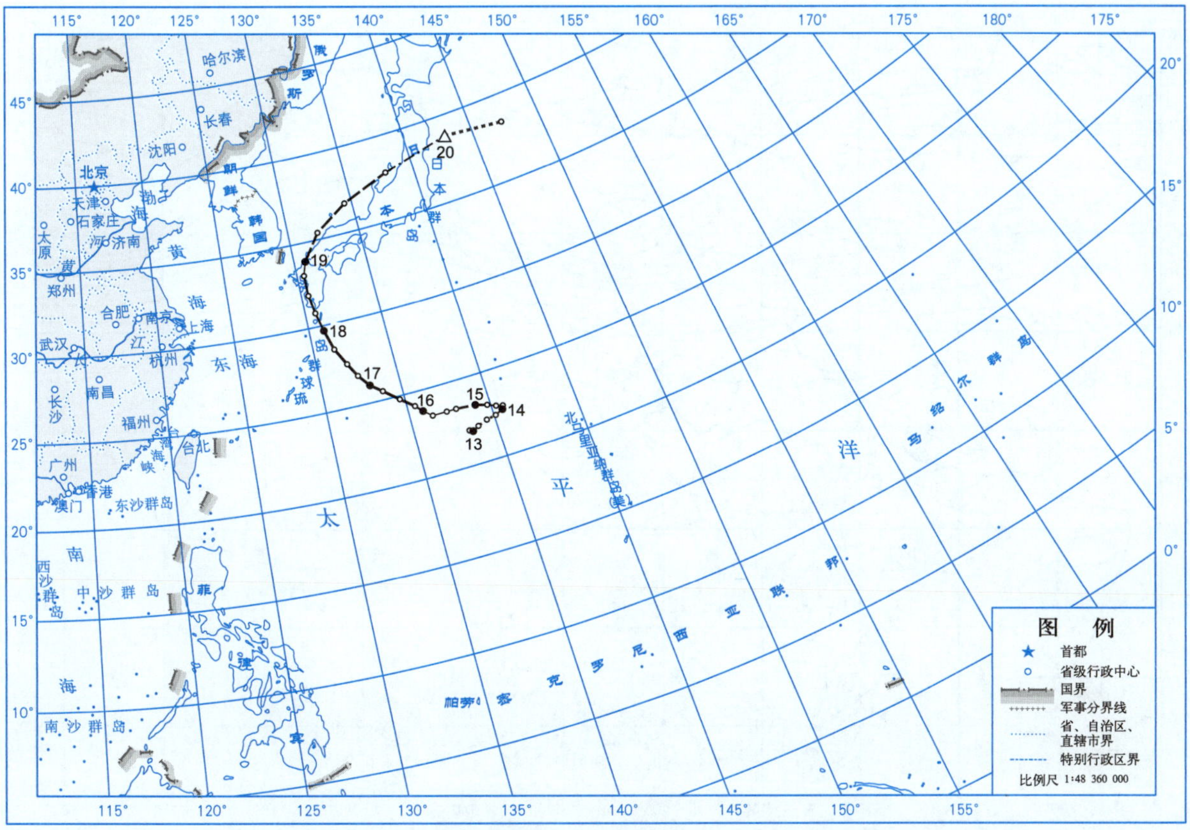

图 2.16.1　2214号超强台风"南玛都"（Nanmadol）路径

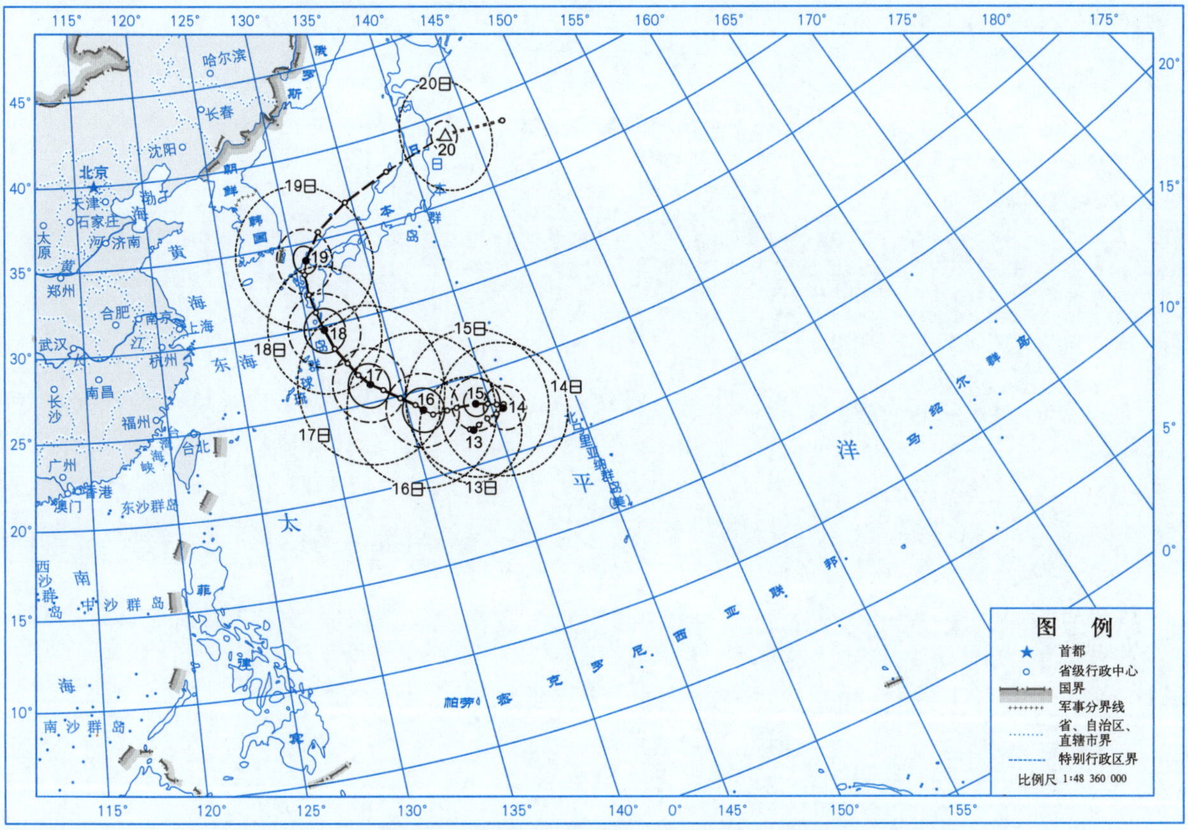

图 2.16.2　2214号超强台风"南玛都"（Nanmadol）大风区域演变

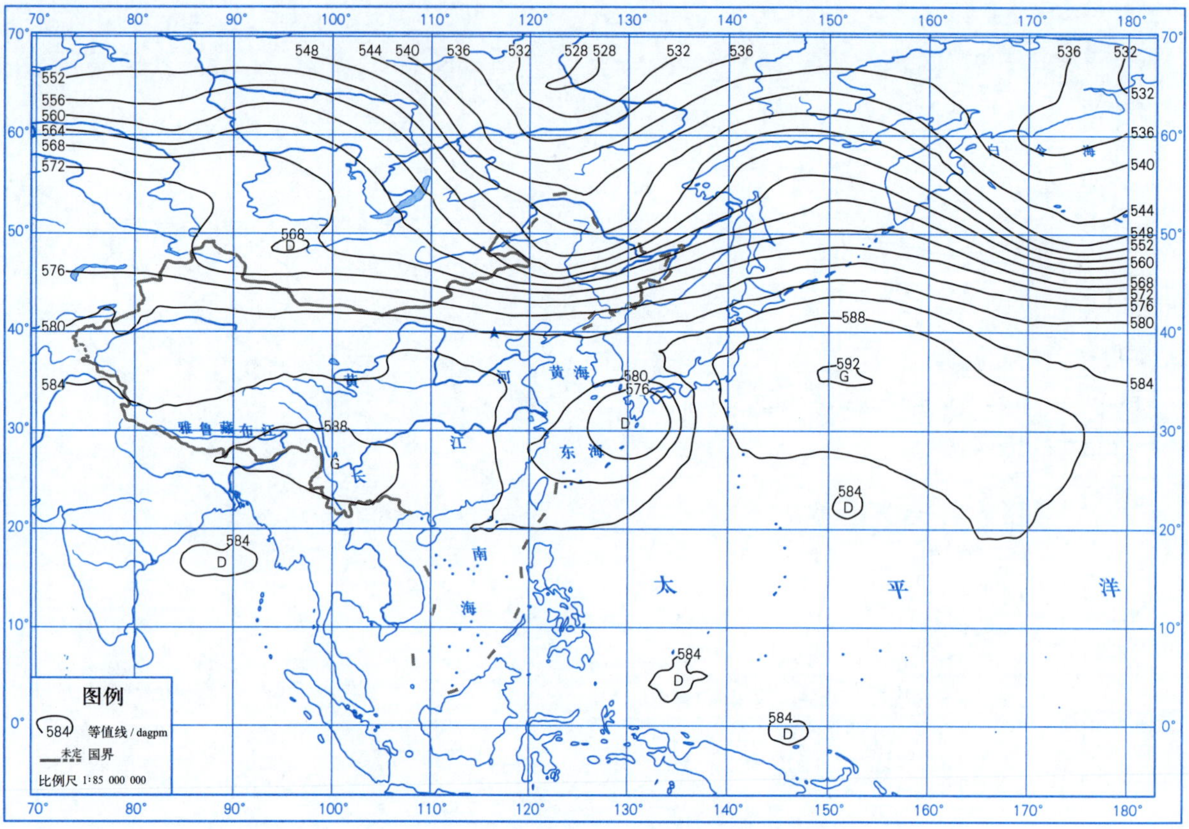

图 2.16.3　2022年9月18日14时500 hPa高度场

2.17　2215 号热带风暴“塔拉斯”（Talas）

第 2215 号热带风暴“塔拉斯”是由 9 月 21 日夜间位于日本冲绳岛以东约 1360 km 的西北太平洋洋面上一个热带低压发展形成。形成后低压中心向西北方向移动，次日下午发展为热带风暴，随即 23 日在日本东部近海转向东北。转向后，热带风暴“塔拉斯”移速减慢，强度减弱为低压，并快速变性为温带气旋。之后，“塔拉斯”缓缓地转向北偏东方向移动，次日加大向东移动的分量，于 27 日迅速在日本以东洋面消散。

表 2.17.1 是热带风暴“塔拉斯”的中心位置和强度。图 2.17.1 ～图 2.17.3 分别是热带风暴“塔拉斯”的路径图、大风区域演变图和 2022 年 9 月 23 日 08 时 500 hPa 高度场图。

表 2.17.1　2215 号热带风暴“塔拉斯”（Talas）9 月 21—27 日中心位置和强度

年	月	日	时	中心位置		中心气压 /hPa	最大风速 /（m/s）
				北纬 /°N	东经 /°E		
2022	9	21	08	22.5	140.7	1005	13
	9	21	14	23.7	140.5	1005	13
	9	21	20	24.3	139.4	1005	13
	9	22	02	25.2	138.2	1002	15
	9	22	08	26.0	137.4	1002	15
	9	22	14	26.9	136.5	1000	18
	9	22	20	28.2	135.7	1000	18
	9	23	02	29.5	134.9	1000	18
	9	23	08	30.8	134.8	1000	18
	9	23	14	32.0	135.4	1000	18
	9	23	20	32.9	136.5	1000	18
	9	24	02	33.5	137.4	1004	15
	9	24	08	33.9	138.2	1004	15
	9	24	14	34.3	139.2	1004	15
△	9	24	20	34.5	140.2	1006	15
	9	25	02	34.6	141.4	1006	15
	9	25	08	34.7	141.9	1008	15
	9	25	14	35.0	142.5	1008	15
	9	25	20	35.5	143.1	1010	13

（续表）

年	月	日	时	中心位置		中心气压 /hPa	最大风速 /（m/s）
				北纬 /°N	东经 /°E		
2022	9	26	02	36.2	143.4	1010	13
	9	26	08	36.8	143.7	1010	13
	9	26	14	37.5	144.4	1012	10
	9	26	20	38.0	145.2	1012	10
	9	27	02	38.5	146.2	1012	10
	9	27	08	38.9	147.5	1012	10
消散							

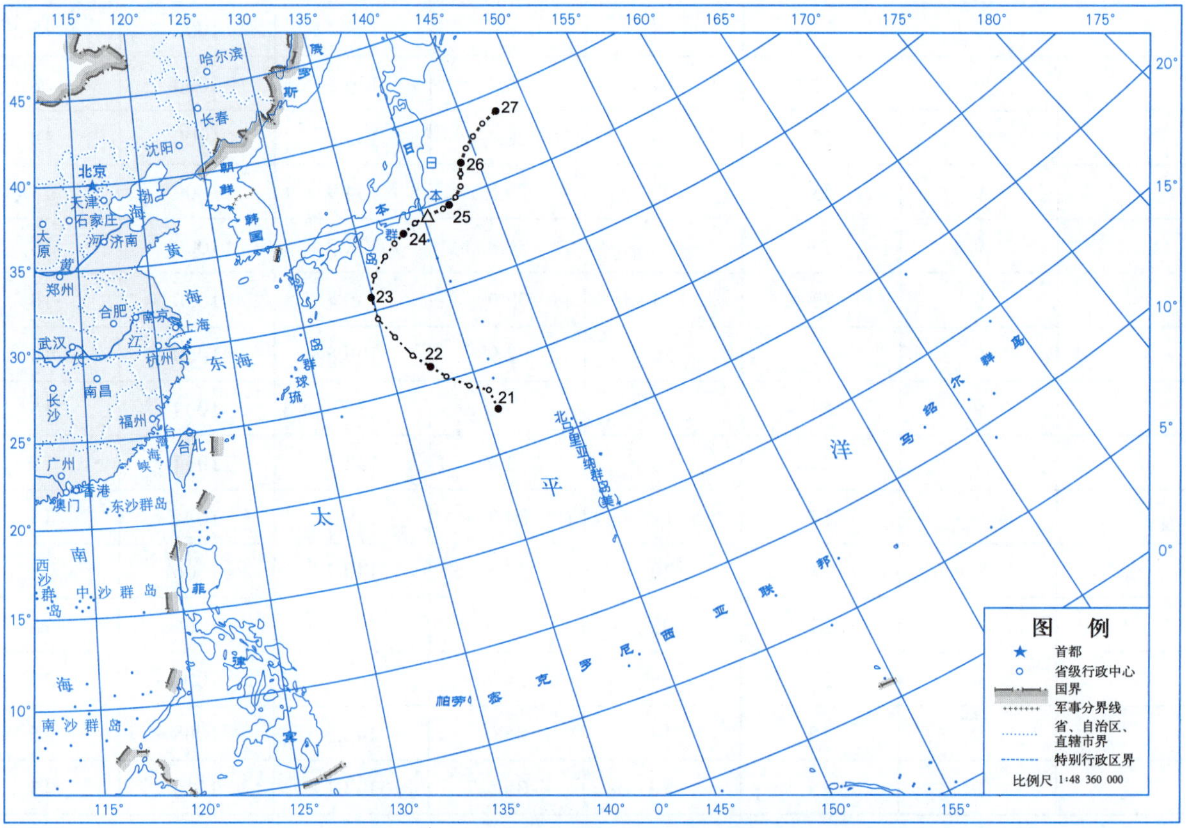

图 2.17.1　2215号热带风暴“塔拉斯”（Talas）路径

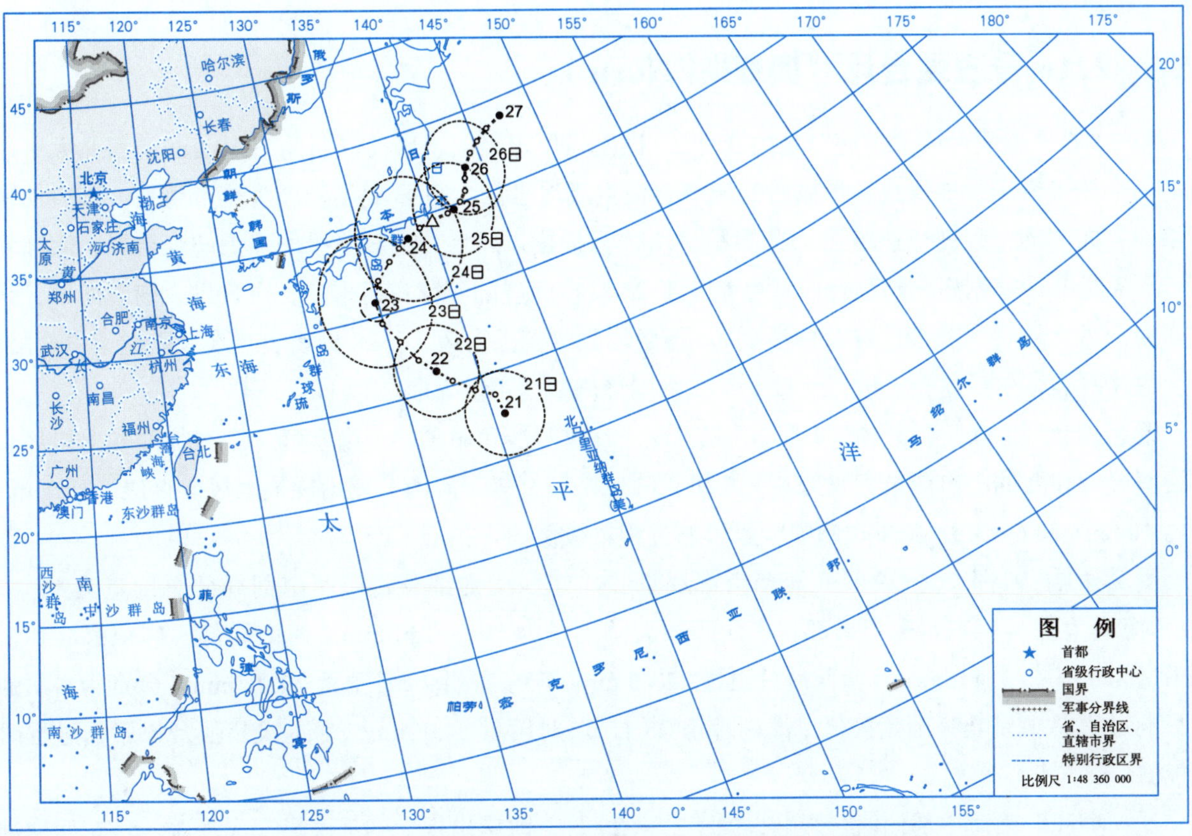

图 2.17.2　2215号热带风暴“塔拉斯”（Talas）大风区域演变

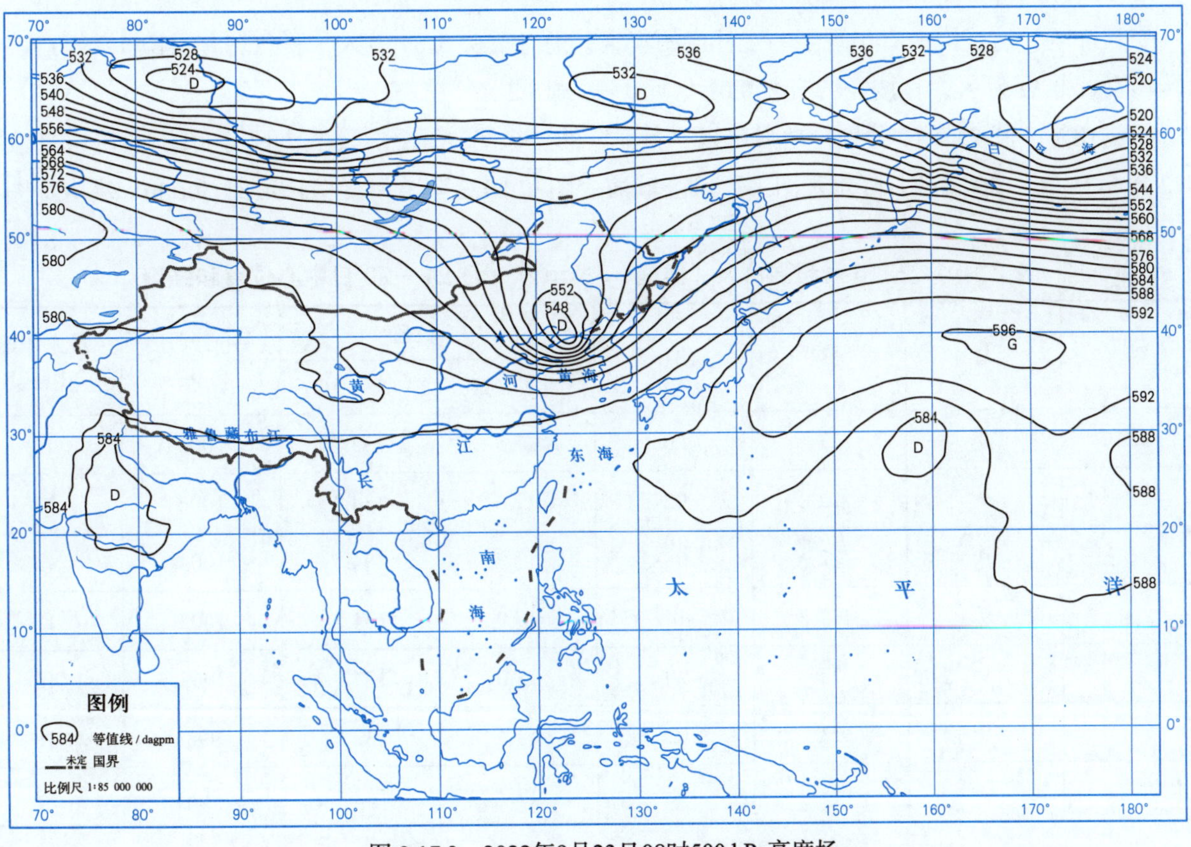

图 2.17.3　2022年9月23日08时500 hPa高度场

2.18　2216 号超强台风“奥鹿”（Noru）

第 2216 号超强台风“奥鹿”是由 9 月 21 日夜间位于美国塞班岛以西约 1310 km 的西北太平洋洋面上一个热带低压发展形成。形成后低压中心在生成地徘徊，23 日凌晨发展为热带风暴，随后加速向西偏南方向移动，强度快速增强，24 日早晨增强为强热带风暴，次日凌晨增强为超强台风，逐渐转向西行，靠近菲律宾东岸。超强台风“奥鹿”于 25 日夜间登陆菲律宾吕宋岛，次日进入南海海域，强度减弱为台风。随后，“奥鹿”穿过中沙群岛，短暂增强为超强台风，于 28 日凌晨二次登陆越南中部沿海，强度快速减弱，尔后途径老挝，29 日下午在泰国境内减弱消散（表 2.18.1）。

受超强台风“奥鹿”影响，9 月 26—29 日，海南西沙和珊瑚、云南开远、广东徐闻和上川岛、福建沿海局部和九仙山出现最大风力 6 ～ 7 级、阵风 7 ～ 9 级；海南三亚出现最大风力 8 级（18.1 m/s）、阵风 10 级（27.6 m/s），为本次超强台风影响过程风极值。

受其影响，9 月 26—29 日，海南南部局部、广东西南部部分、广西南部局部总雨量为 10 ～ 50 mm；海南大部、广东西南部局部、广西涠洲岛总雨量为 50 ～ 150 mm；海南局部、广东湛江和雷州总雨量为 150 ～ 224 mm；海南西沙总雨量 223.6 mm，广东雷州 29 日雨量 121.1 mm，分别为本次强台风影响过程总雨量及日雨量极值；海南琼山 28 日 07 时雨量 54.9 mm，为本次超强台风影响过程时雨量极值。

受“奥鹿”南海中部偏西行影响，9 月 27—29 日，海南出现大到暴雨局部大暴雨，广东西南部和广西南部沿海出现中到大雨局部暴雨或大暴雨。

受其影响，造成海南省出现了一定程度的灾情。总计受灾 1.59 万人，紧急转移避险 1.35 万人，紧急转移安置 0.24 万人，直接经济损失 0.01 亿元（表 2.18.2）。

图 2.18.1 ～图 2.18.10 分别是超强台风“奥鹿”的路径图、总降水量图、大风分布图、总降水日数图、2022 年 9 月 26—29 日的日降水量图、大风区域演变图和 2022 年 9 月 27 日 08 时 500 hPa 高度场图。

表 2.18.1　2216 号超强台风“奥鹿”（Noru）9 月 21—29 日中心位置和强度

年	月	日	时	中心位置		中心气压 /hPa	最大风速 /（m/s）
				北纬 /°N	东经 /°E		
2022	9	21	20	17.5	133.7	1006	13
	9	22	02	17.6	134.3	1006	13
	9	22	08	17.7	134.5	1004	15
	9	22	14	17.9	134.3	1002	15
	9	22	20	18.0	134.0	1002	15
	9	23	02	17.9	133.5	998	18
	9	23	08	17.7	132.4	998	18

（续表）

年	月	日	时	中心位置		中心气压 /hPa	最大风速 /（m/s）
				北纬 /°N	东经 /°E		
2022	9	23	14	17.7	131.3	998	18
	9	23	20	17.4	130.5	995	20
	9	24	02	17.0	129.5	990	23
	9	24	08	16.3	128.2	985	28
	9	24	14	15.7	126.9	975	33
	9	24	20	15.5	126.0	955	42
	9	25	02	15.2	124.7	930	55
	9	25	08	15.0	123.7	915	62
	9	25	14	15.1	122.5	925	58
	9	25	20	15.3	121.4	935	52
	9	26	02	15.6	120.1	955	42
	9	26	08	15.9	118.4	965	38
	9	26	14	15.9	116.9	960	40
	9	26	20	16.0	115.6	960	40
	9	27	02	15.9	113.6	955	42
	9	27	08	15.5	112.1	935	52
	9	27	14	15.6	111.3	935	52
	9	27	20	15.7	110.1	945	48
	9	28	02	15.7	108.9	955	42
	9	28	08	15.9	107.9	970	35
	9	28	14	15.9	106.4	990	23
	9	28	20	15.9	105.3	996	15
	9	29	02	15.9	104.6	998	15
	9	29	08	15.9	103.9	998	15
	9	29	14	15.9	103.2	1000	13
消散							

表 2.18.2　2216 号超强台风“奥鹿”（Noru）在海南省引发的灾情

受灾省（区、市）	受灾人口 / 万人	死亡人口 / 人	失踪人口 / 人	紧急避险转移人口 / 万人	紧急转移安置人口 / 万人	农作物		倒塌房屋 / 万间	直接经济损失 / 亿元
						受灾面积 / 万 hm^2	绝收面积 / 万 hm^2		
海南省	1.59	0	0	1.35	0.24	0	0	0	0.01
合计	1.59	0	0	1.35	0.24	0	0	0	0.01

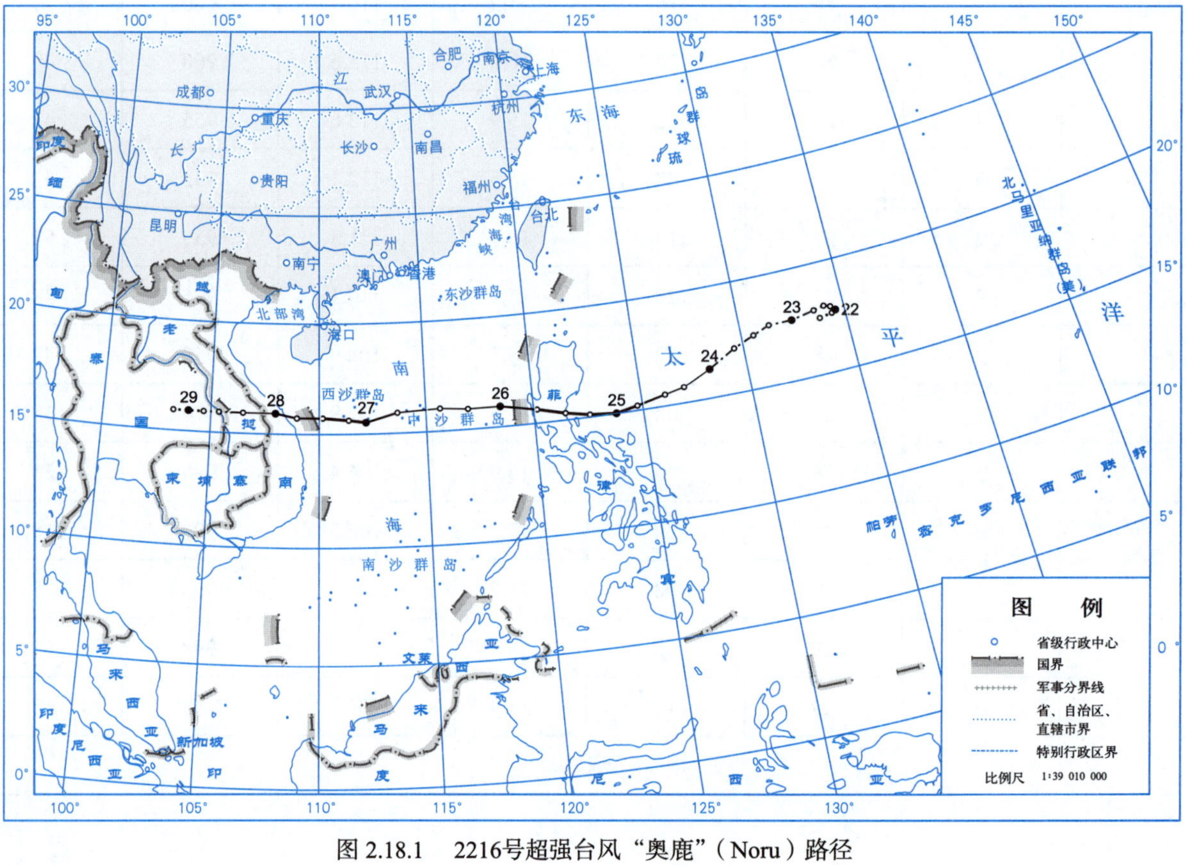

图 2.18.1　2216号超强台风“奥鹿”（Noru）路径

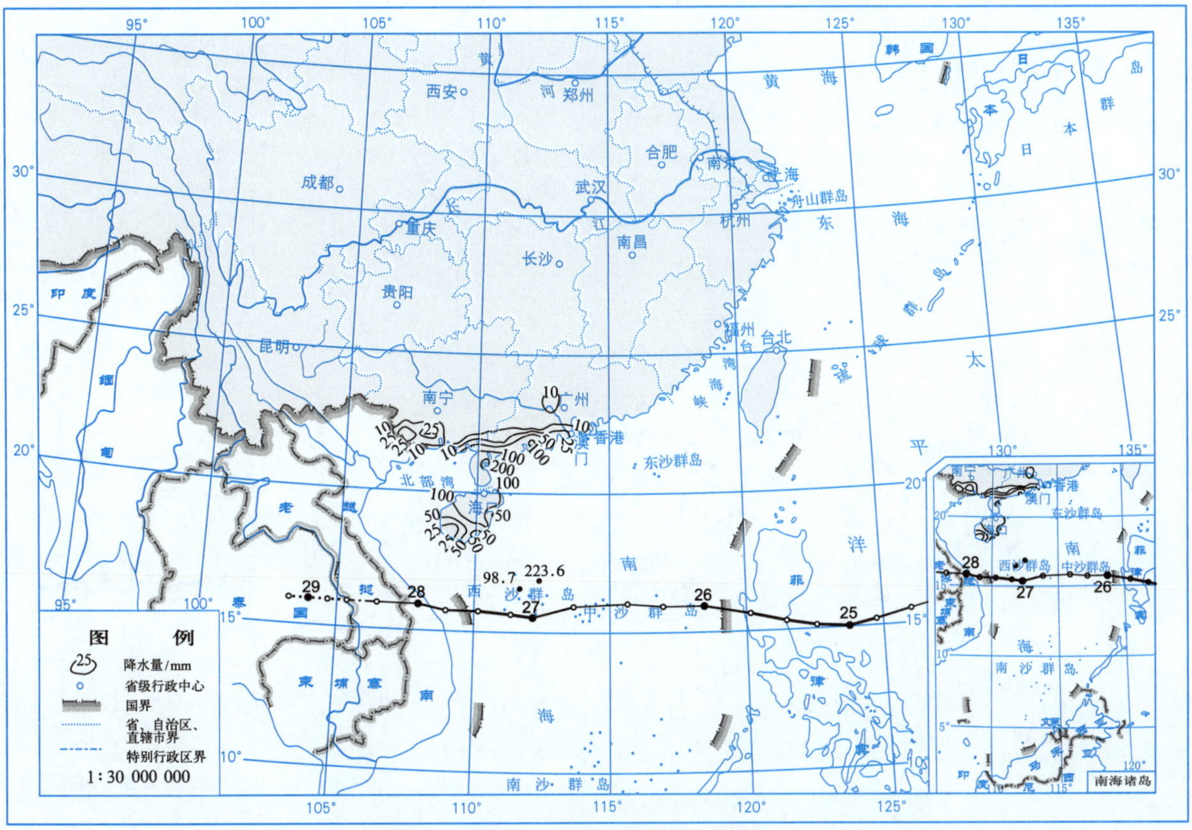

图 2.18.2　2216号超强台风“奥鹿”（Noru）总降水量（9月26—29日）

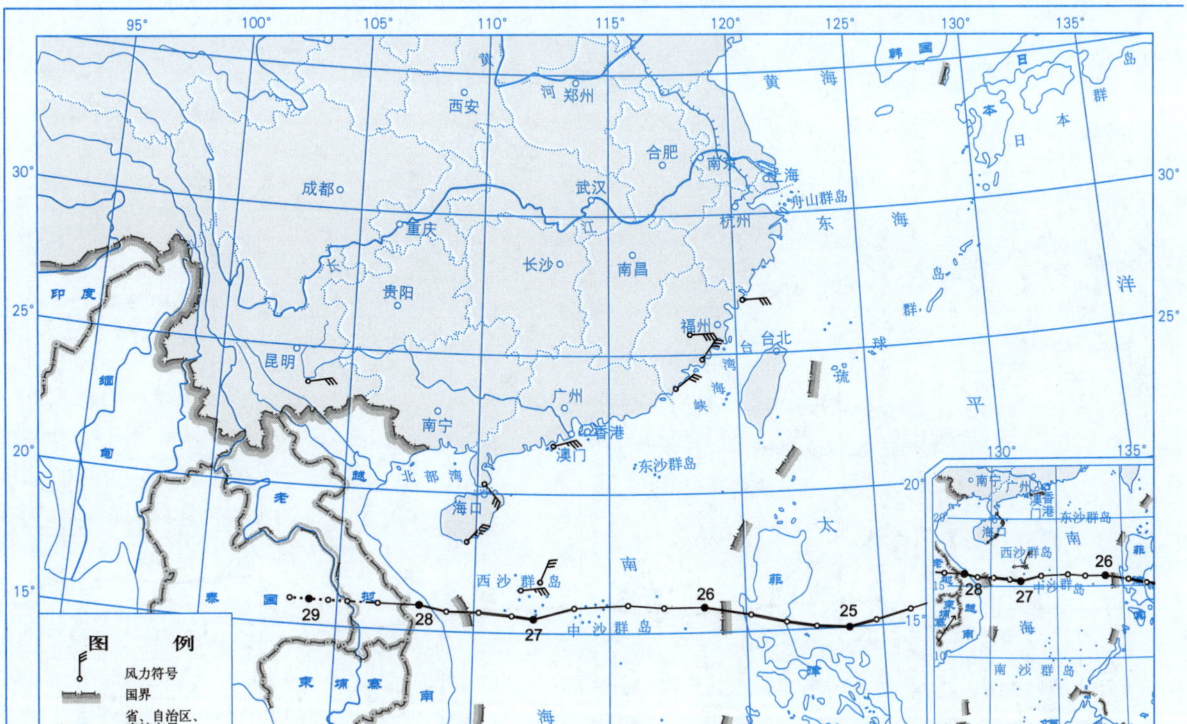

图 2.18.3　2216号超强台风“奥鹿”（Noru）大风分布（9月26—29日）

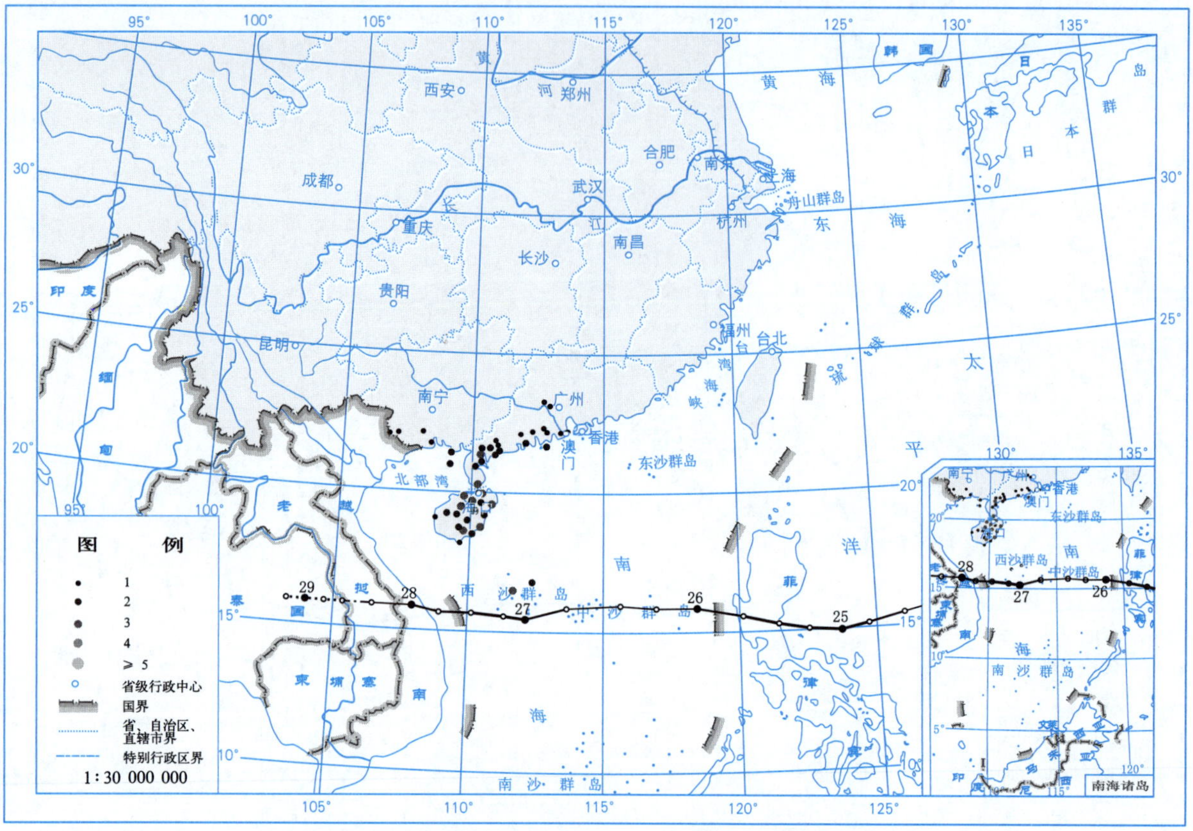

图 2.18.4　2216号超强台风“奥鹿”（Noru）总降水日数（单位：d）

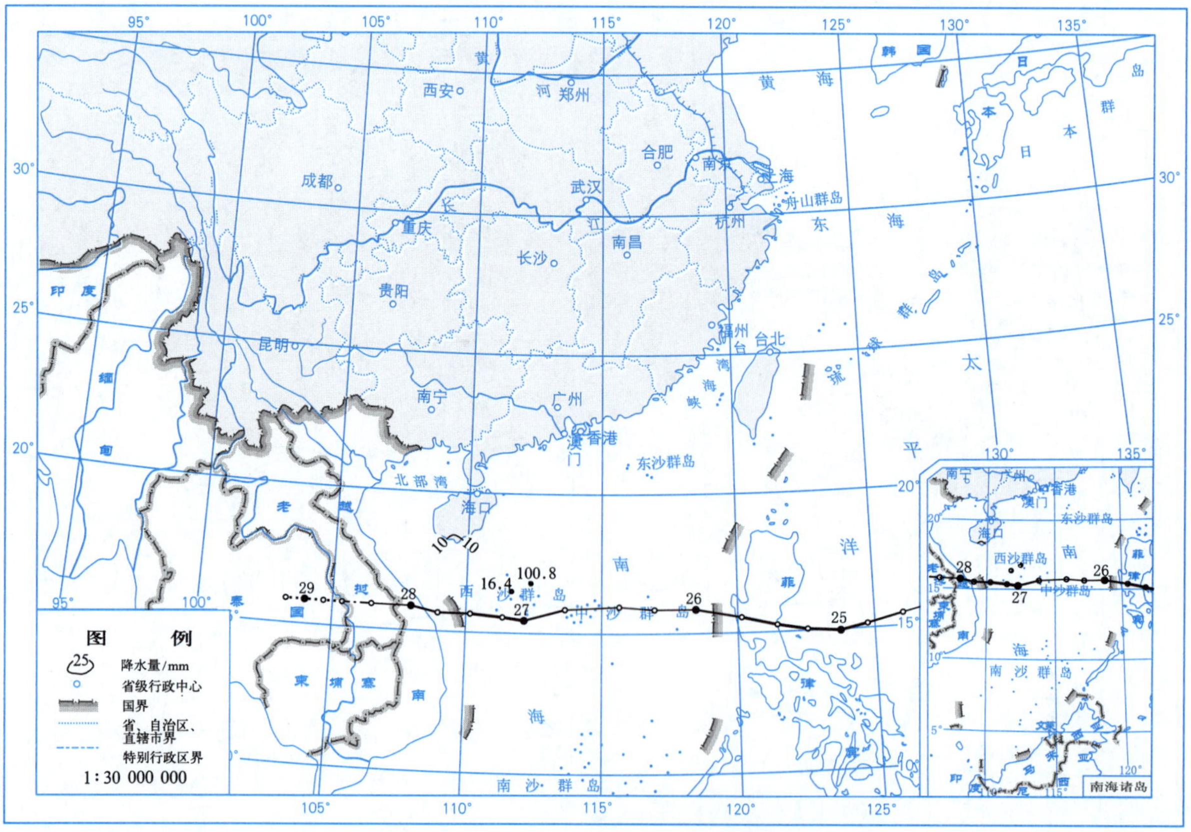

图 2.18.5　2022年9月26日的日降水量

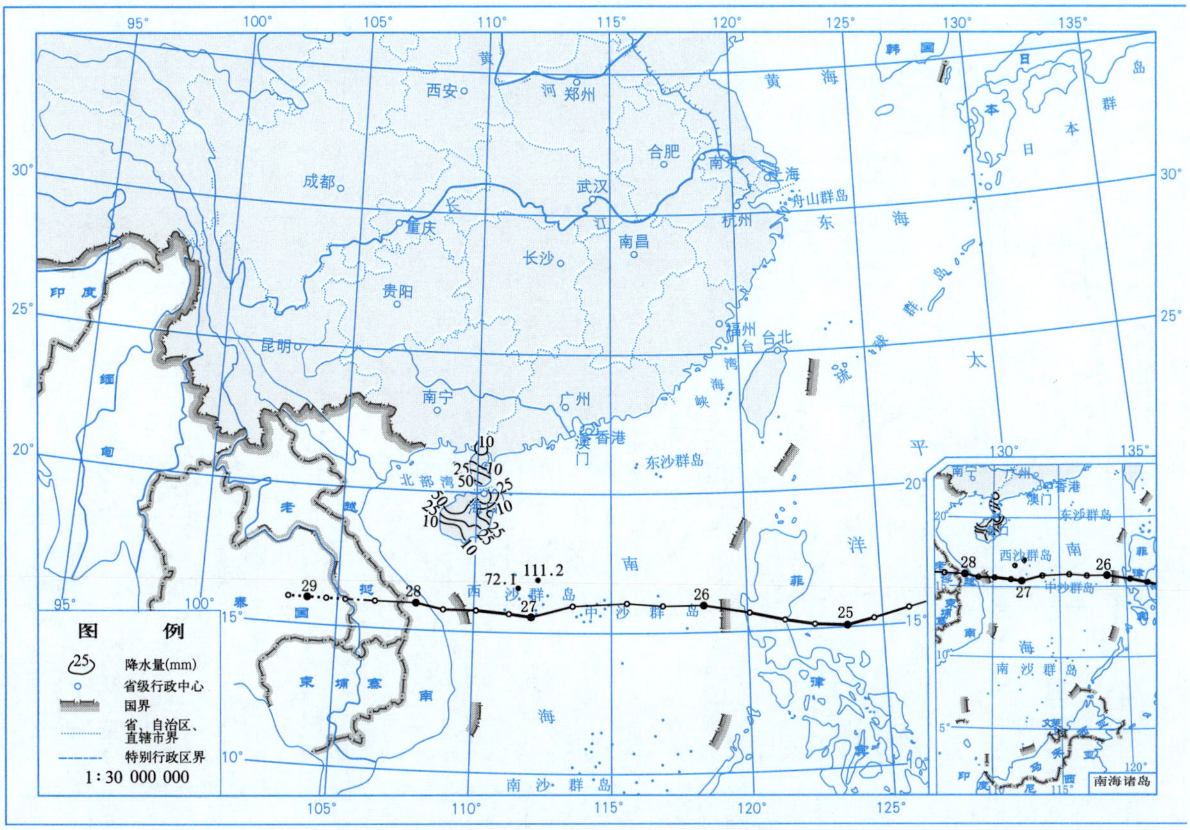

图 2.18.6　2022年9月27日的日降水量

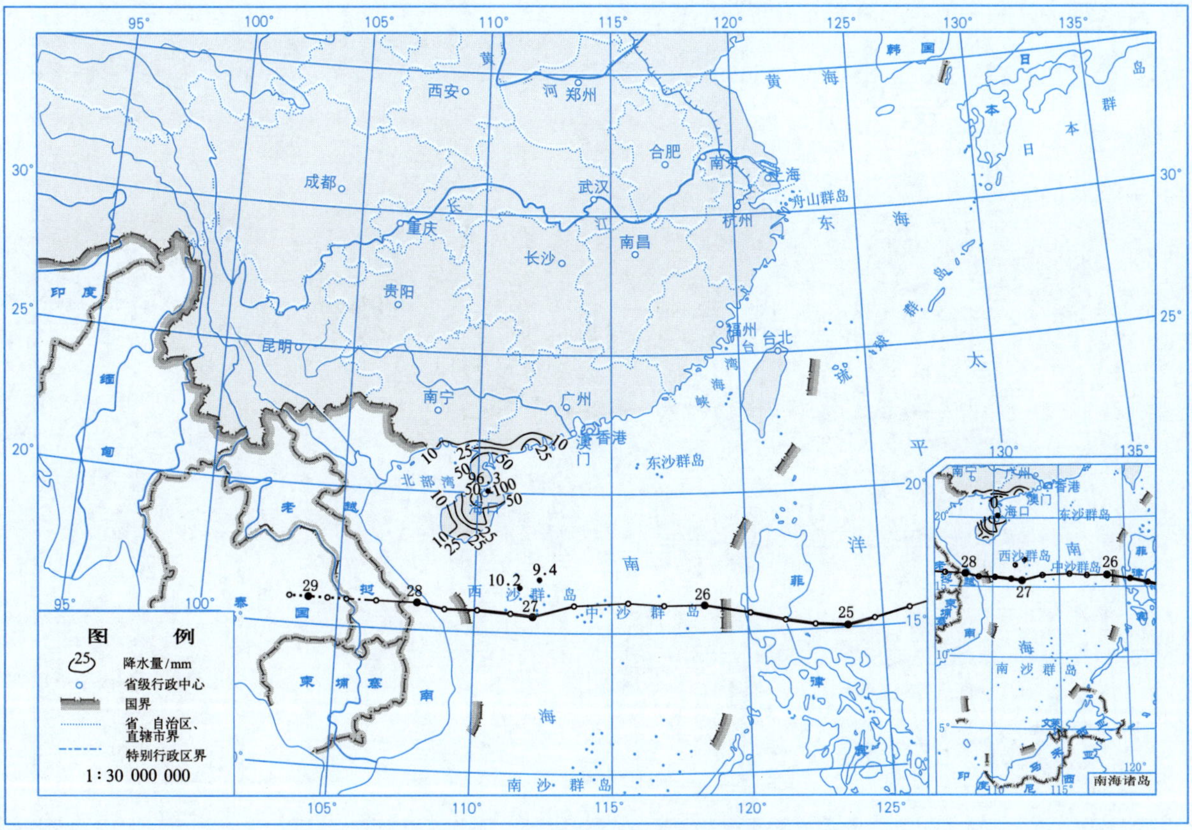

图 2.18.7　2022年9月28日的日降水量

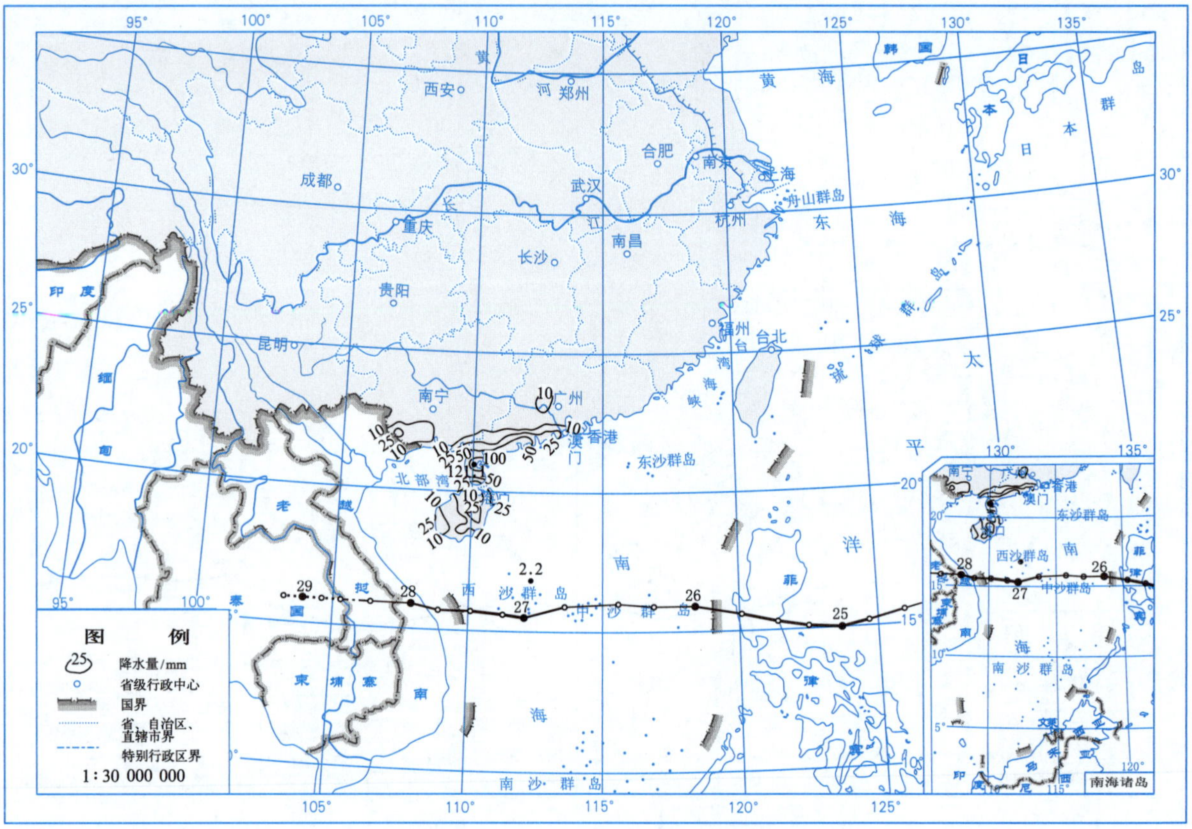

图 2.18.8　2022年9月29日的日降水量

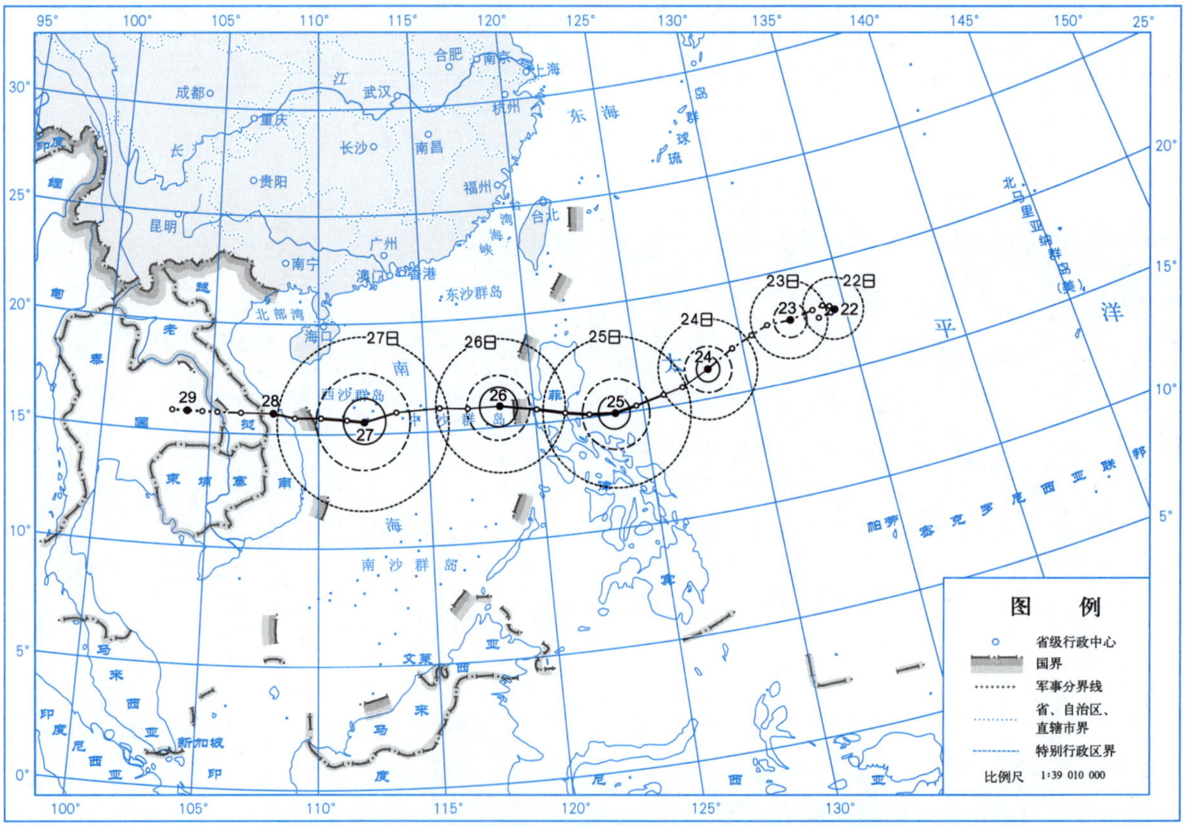

图 2.18.9　2216号超强台风“奥鹿”（Noru）大风区域演变

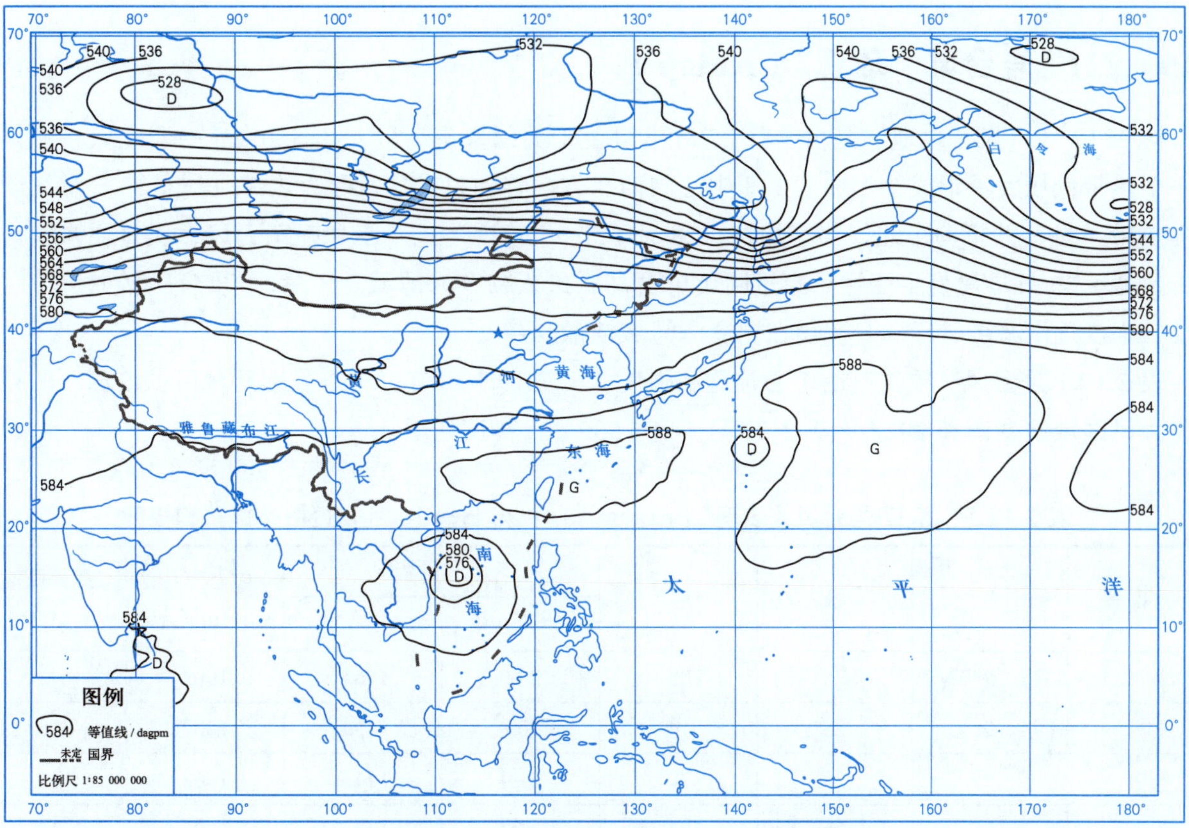

图 2.18.10　2022年9月27日08时500 hPa高度场

2.19 2217 号台风“玫瑰”(Kulap)

第 2217 号台风“玫瑰”是由 9 月 25 日早晨位于美国塞班岛以北约 550 km 的西北太平洋洋面上一个热带低压发展形成。形成后低压中心向西北方向移动，次日发展为热带风暴，27 日继续增强为强热带风暴，并折向东北，移速加快。28 日下午，“玫瑰”进一步加强至台风，次日便减弱为强热带风暴，30 日早晨发生变性后穿过阿留申群岛，进入白令海海域。尔后，“玫瑰”转向偏东缓慢移动，强度逐渐减弱，于 3 日凌晨在白令海海域消散。

表 2.19.1 是台风“玫瑰”的中心位置和强度。图 2.19.1 ～图 2.19.3 分别是台风“玫瑰”的路径图、大风区域演变图和 2022 年 9 月 27 日 14 时 500 hPa 高度场图。

表 2.19.1 2217 号台风“玫瑰”(Kulap) 9 月 25 日—10 月 3 日中心位置和强度

年	月	日	时	中心位置		中心气压 /hPa	最大风速 /（m/s）
				北纬 /°N	东经 /°E		
2022	9	25	08	20.0	146.9	1002	13
	9	25	14	20.8	145.6	1002	13
	9	25	20	21.4	144.9	1002	13
	9	26	02	22.3	144.5	1000	15
	9	26	08	23.3	143.6	998	18
	9	26	14	24.3	143.0	998	18
	9	26	20	25.8	142.4	990	23
	9	27	02	26.7	141.9	990	23
	9	27	08	28.0	141.7	985	25
	9	27	14	28.8	141.7	985	25
	9	27	20	29.8	142.6	985	25
	9	28	02	30.9	144.1	980	28
	9	28	08	32.0	145.4	980	28
	9	28	14	33.3	147.8	970	33
	9	28	20	34.7	150.3	970	33
	9	29	02	36.5	152.9	970	33
	9	29	08	38.6	156.0	970	33
	9	29	14	41.8	159.7	972	30
	9	29	20	44.3	163.2	970	28
	9	30	02	48.6	167.3	960	30
△	9	30	08	52.7	170.6	955	30

（续表）

年	月	日	时	中心位置		中心气压 /hPa	最大风速 /（m/s）
				北纬 /°N	东经 /°E		
2022	9	30	14	54.7	171.5	950	30
	9	30	20	55.8	173.9	950	28
	10	1	02	56.5	177.1	955	25
	10	1	08	57.4	178.3	960	23
	10	1	14	57.7	179.6	965	20
	10	1	20	57.4	181.3	970	20
	10	2	02	57.1	184.3	975	20
	10	2	08	57.1	186.8	980	18
	10	2	14	56.9	189.3	985	18
	10	2	20	57.2	191.8	990	15
	10	3	02	57.5	194.7	995	15
消散							

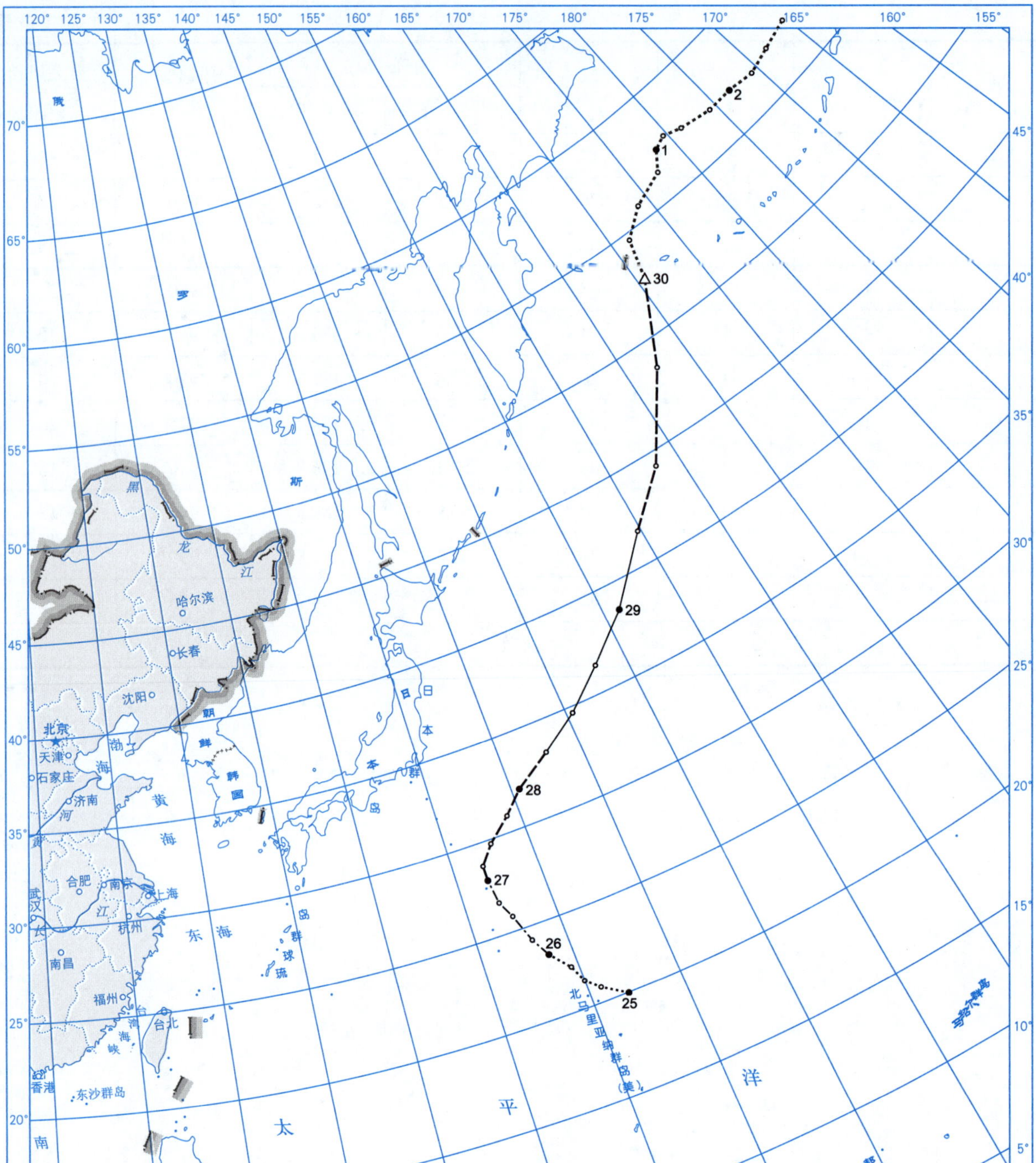

图 2.19.1 2217号台风“玫瑰”（Kulap）路径

图 2.19.2 2217号台风“玫瑰”（Kulap）大风区域演变

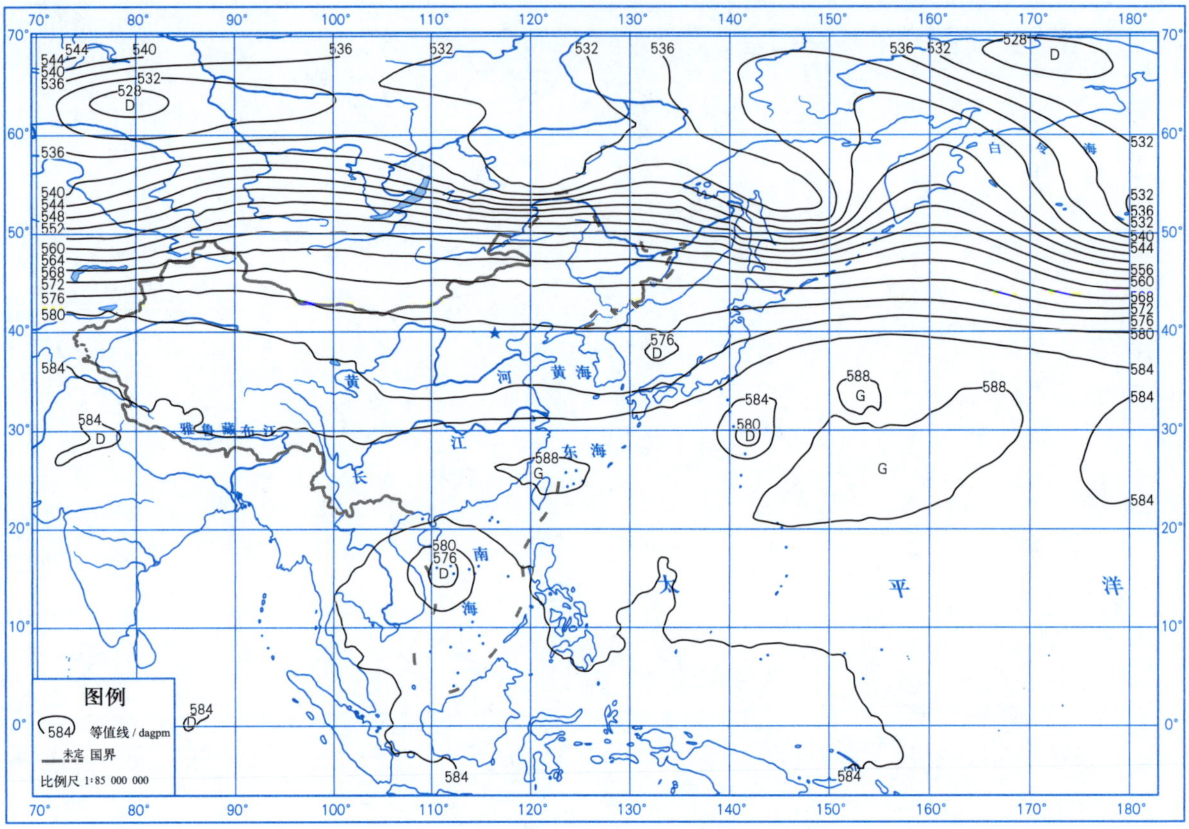

图 2.19.3　2022年9月27日14时500 hPa高度场

2.20 2218 号台风“洛克”（Roke）

第 2218 号台风“洛克”是由 9 月 28 日早晨位于我国台湾岛鹅銮鼻以东约 1200 km 的西北太平洋洋面上一个热带低压发展形成。形成后低压中心向偏北方向移动，强度迅速增强，次日加强至台风，并加速转向东北。30 日夜间，“洛克”减弱为强热带风暴，之后强度维持，2 日早晨变性为温带气旋。变性后，“洛克”强度逐渐减弱，3 日在原地回旋一天后继续东北行，于 5 日夜间在西北太平洋洋面减弱消散。

表 2.20.1 是台风“洛克”的中心位置和强度。图 2.20.1 ～图 2.20.3 分别是台风“洛克”的路径图、大风区域演变图和 2022 年 9 月 29 日 20 时 500 hPa 高度场图。

表 2.20.1 2218 号台风“洛克”（Roke）9 月 28 日—10 月 5 日中心位置和强度

年	月	日	时	中心位置		中心气压 /hPa	最大风速 /（m/s）
				北纬 /°N	东经 /°E		
2022	9	28	08	21.2	132.4	1002	15
	9	28	14	21.9	132.1	1002	15
	9	28	20	23.1	131.7	1000	18
	9	29	02	23.9	131.6	995	23
	9	29	08	25.0	131.6	990	28
	9	29	14	25.8	132.2	980	33
	9	29	20	26.6	133.1	965	40
	9	30	02	27.5	134.4	970	38
	9	30	08	28.2	136.0	970	38
	9	30	14	29.1	138.1	980	33
	9	30	20	30.1	140.4	985	30
	10	1	02	31.0	142.5	985	30
	10	1	08	31.8	144.4	990	28
	10	1	14	33.0	146.5	990	28
	10	1	20	34.2	148.4	990	28
	10	2	02	35.8	150.3	990	28
△	10	2	08	36.7	152.1	990	28
	10	2	14	37.0	154.5	995	25
	10	2	20	37.0	156.2	995	25
	10	3	02	37.0	157.3	995	25

年	月	日	时	中心位置		中心气压 /hPa	最大风速 /（m/s）
				北纬 /°N	东经 /°E		
2022	10	3	08	37.0	158.1	998	23
	10	3	14	37.1	158.3	998	23
	10	3	20	37.2	158.2	1000	20
	10	4	02	37.4	158.0	1000	20
	10	4	08	37.4	158.1	1002	18
	10	4	14	37.8	159.3	1002	18
	10	4	20	38.6	160.6	1004	15
	10	5	02	39.3	162.2	1004	15
	10	5	08	40.0	163.8	1004	15
	10	5	14	41.3	165.9	1006	13
	10	5	20	42.7	168.3	1006	13
消散							

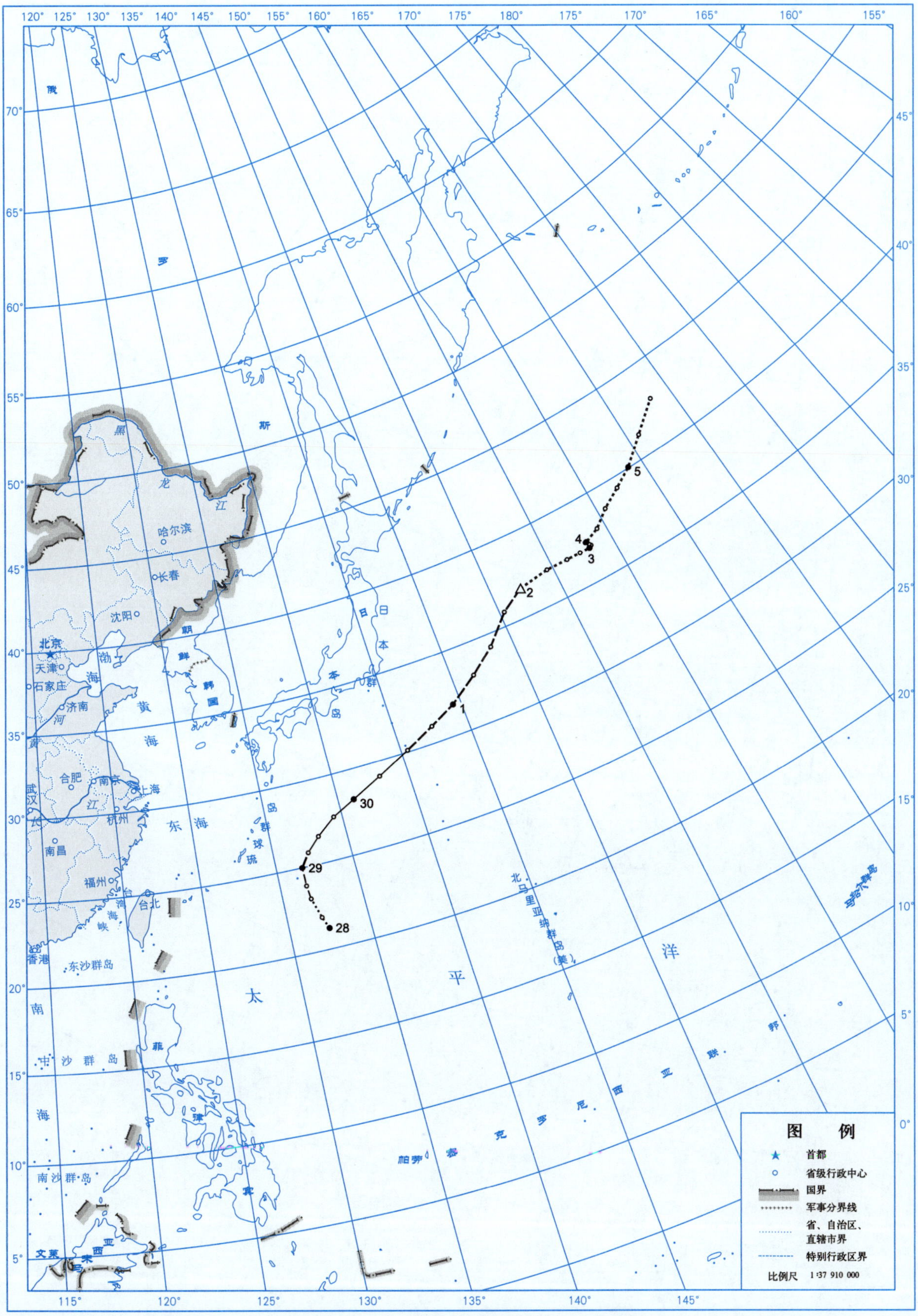

图 2.20.1　2218号台风“洛克”（Roke）路径

图 2.20.2　2218号台风“洛克”（Roke）大风区域演变

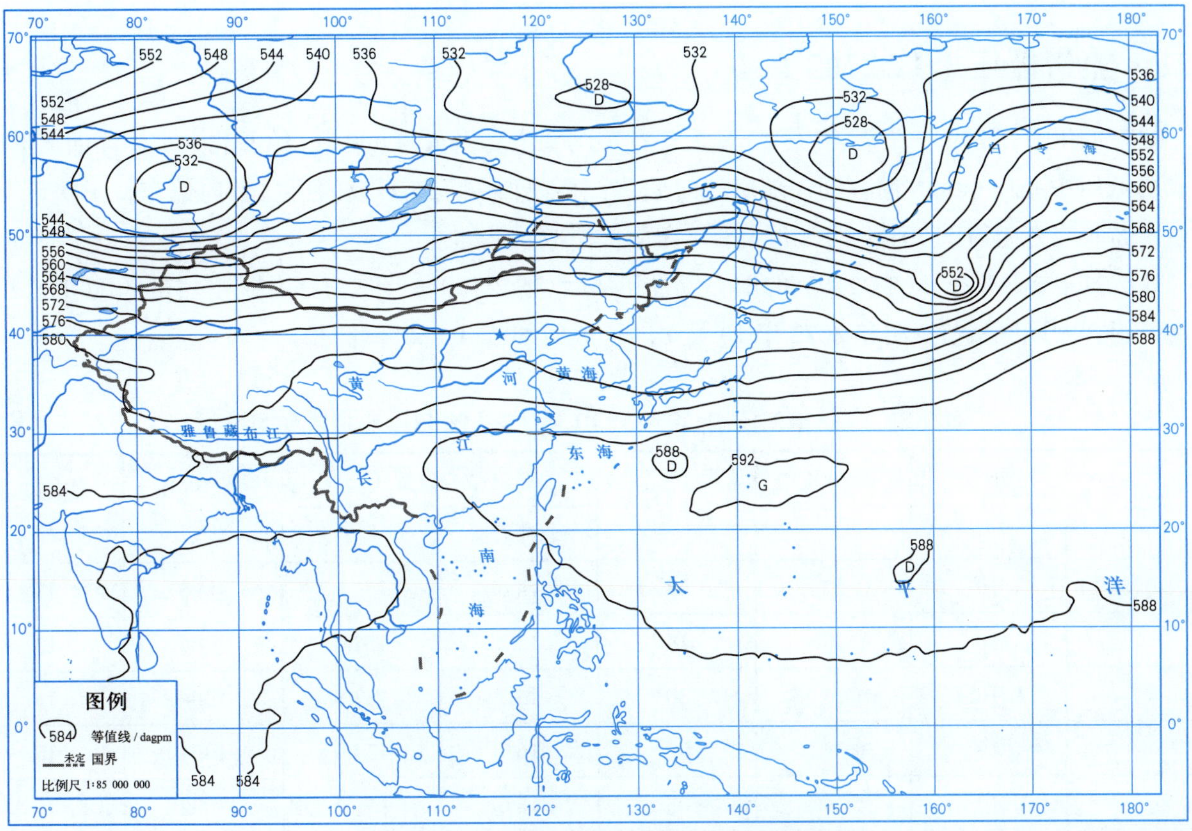

图 2.20.3　2022年9月29日20时500 hPa高度场

2.21 热带低压（TD2203）

热带低压（TD2203）是于 10 月 13 日上午在美国塞班岛以东约 600 km 的西北太平洋洋面上形成。形成后低压中心向东北方向移动，随后转向偏北，移速加快，15 日夜间再次转向偏东，于次日上午在中途岛西北方向约 1150 km 的西北太平洋洋面上消散。

表 2.21.1 是热带低压（TD2203）的中心位置和强度。图 2.21.1 ～图 2.21.3 分别是热带低压（TD2203）的路径图、大风区域演变图和 2022 年 10 月 14 日 08 时 500 hPa 高度场图。

表 2.21.1 热带低压 (TD2203) 10 月 13—16 日中心位置和强度

年	月	日	时	中心位置		中心气压 /hPa	最大风速 /（m/s）
				北纬 /°N	东经 /°E		
2022	10	13	08	14.6	151.3	1006	13
	10	13	14	15.2	152.6	1006	13
	10	13	20	15.7	153.8	1004	15
	10	14	02	16.7	154.9	1004	15
	10	14	08	18.6	155.9	1002	15
	10	14	14	21.2	156.8	1002	15
	10	14	20	23.6	157.3	1000	15
	10	15	02	26.6	158.0	1000	15
	10	15	08	29.6	158.5	1002	15
	10	15	14	32.4	160.0	1004	15
	10	15	20	34.7	163.0	1004	15
	10	16	02	35.9	166.8	1006	13
	10	16	08	36.5	170.0	1006	13
消散							

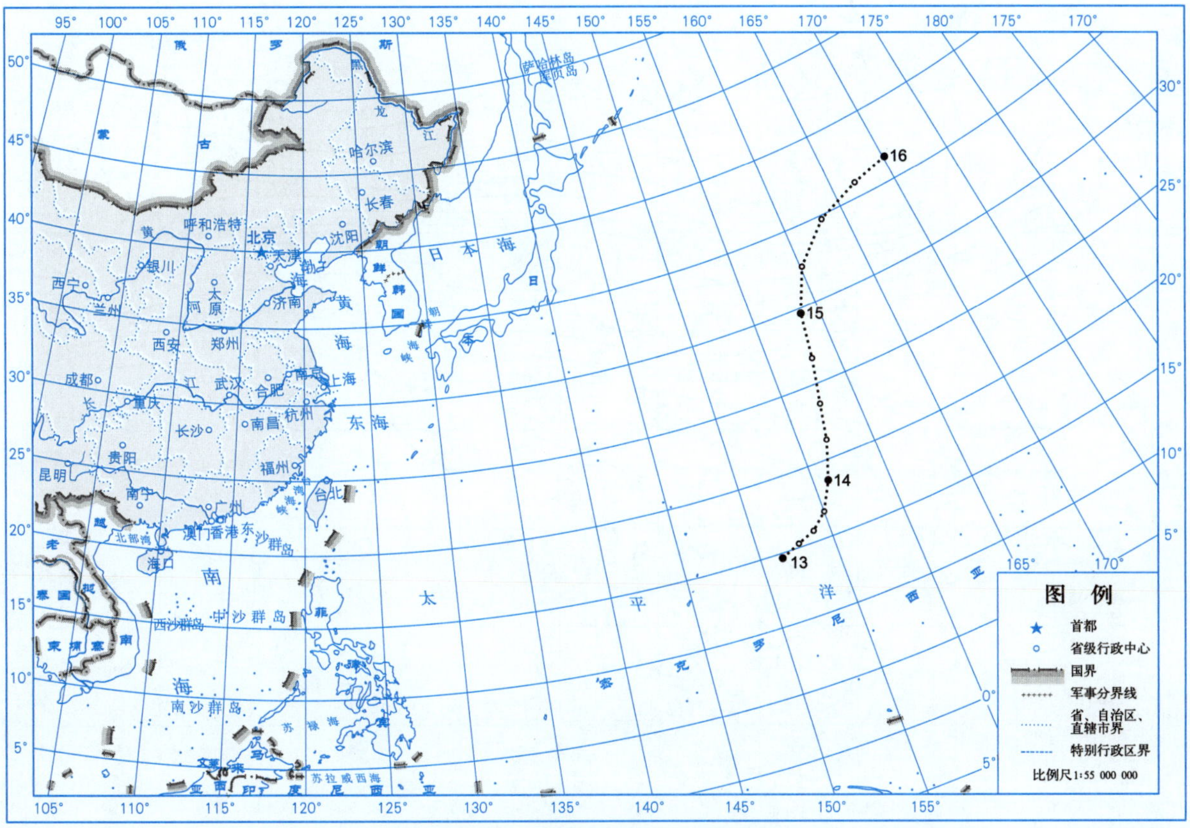

图 2.21.1　热带低压（TD2203）路径

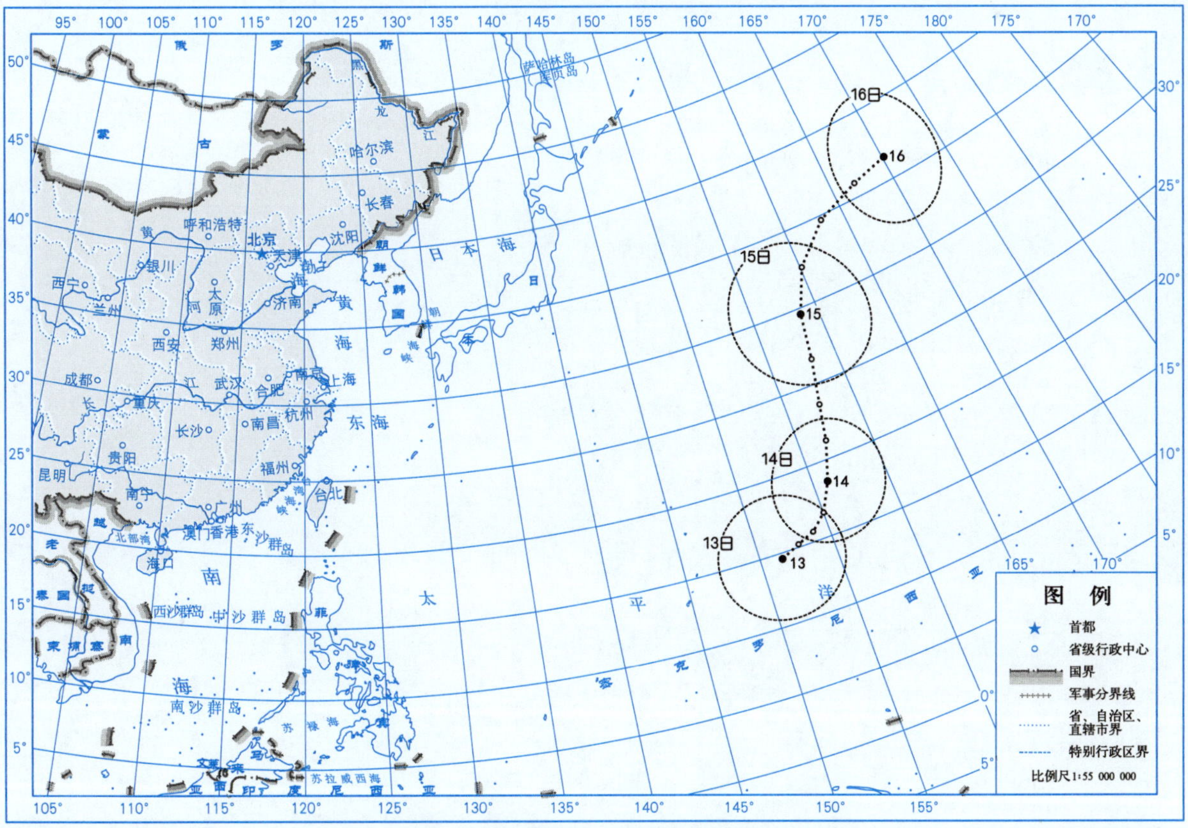

图 2.21.2　热带低压（TD2203）大风区域演变

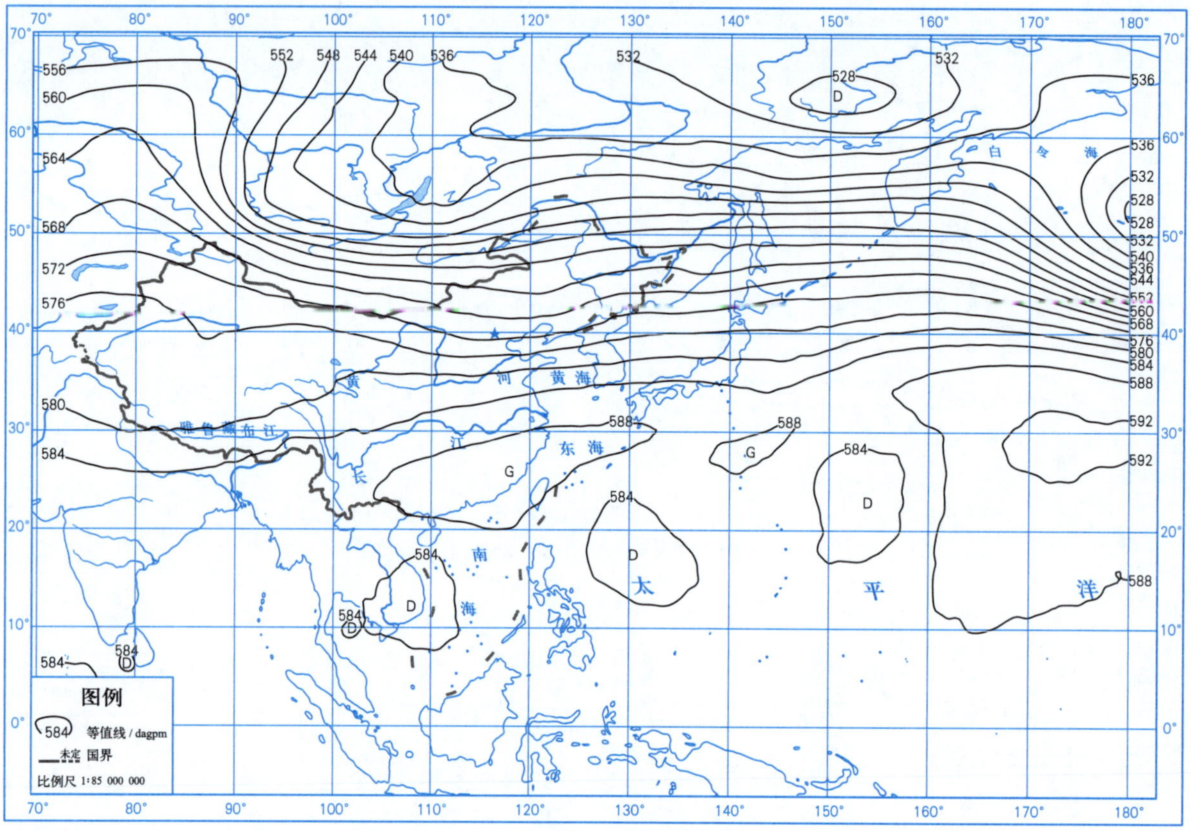

图 2.21.3　2022年10月14日08时500 hPa高度场

2.22　2219 号热带风暴“桑卡”（Sonca）

第 2219 号热带风暴“桑卡”是由 10 月 13 日下午位于中沙群岛以南约 310 km 的南海海面上一个热带低压发展形成。形成后低压中心向西北方向移动，14 日下午发展为热带风暴，其后强度维持，于 15 日凌晨在越南广义省沿海登陆，随后强度减弱，下午在老挝境内消散。

受热带风暴“桑卡”和冷空气共同影响，10 月 14—15 日，海南珊瑚出现最大风力 6 级、阵风 8 级；海南三亚出现最大风力 8 级（17.2 m/s）、阵风 11 级（28.7 m/s），为本次热带风暴影响过程风极值。

受“桑卡”和冷空气共同影响，10 月 13—15 日，海南局部总雨量为 10 ~ 17mm；海南西沙总雨量 101.1 mm；海南珊瑚总雨量 140.3 mm，14 日雨量 88.3 mm，14 日 07 时雨量 23.9 mm，分别为本次热带风暴影响过程总雨量、日雨量及时雨量极值。

表 2.22.1 是热带风暴“桑卡”的中心位置和强度。图 2.22.1 ~图 2.22.8 分别是热带风暴“桑卡”的路径图、总降水量图、大风分布图、总降水日数图、2022 年 10 月 13—14 日的日降水量图、大风区域演变图和 2022 年 10 月 14 日 20 时 500 hPa 高度场图。

表 2.22.1　2219 号热带风暴“桑卡”（Sonca）10 月 13—15 日中心位置和强度

年	月	日	时	中心位置		中心气压 /hPa	最大风速 /（m/s）
				北纬 /°N	东经 /°E		
2022	10	13	14	12.8	113.8	1002	13
	10	13	20	13.3	113.3	1000	15
	10	14	02	13.7	112.7	1000	15
	10	14	08	14.1	112.0	1000	15
	10	14	14	14.2	111.4	998	18
	10	14	20	14.9	110.3	998	18
	10	15	02	15.2	109.0	998	18
	10	15	08	15.4	108.0	1004	15
	10	15	14	15.5	107.2	1006	13
	10	13	14	12.8	113.8	1002	13
	10	13	20	13.3	113.3	1000	15
	10	14	02	13.7	112.7	1000	15
	10	14	08	14.1	112.0	1000	15
	10	14	14	14.2	111.4	998	18
	10	14	20	14.9	110.3	998	18
	10	15	02	15.2	109.0	998	18

（续表）

年	月	日	时	中心位置		中心气压 /hPa	最大风速 /（m/s）
				北纬 /°N	东经 /°E		
2022	10	15	08	15.4	108.0	1004	15
	10	15	14	15.5	107.2	1006	13
消散							

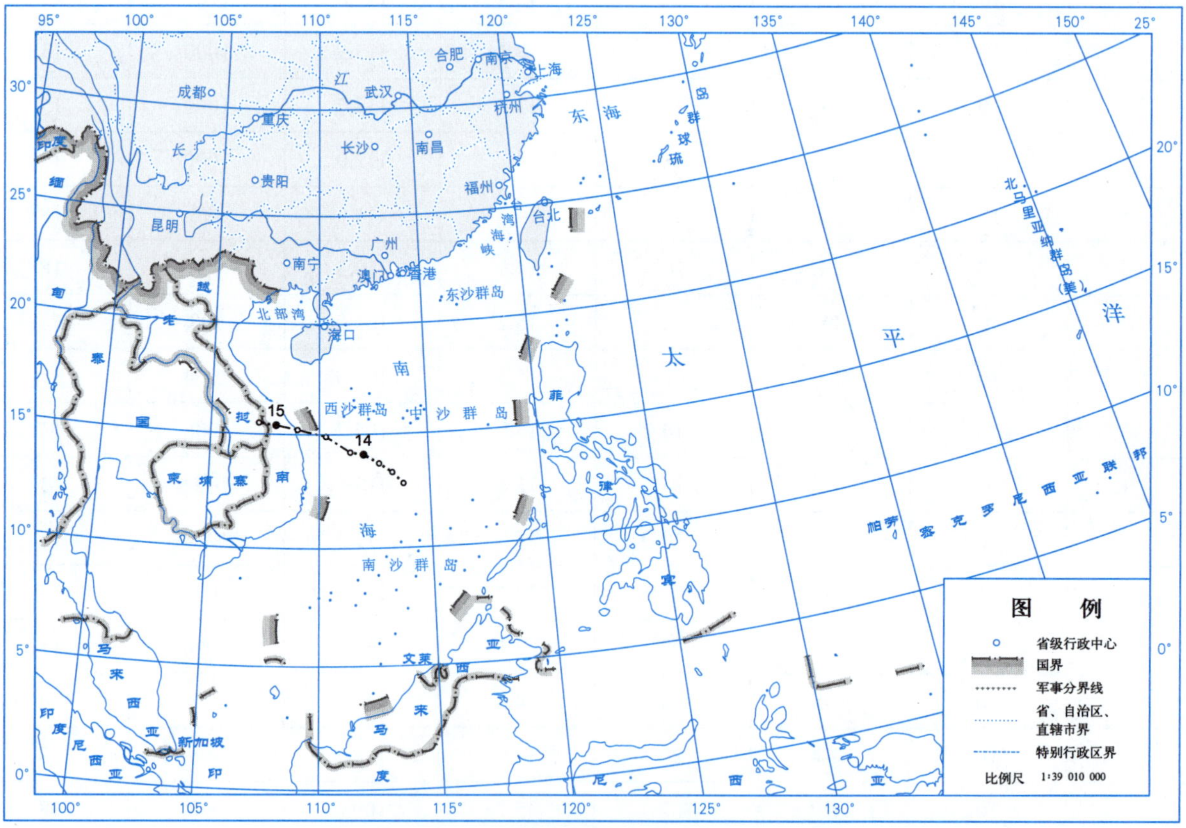

图 2.22.1　2219号热带风暴“桑卡”（Sonca）路径

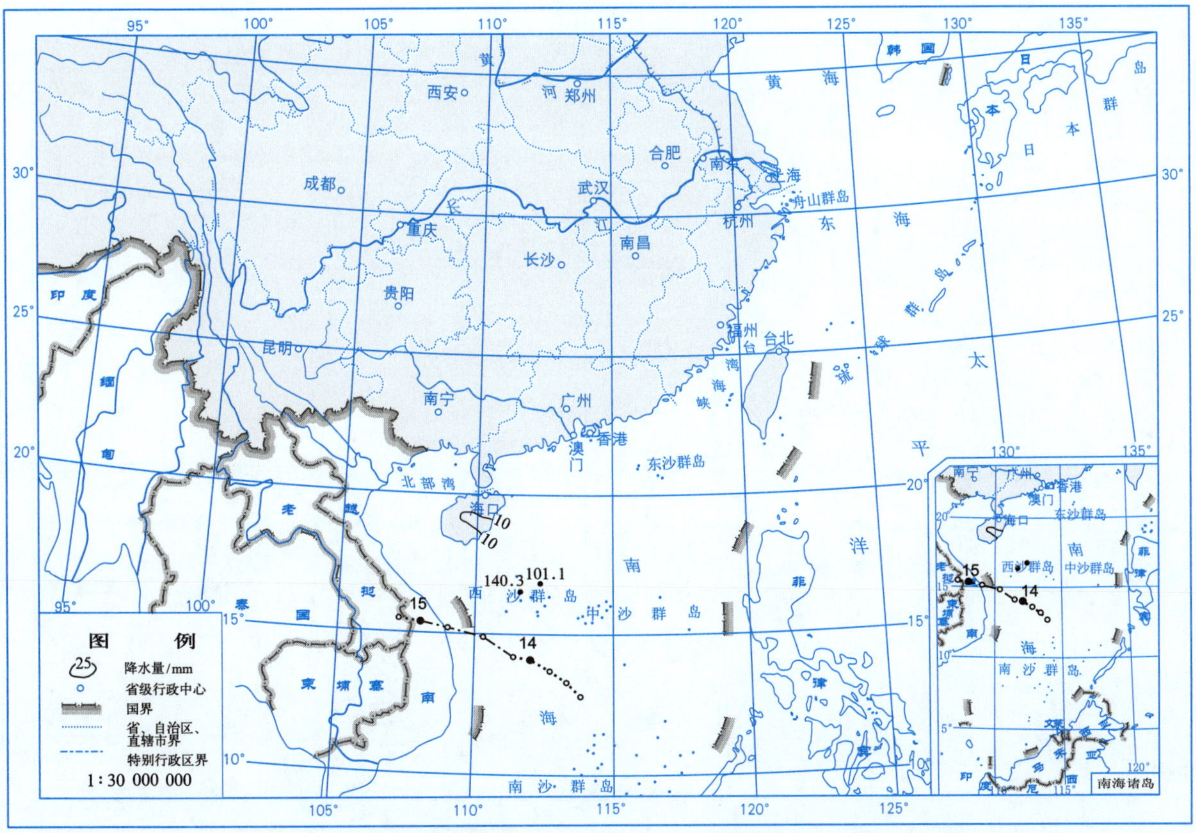

图 2.22.2 2219号热带风暴“桑卡”（Sonca）总降水量（10月13—15日）

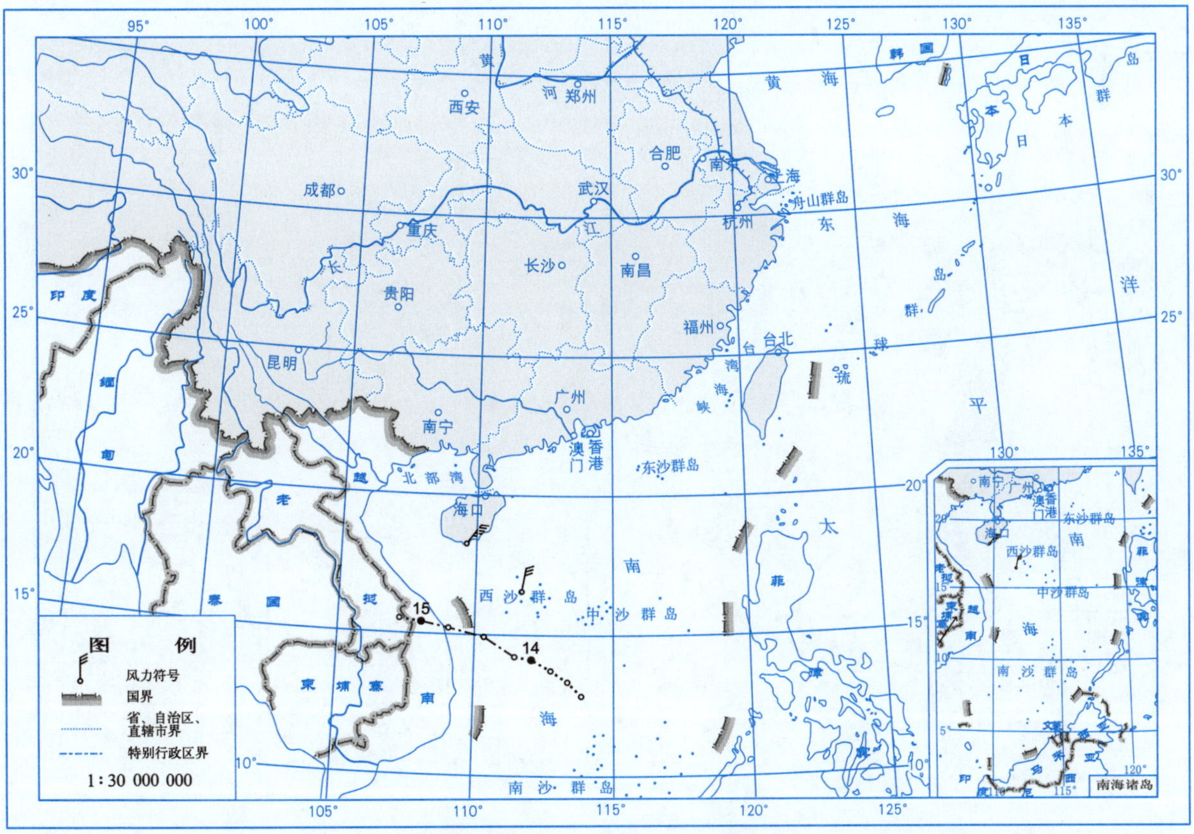

图 2.22.3 2219号热带风暴“桑卡”（Sonca）大风分布（10月14—15日）

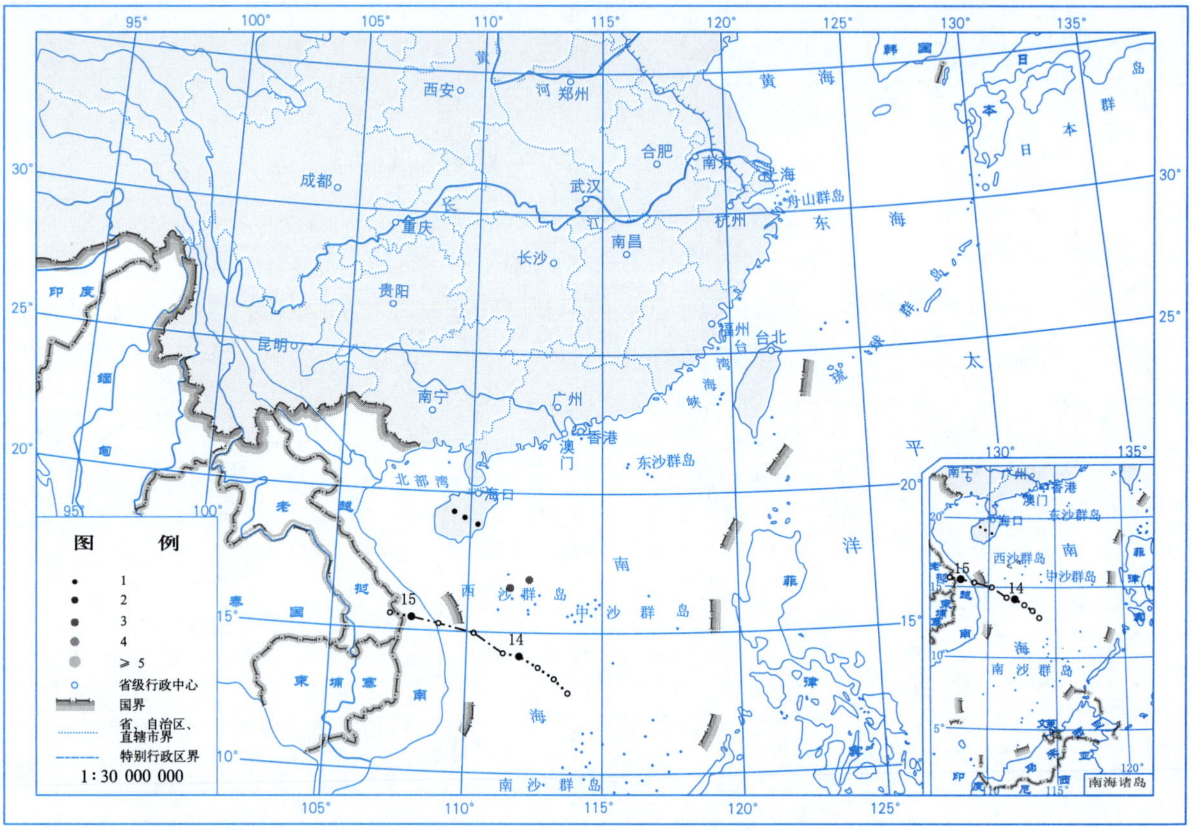

图 2.22.4　2219号热带风暴“桑卡”（Sonca）总降水日数（单位：d）

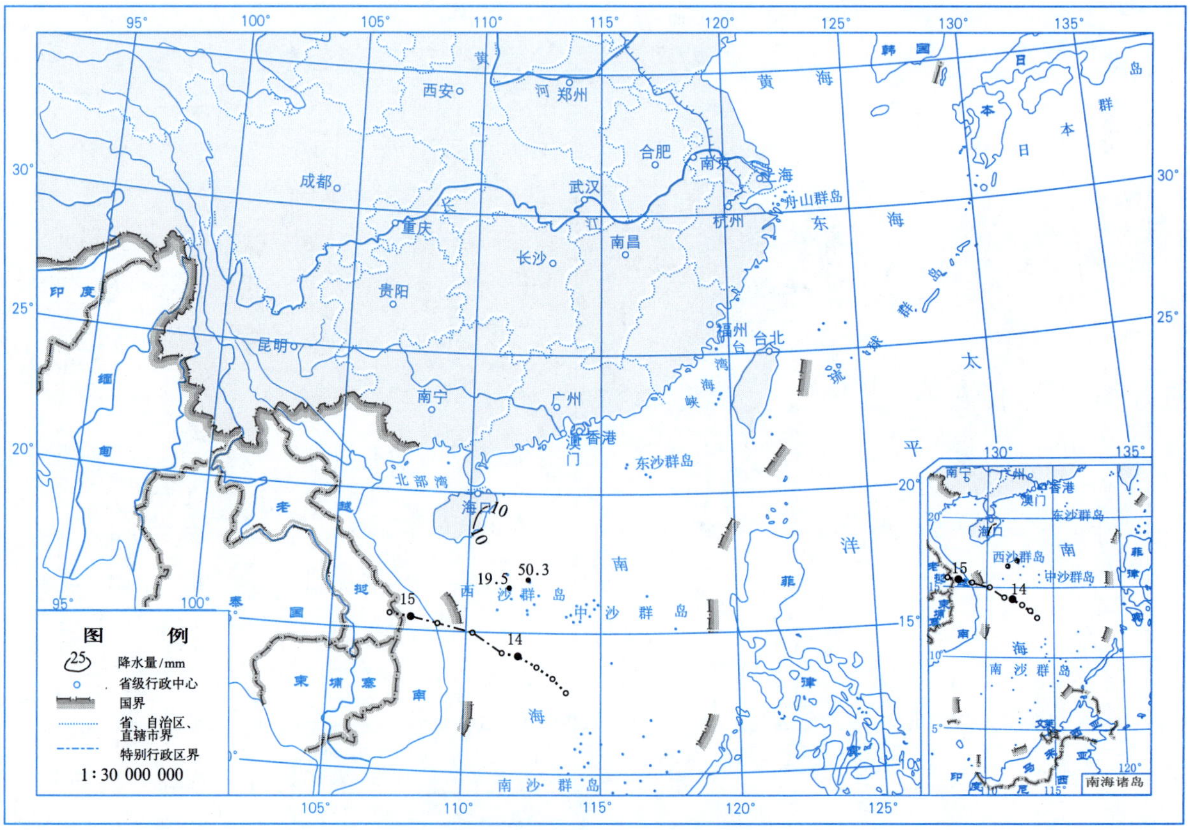

图 2.22.5　2022年10月13日的日降水量

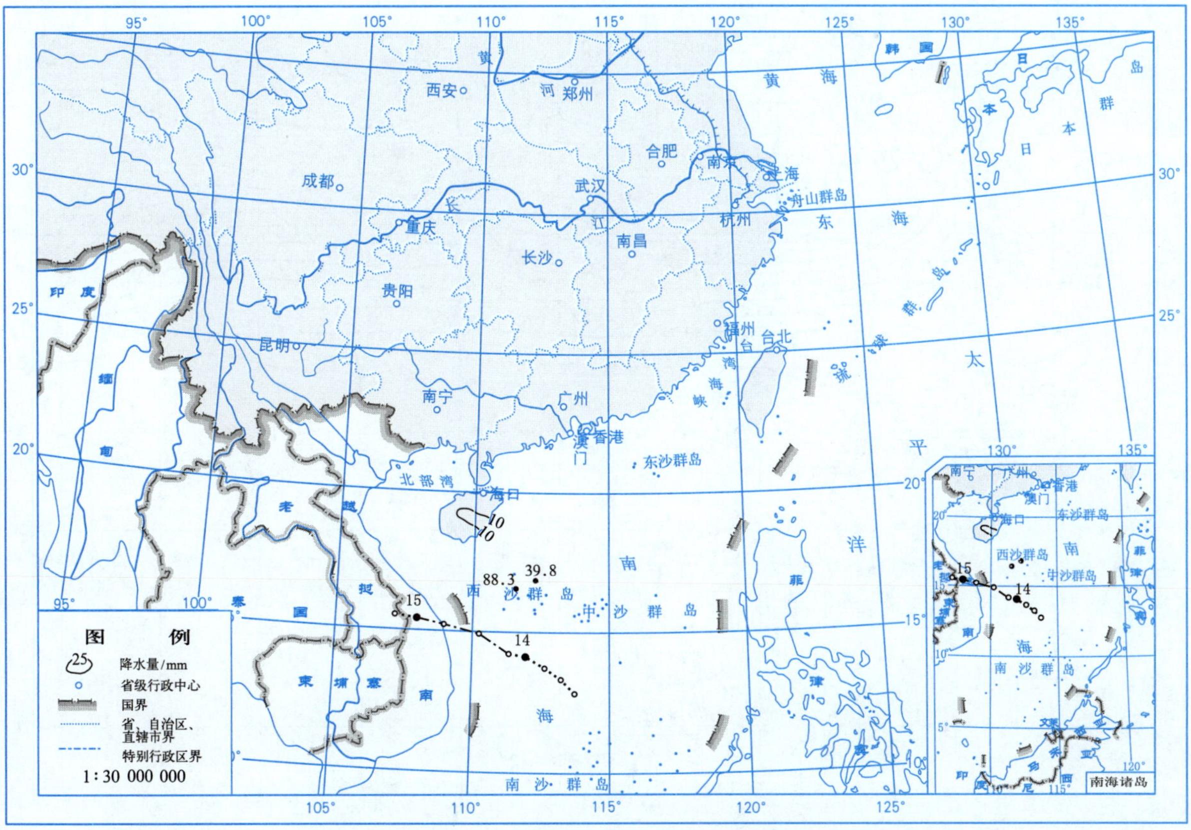

图 2.22.6　2022年10月14日的日降水量

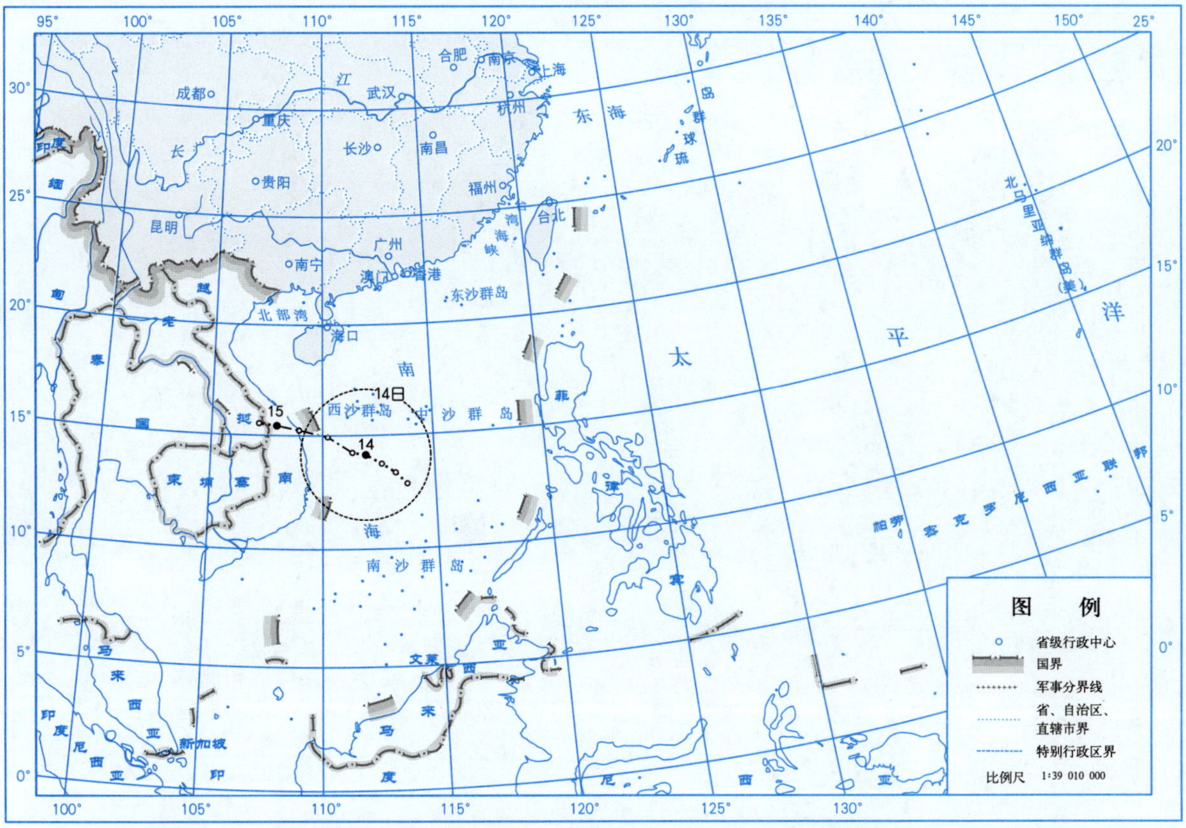

图 2.22.7　2219号热带风暴“桑卡”（Sonca）大风区域演变

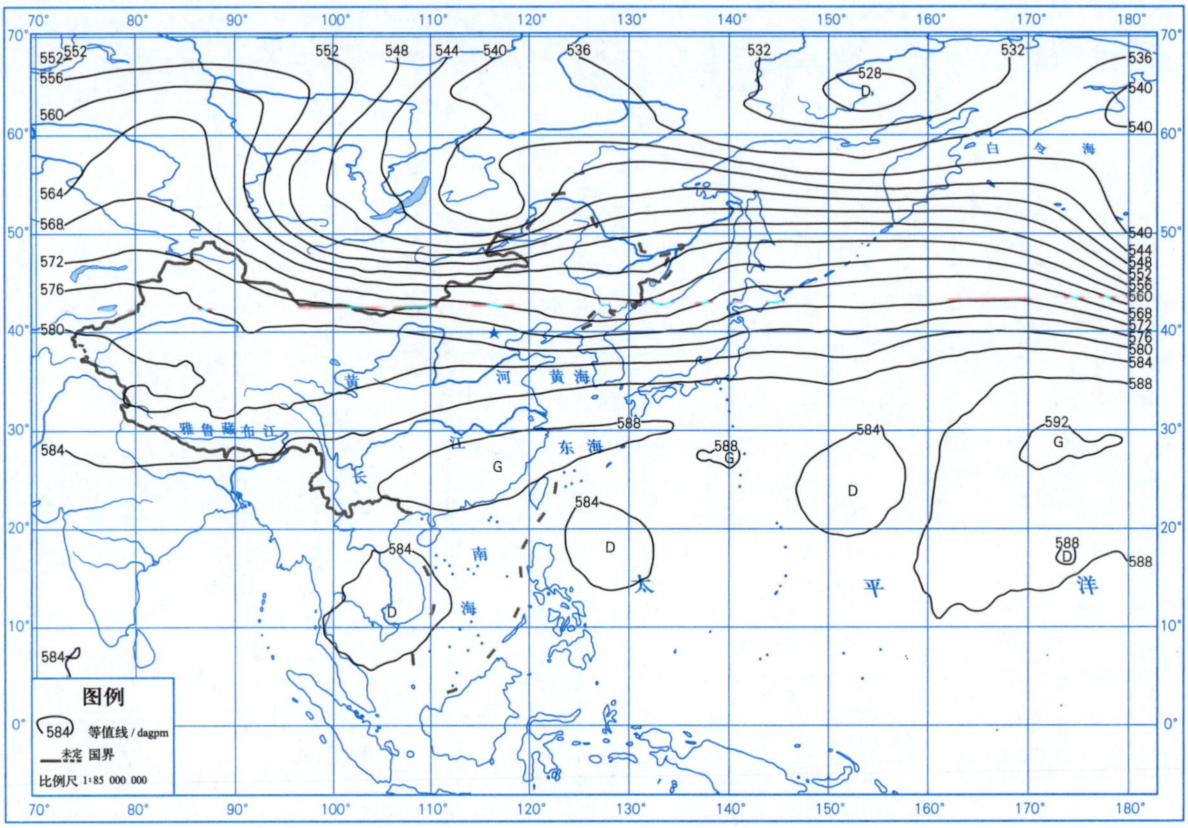

图 2.22.8　2022年10月14日20时500 hPa高度场

2.23　2220 号强台风“纳沙”(Nesat)

第 2220 号强台风“纳沙”是由 10 月 15 日凌晨位于泰国吕宋岛东偏北约 550 km 的西北太平洋洋面上一个热带低压发展形成。形成后低压中心向偏西方向移动，15 日下午发展为热带风暴，次日快速增强为台风，并穿过巴士海峡进入南海海域。进入南海后，“纳沙”逐渐转向西偏南方向移动，强度继续增强至强台风，随后 18 日夜间在西沙群岛附近减弱为台风，之后转向西行，强度持续减弱，于 20 日下午在我国海南岛西南方向的南海海面上减弱消散（表 2.23.1）。

受强台风“纳沙”和冷空气共同影响，10 月 15—20 日，海南局部、广西局部、广东中东部部分、福建沿海部分、江西瑞金、浙江玉环出现最大风力 6 ~ 7 级、阵风 7 ~ 10 级；海南西沙、广东上川岛、福建东山和九仙山出现最大风力 8 级阵风 9 ~ 11 级；其中，福建东山出现最大风力 8 级（19.6 m/s）、阵风 10 级（24.7 m/s），广东上川岛出现最大风力 8 级（17.7 m/s）、阵风 11 级（28.5 m/s），为本次强台风影响过程风极值。

受其影响，10 月 15—21 日，海南西南部分、广东西南部沿海部分、广西西南部部分、云南富宁、福建九仙山和长乐总雨量为 10 ~ 50 mm；海南局部、广西西南部局部、广东徐闻总雨量为 50 ~ 150 mm；海南东部大部总雨量为 150 ~ 282 mm；海南屯昌总雨量 378.2 mm，海南定安 20 日雨量 201.6 mm，海南文昌 20 日 04 时 52.6 mm，分别为本次强台风影响过程总雨量、日雨量及时雨量极值。

受强台风“纳沙”西南行外围云系影响，10 月 18 日，海南东部和广东西南部沿海出现中到大雨；19—20 日，“纳沙”转向西北行，海南中东部连续 2 日出现大到暴雨，东部部分地区出现大暴雨，广西南部和西部出现中到大雨；21 日，“纳沙”残留涡旋仍给海南带来大到暴雨。

受其影响，造成海南省出现了一定程度的灾情。总计受灾 4.26 万人，紧急转移避险 1.97 万人，紧急转移安置 0.71 万人，农作物受灾面积 0.19 万 hm^2，农作物绝收面积 0.043 万 hm^2，直接经济损失 0.78 亿元（表 2.23.2）。

图 2.23.1 ~图 2.23.12 分别是强台风“纳沙”的路径图、总降水量图、大风分布图、总降水日数图、2022 年 10 月 16—21 日的日降水量图、大风区域演变图和 2022 年 10 月 18 日 14 时 500 hPa 高度场图。

表 2.23.1　2220 号强台风“纳沙”(Nesat) 10 月 15—20 日中心位置和强度

年	月	日	时	中心位置		中心气压 /hPa	最大风速 /（m/s）
				北纬 /°N	东经 /°E		
2022	10	15	02	19.1	126.9	1002	13
	10	15	08	18.9	125.3	1000	15
	10	15	14	18.7	124.0	998	18
	10	15	20	18.8	123.2	995	20
	10	16	02	19.1	122.3	990	23
	10	16	08	19.3	121.2	985	25

（续表）

年	月	日	时	中心位置		中心气压 /hPa	最大风速 /（m/s）
				北纬 /°N	东经 /°E		
2022	10	16	14	19.6	120.0	975	33
	10	16	20	19.8	118.9	970	35
	10	17	02	19.9	117.7	970	35
	10	17	08	19.8	116.9	970	35
	10	17	14	19.5	116.3	965	38
	10	17	20	19.1	115.5	955	42
	10	18	02	18.7	114.5	955	42
	10	18	08	18.2	113.7	955	42
	10	18	14	18.0	113.1	955	42
	10	18	20	17.6	112.4	965	38
	10	19	02	17.4	111.8	975	33
	10	19	08	17.1	110.9	980	28
	10	19	14	17.0	110.1	990	23
	10	19	20	17.2	109.2	998	18
	10	20	02	17.3	108.8	998	18
	10	20	08	17.5	108.4	1000	15
	10	20	14	17.7	108.1	1002	13
消散							

表 2.23.2　2220 号强台风“纳沙”（Nesat）在海南省引发的灾情

受灾省（区、市）	受灾人口 / 万人	死亡人口 / 人	失踪人口 / 人	紧急避险转移人口 / 万人	紧急转移安置人口 / 万人	农作物		倒塌房屋 / 万间	直接经济损失 / 亿元
						受灾面积 / 万 hm^2	绝收面积 / 万 hm^2		
海南省	4.26	0	0	1.97	0.71	0.19	0.043	0	0.78
合计	4.26	0	0	1.97	0.71	0.19	0.043	0	0.78

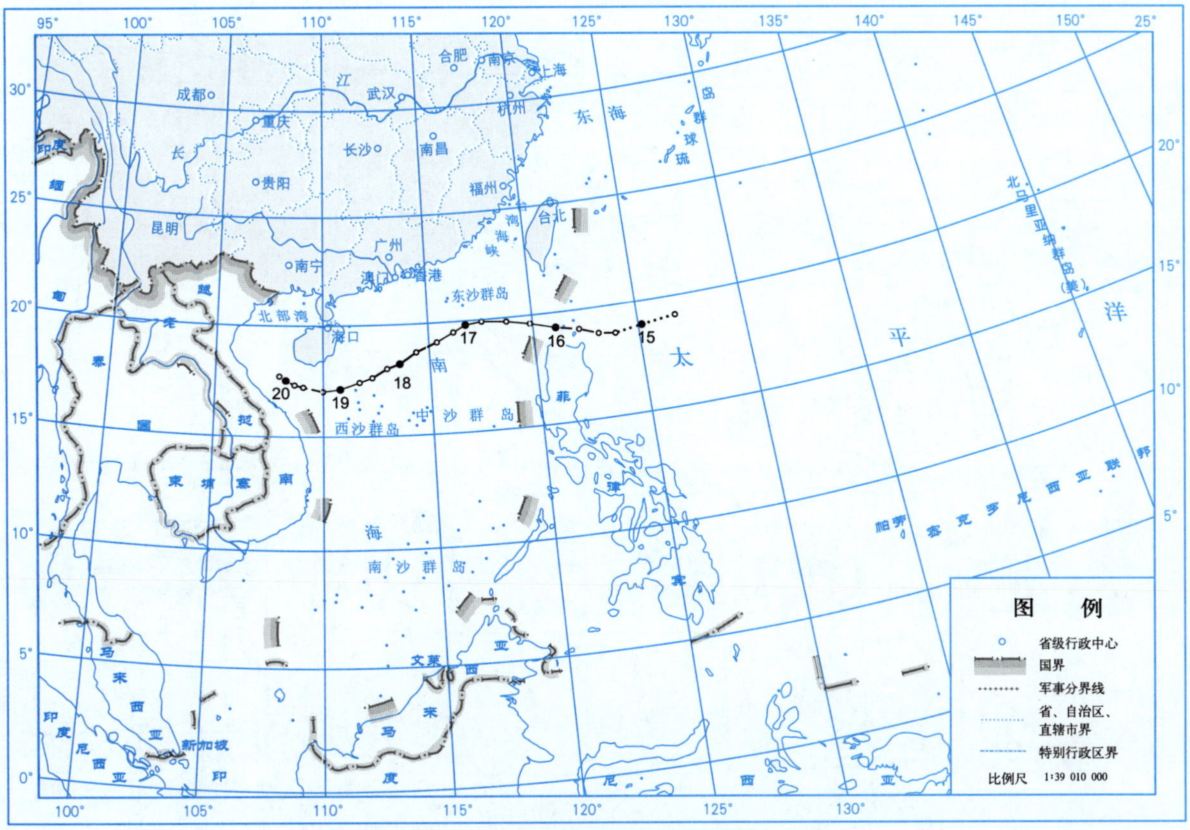

图 2.23.1　2220号强台风“纳沙”（Nesat）路径

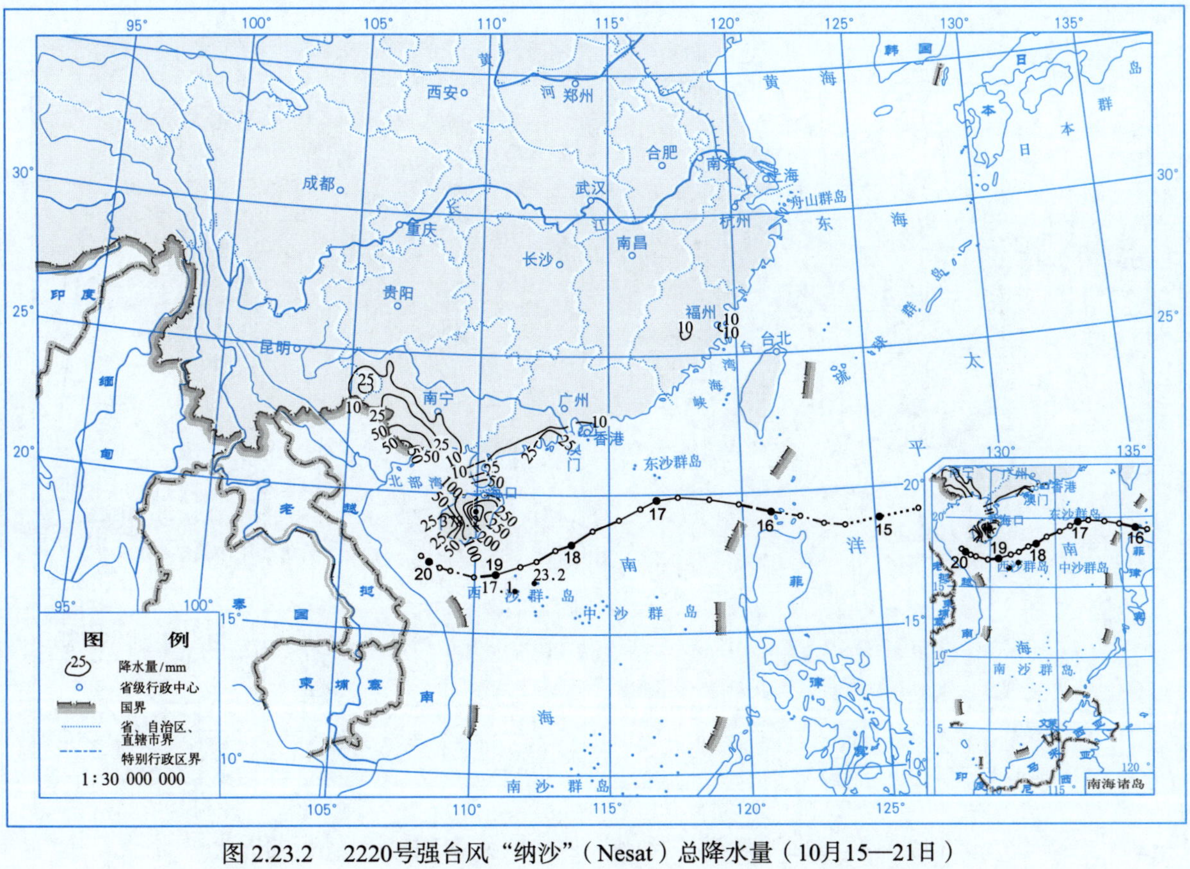

图 2.23.2　2220号强台风“纳沙”（Nesat）总降水量（10月15—21日）

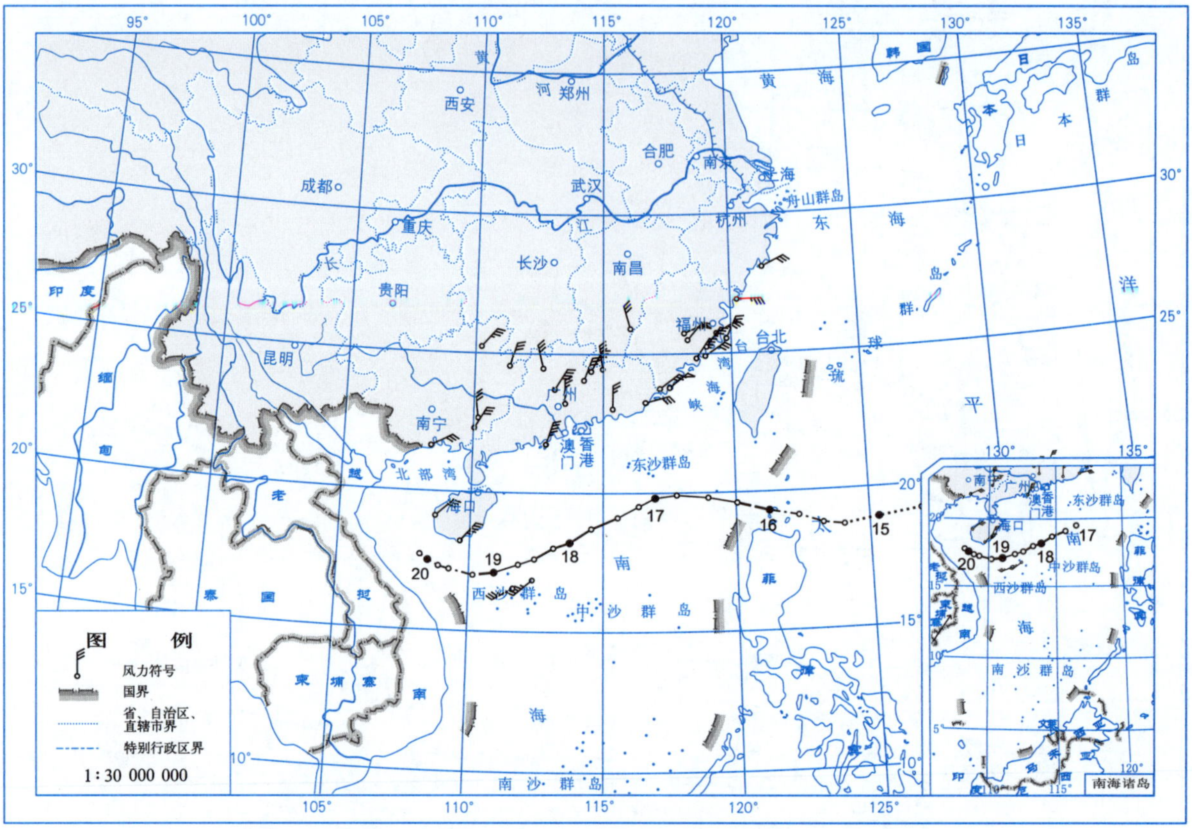

图 2.23.3　2220号强台风“纳沙”（Nesat）大风分布（10月15—20日）

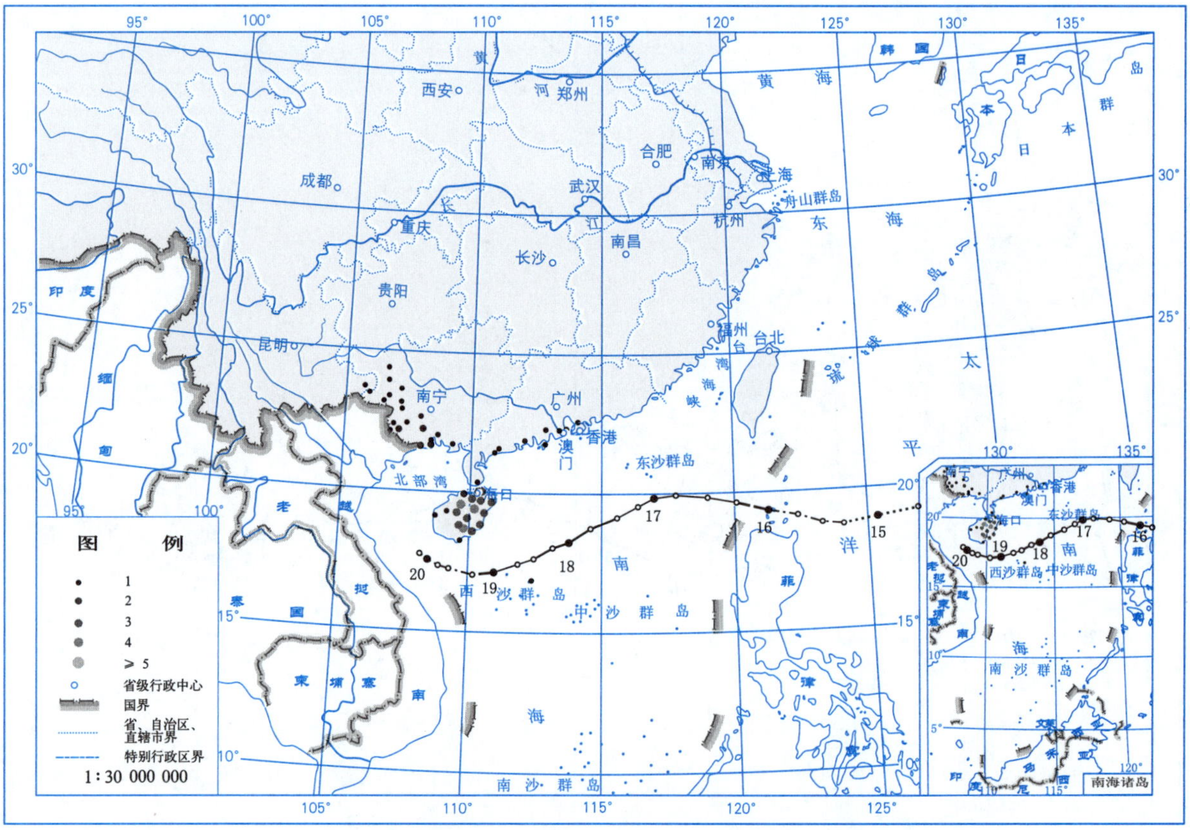

图 2.23.4　2220号强台风“纳沙”（Nesat）总降水日数（单位：d）

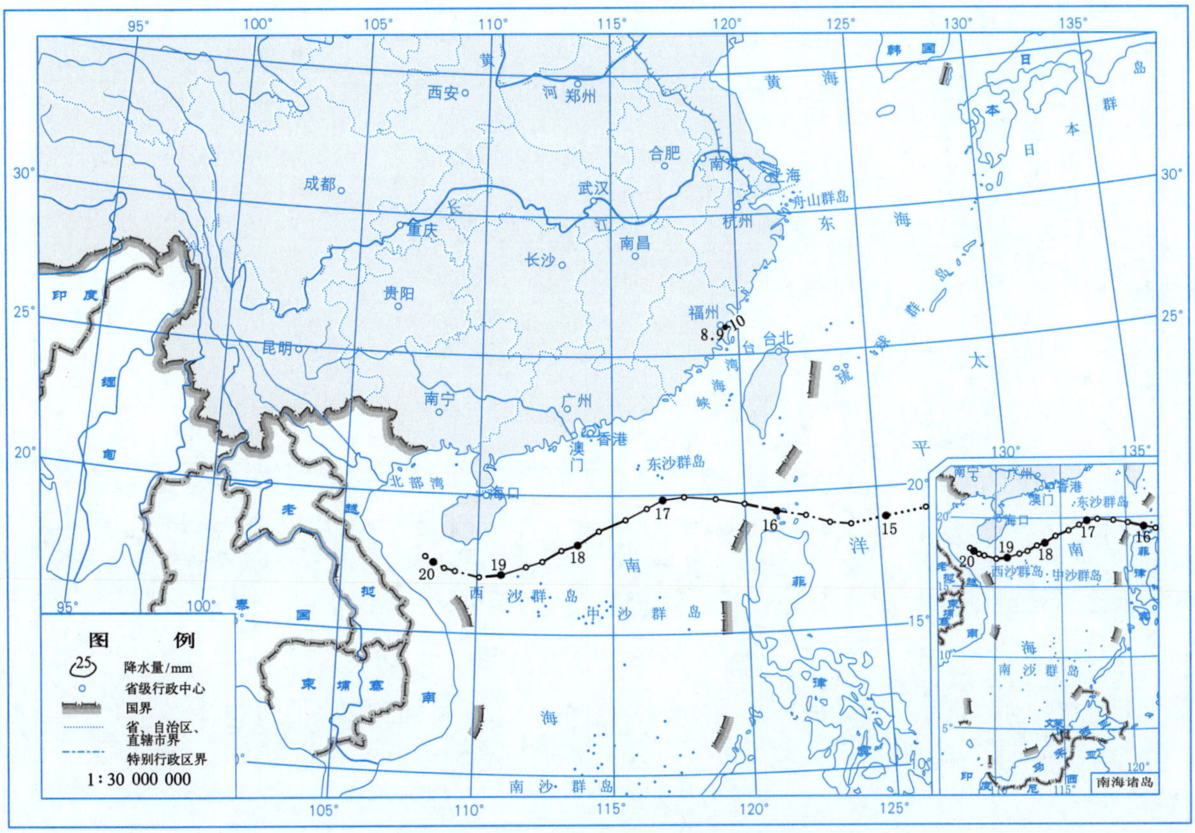

图 2.23.5　2022年10月16日的日降水量

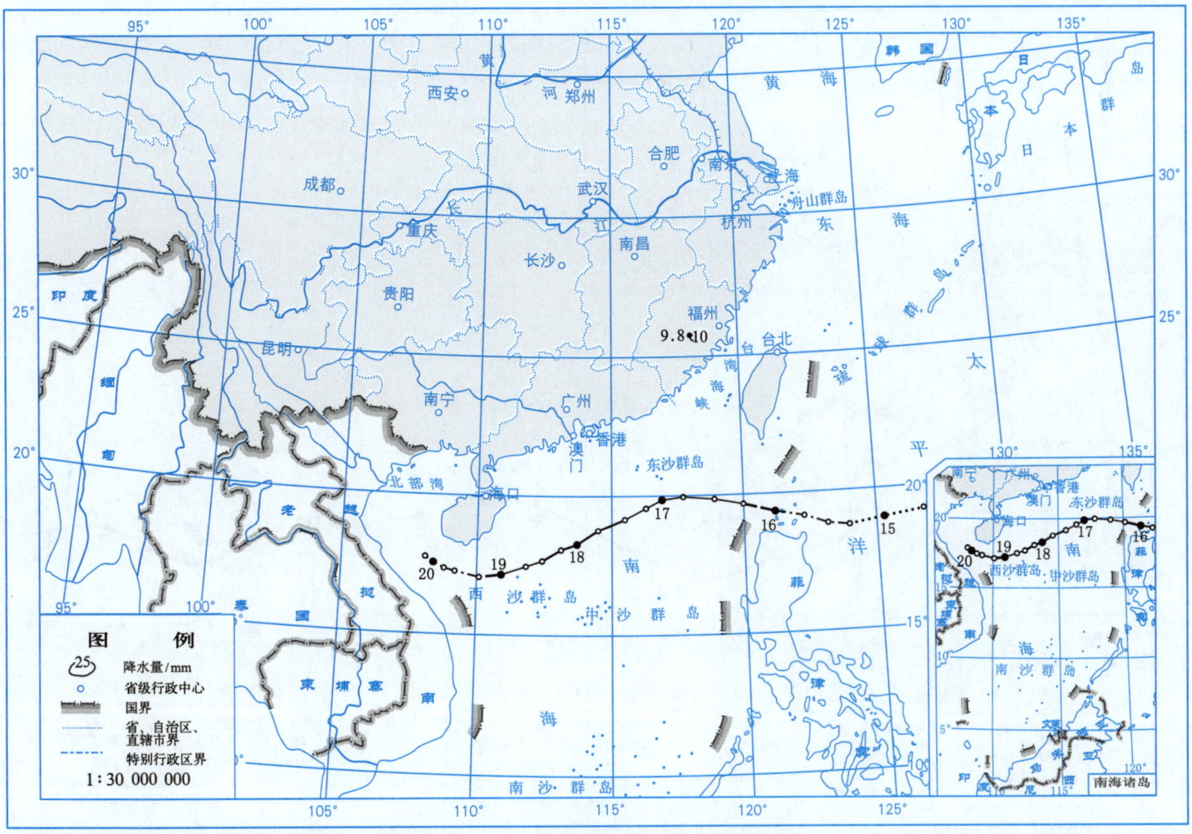

图 2.23.6　2022年10月17日的日降水量

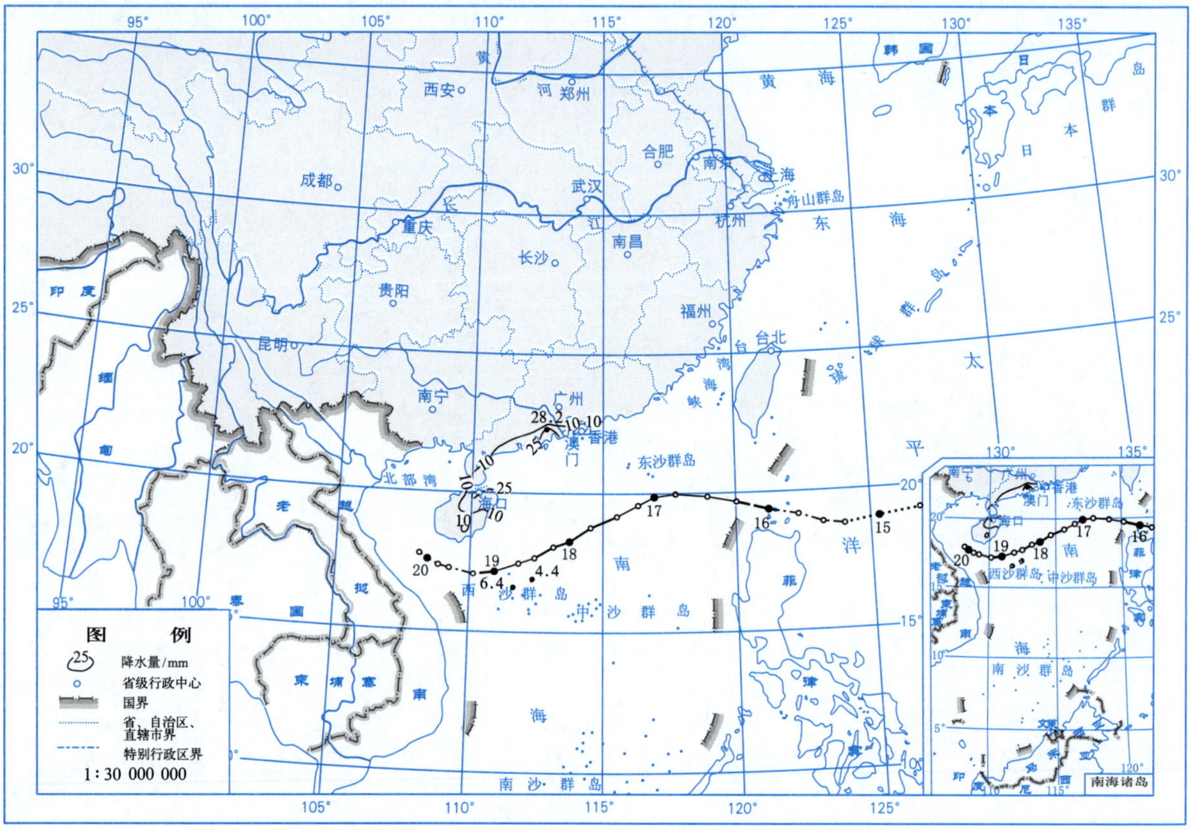

图 2.23.7　2022年10月18日的日降水量

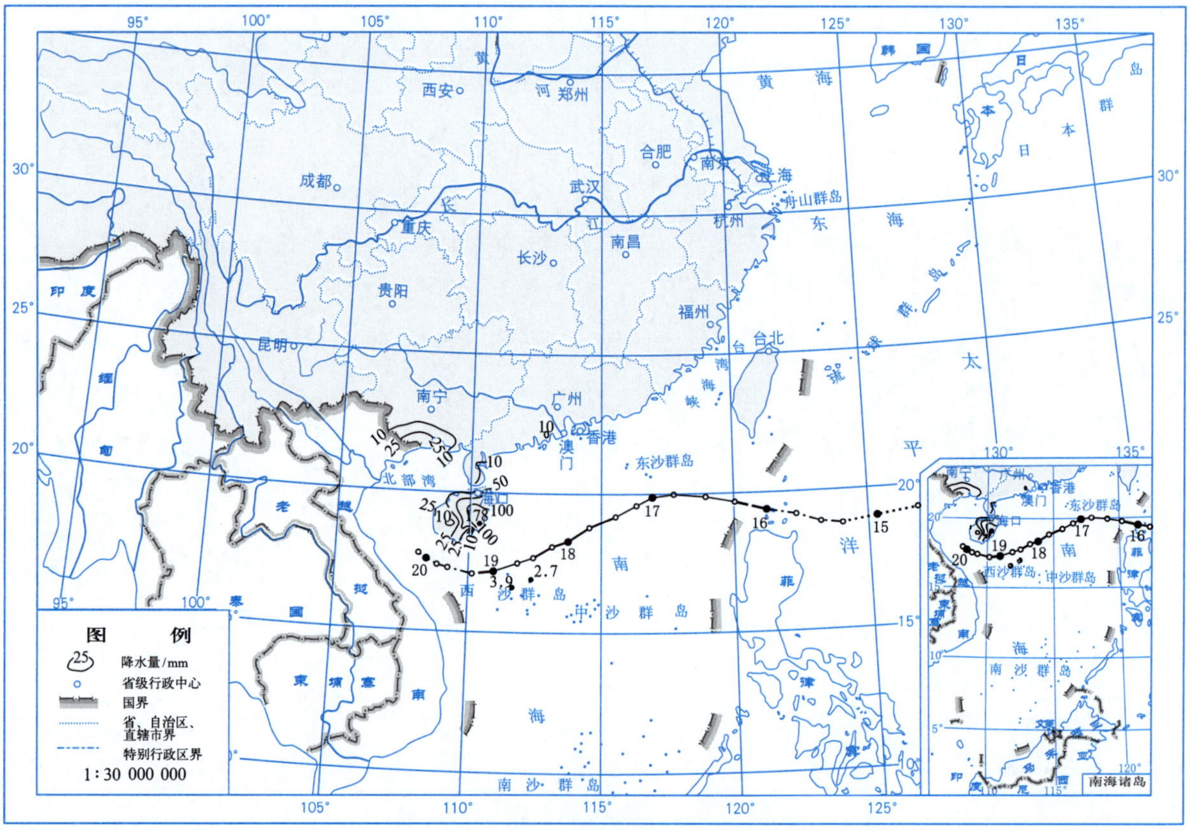

图 2.23.8　2022年10月19日的日降水量

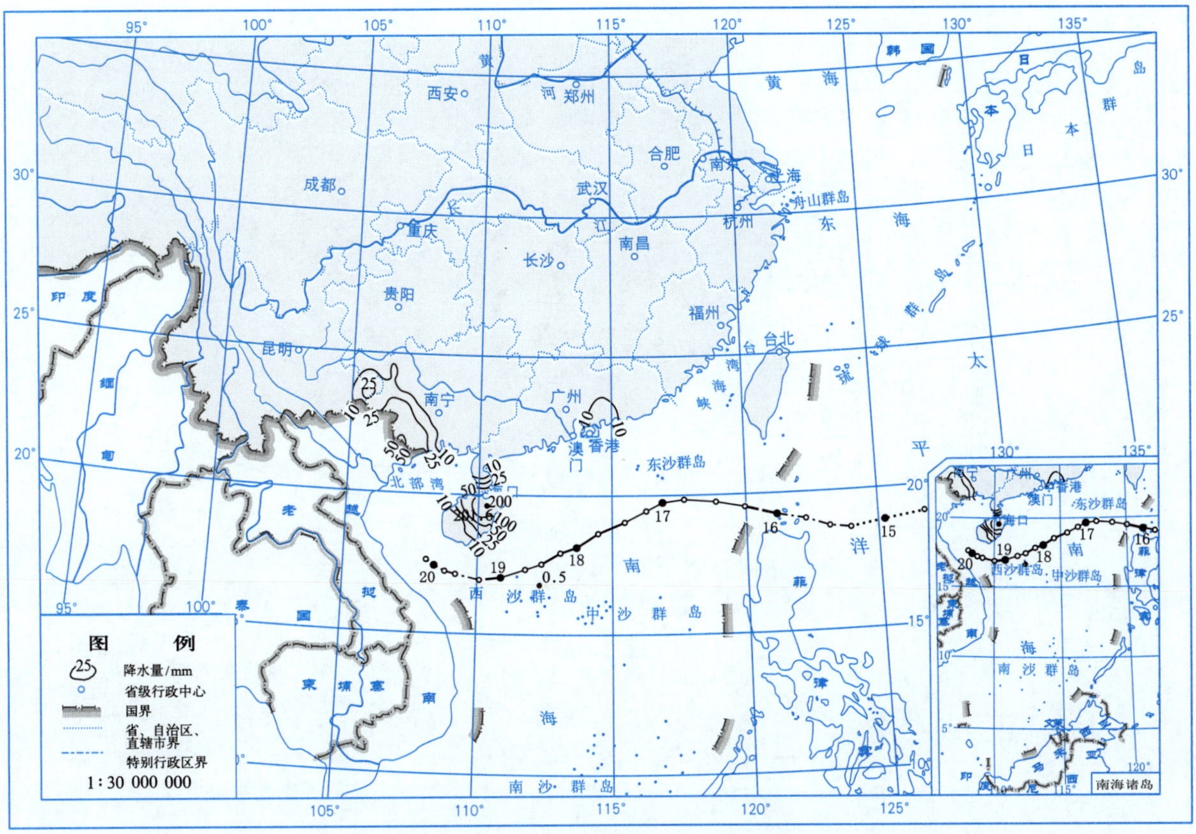

图 2.23.9　2022年10月20日的日降水量

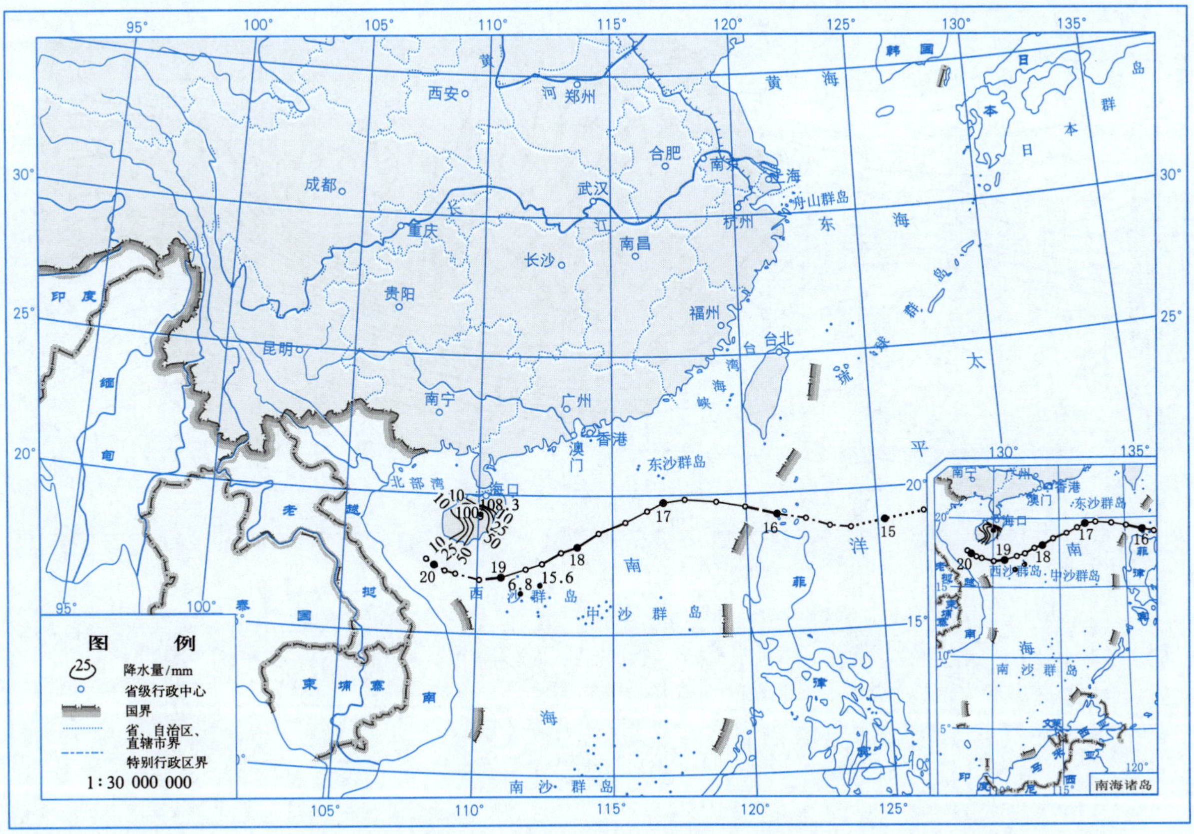

图 2.23.10　2022年10月21日的日降水量

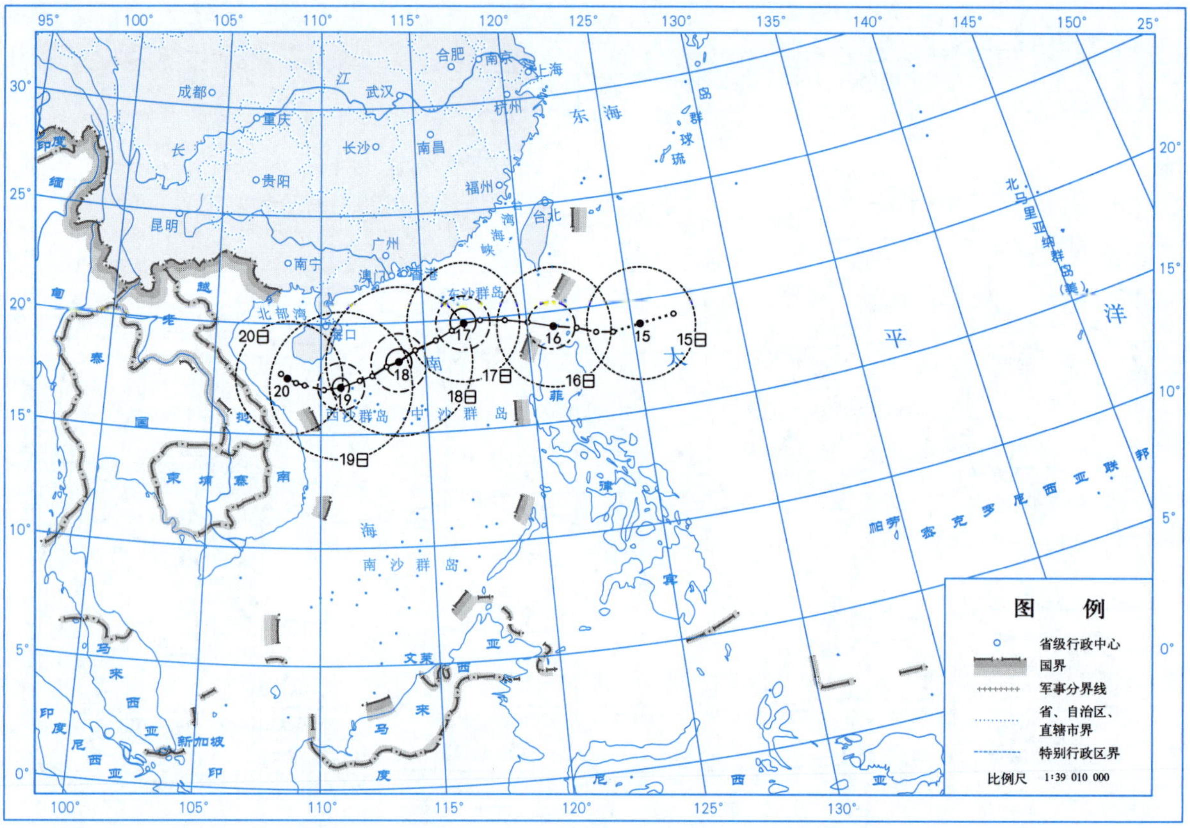

图2.23.11　2220号强台风“纳沙”（Nesat）大风区域演变

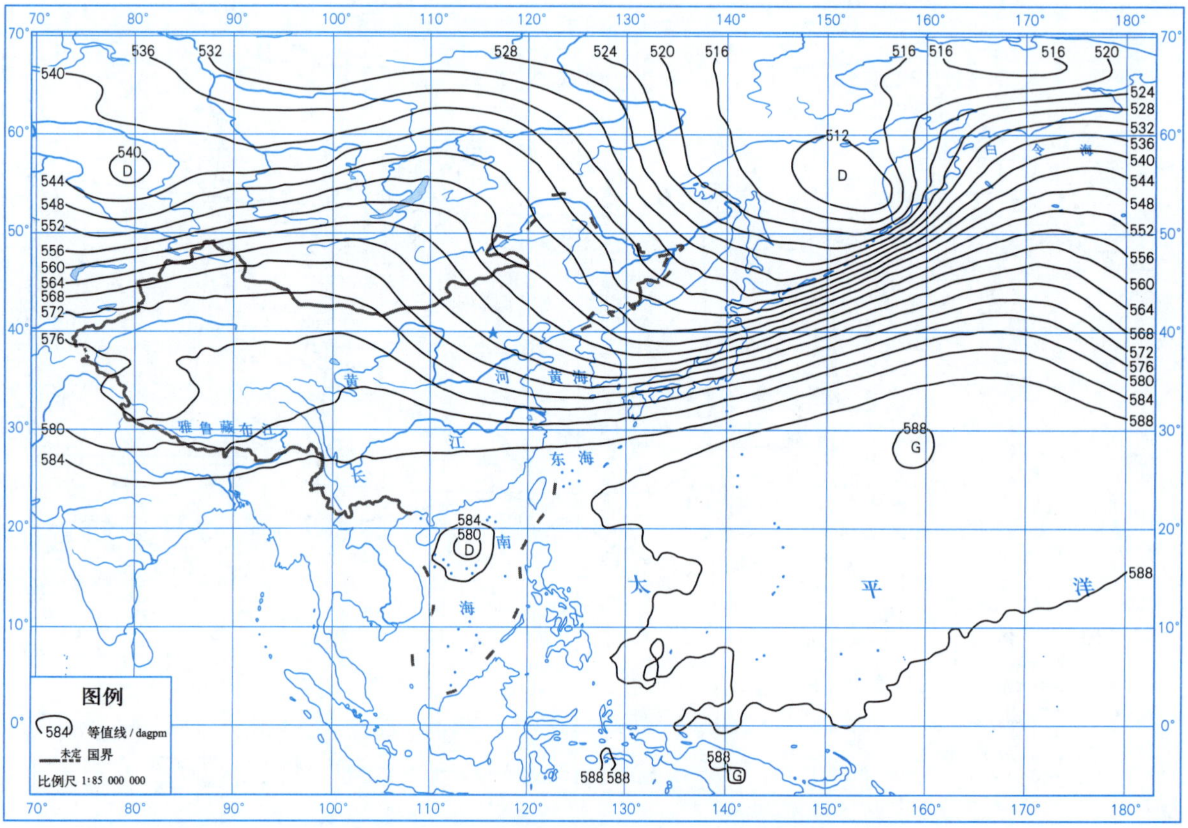

图2.23.12　2022年10月18日14时500 hPa高度场

2.24　2221 号热带风暴“海棠”（Haitang）

第 2221 号热带风暴“海棠”是由 10 月 17 日早晨位于日本冲绳岛以东约 2810 km 的西北太平洋洋面上一个热带低压发展形成。形成后低压中心缓慢地向北偏东方向移动，18 日早晨发展为热带风暴，并逐渐转向东北，移速加快。之后，热带风暴“海棠”于 19 日夜间变性为温带气旋，强度开始减弱，次日早晨在西北太平洋洋面上减弱消散。

表 2.24.1 是热带风暴“海棠”的中心位置和强度。图 2.24.1 ~ 图 2.24.3 分别是热带风暴“海棠”的路径图、大风区域演变图和 2022 年 10 月 18 日 08 时 500 hPa 高度场图。

表 2.24.1　2221 号热带风暴“海棠”（Haitang）10 月 17—20 日中心位置和强度

年	月	日	时	中心位置		中心气压 /hPa	最大风速 /（m/s）
				北纬 /°N	东经 /°E		
2022	10	17	08	26.9	156.5	1005	13
	10	17	14	27.2	157.4	1005	13
	10	17	20	27.7	157.8	1005	13
	10	18	02	28.3	157.9	1004	15
	10	18	08	28.7	158.4	1002	18
	10	18	14	29.6	158.9	1002	18
	10	18	20	31.1	159.4	1002	18
	10	19	02	32.4	161.0	1002	18
	10	19	08	33.5	162.7	1002	18
	10	19	14	35.0	164.7	1002	18
△	10	19	20	36.6	167.7	1005	18
	10	20	02	38.3	171.3	1008	15
	10	20	08	39.6	174.5	1008	15
消散							

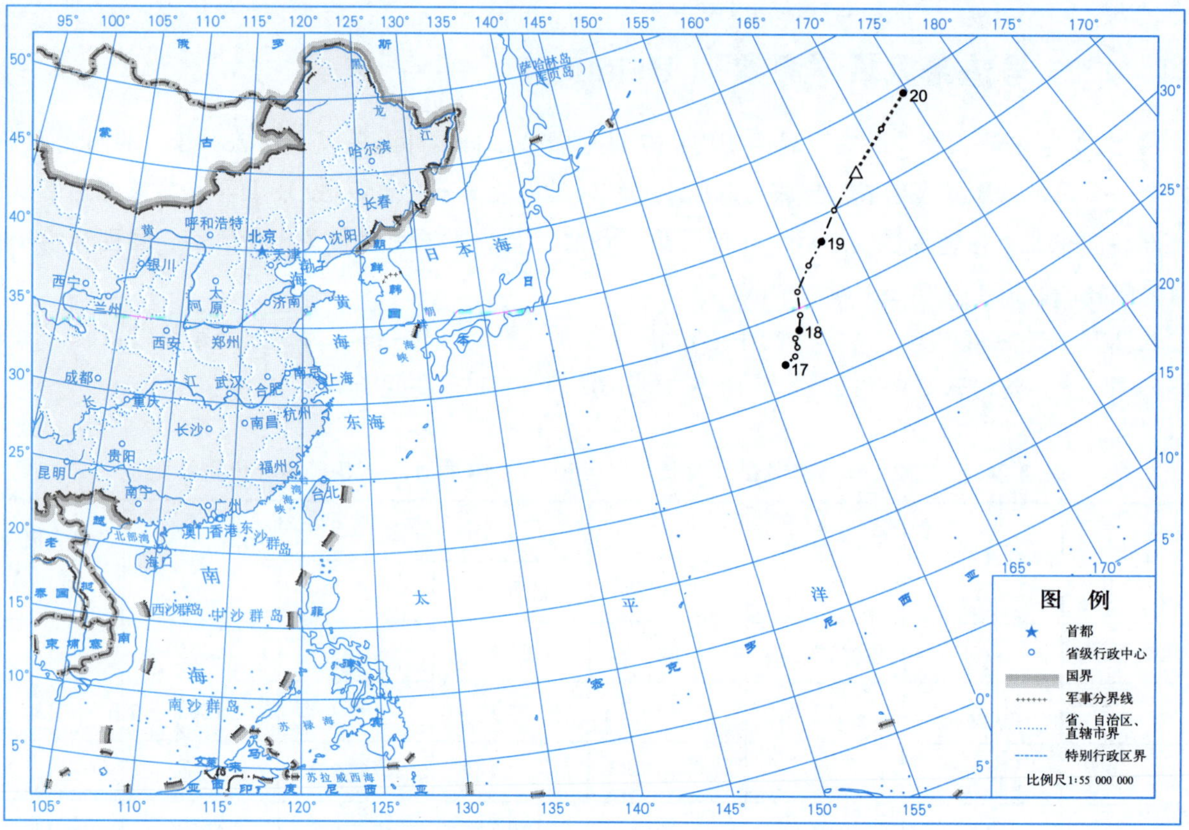

图 2.24.1　2221号热带风暴“海棠”（Haitang）路径

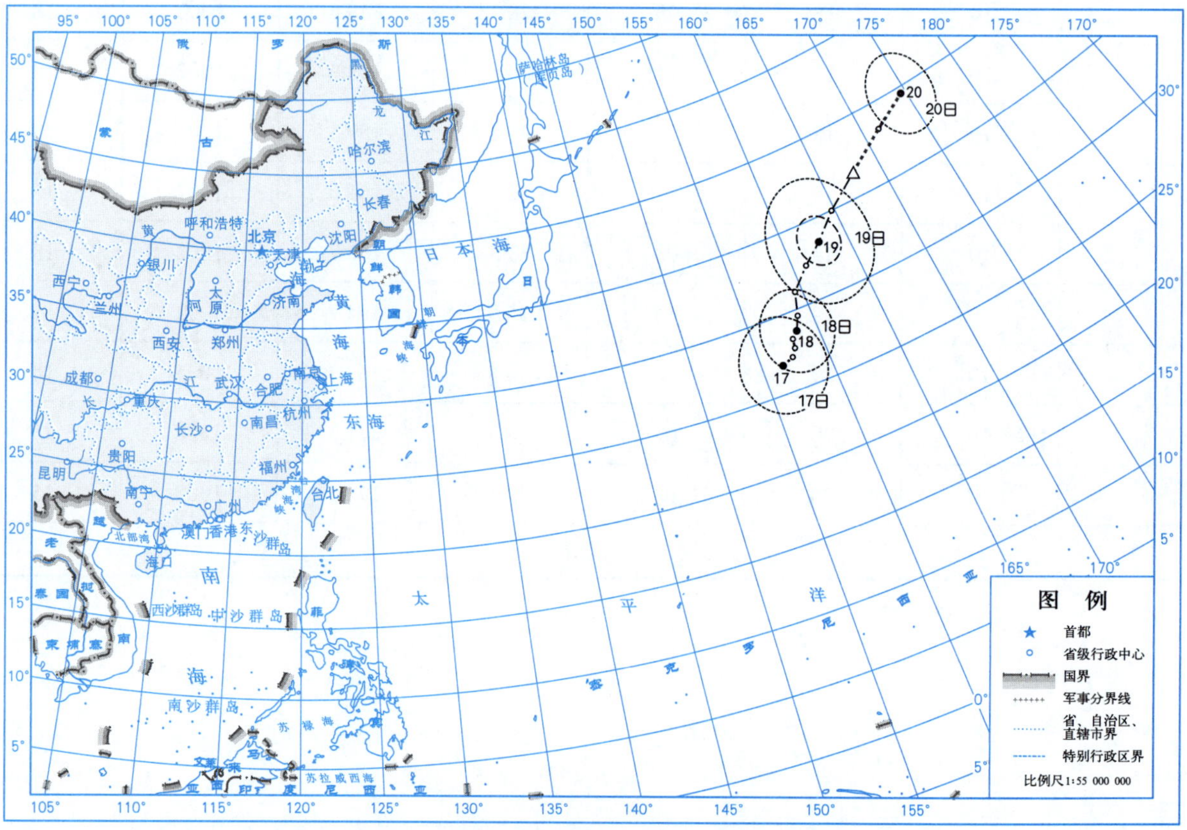

图 2.24.2　2221号热带风暴“海棠”（Haitang）大风区域演变

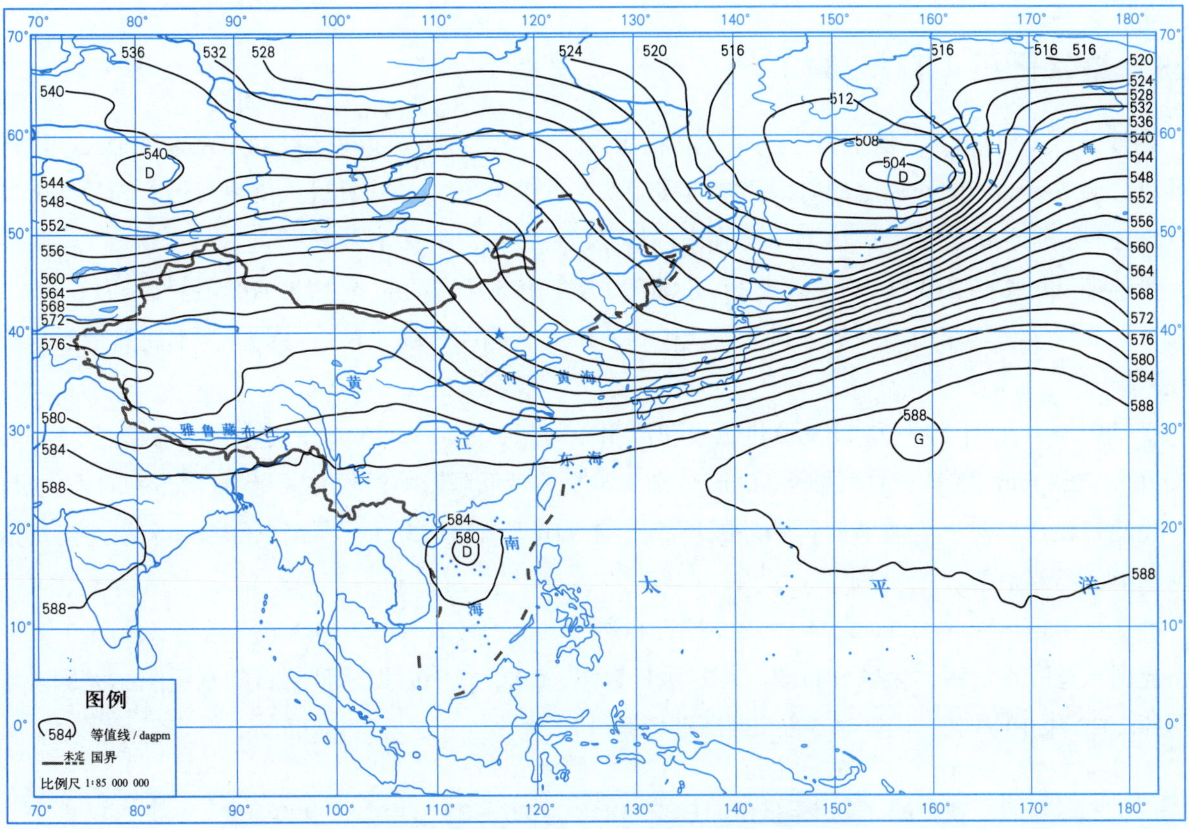

图 2.24.3　2022年10月18日08时500 hPa高度场

2.25 热带低压（TD2204）

热带低压（TD2204）是于10月20日早晨在我国台湾岛鹅銮鼻以东约880 km的西北太平洋洋面上形成。形成后低压中心稳定地向偏西方向移动，穿过巴士海峡，22日进入南海海域。随后热带低压（TD2204）移速略有放缓，于23日下午在东沙群岛以南的南海海面消散。

受热带低压影响，10月21—23日，广东潮阳、福建南部沿海局部及九仙山出现最大风力6～7级、阵风7～8级；福建东山出现最大风力7级（14.4 m/s）、阵风8级（19.3 m/s），为本次热带低压影响过程风极值。

受其影响，10月22—23日，福建长泰和漳州总雨量为10～23 mm；福建长泰总雨量22.8 mm，23日雨量22.8 mm，23日2时雨量9.7 mm，分别为本次热带低压影响过程总雨量、日雨量和时雨量极值。

受热带低压穿过巴士海峡西行的外围环流影响，10月22—23日，广东东部沿海和福建南部沿海出现小雨、局部中雨。

表2.25.1是热带低压（TD2204）的中心位置和强度。图2.25.1～图2.25.7分别是热带低压（TD2204）的路径图、总降水量图、大风分布图、总降水日数图、2022年10月23日的日降水量图、大风区域演变图和2022年10月23日08时500 hPa高度场图。

表2.25.1 热带低压 (TD2204) 10月20—23日中心位置和强度

年	月	日	时	中心位置		中心气压/hPa	最大风速/（m/s）
				北纬/°N	东经/°E		
2022	10	20	08	21.0	129.3	1006	13
	10	20	14	21.0	128.4	1006	13
	10	20	20	20.7	127.4	1006	13
	10	21	02	20.5	126.1	1006	13
	10	21	08	20.3	124.6	1006	13
	10	21	14	20.2	123.1	1000	13
	10	21	20	20.1	121.6	1000	15
	10	22	02	20.1	120.7	1000	15
	10	22	08	20.1	120.0	1000	15
	10	22	14	20.1	119.4	1006	13
	10	22	20	20.0	118.7	1006	13
	10	23	02	19.9	117.9	1006	13
	10	23	08	19.9	116.5	1006	13
	10	23	14	19.3	115.2	1006	13
消散							

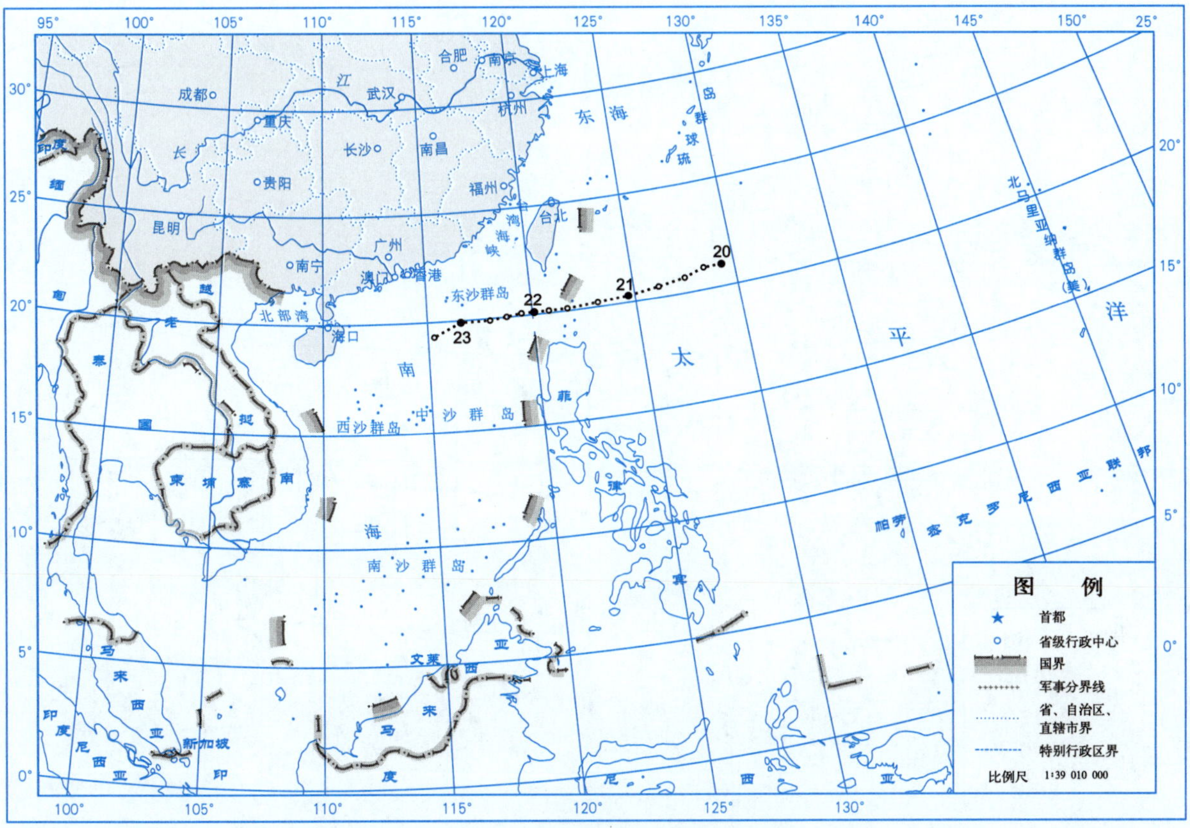

图 2.25.1 热带低压(TD2204)路径图

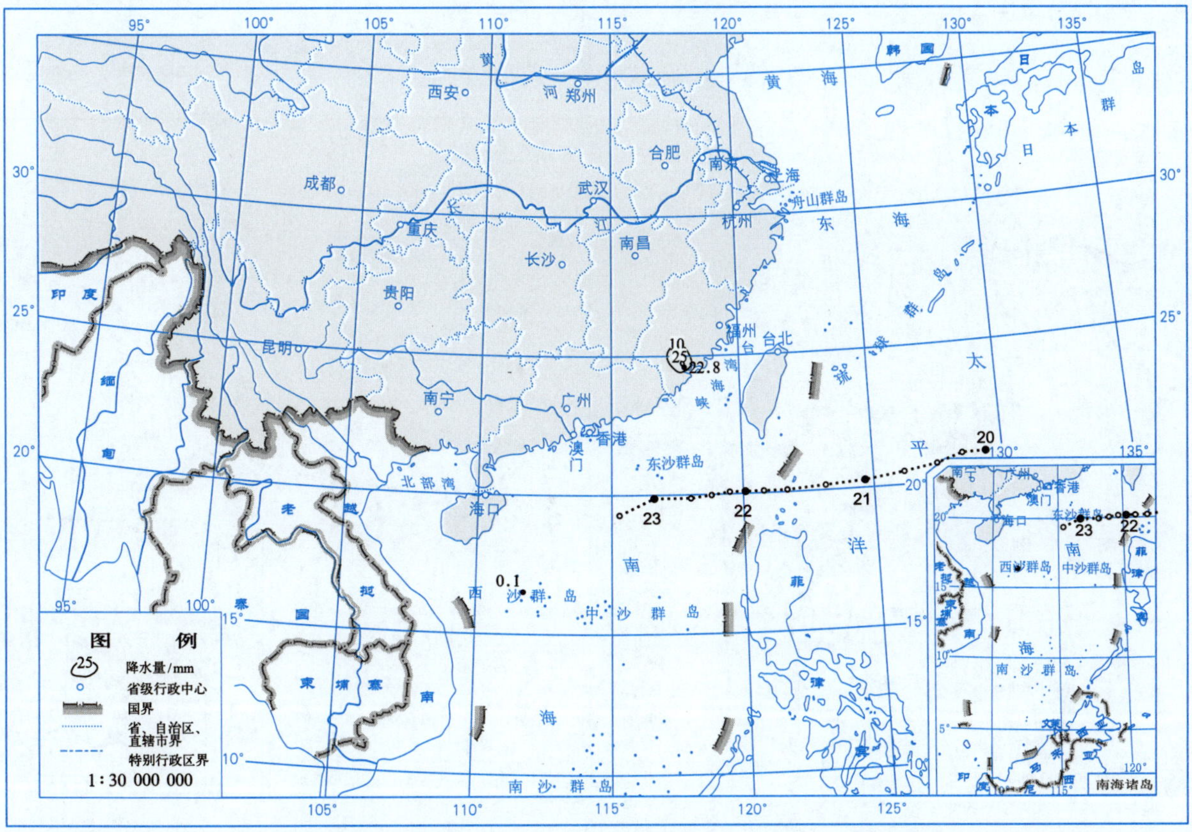

图2.25.2 热带低压（TD2204）总降水量（10月22—23日）

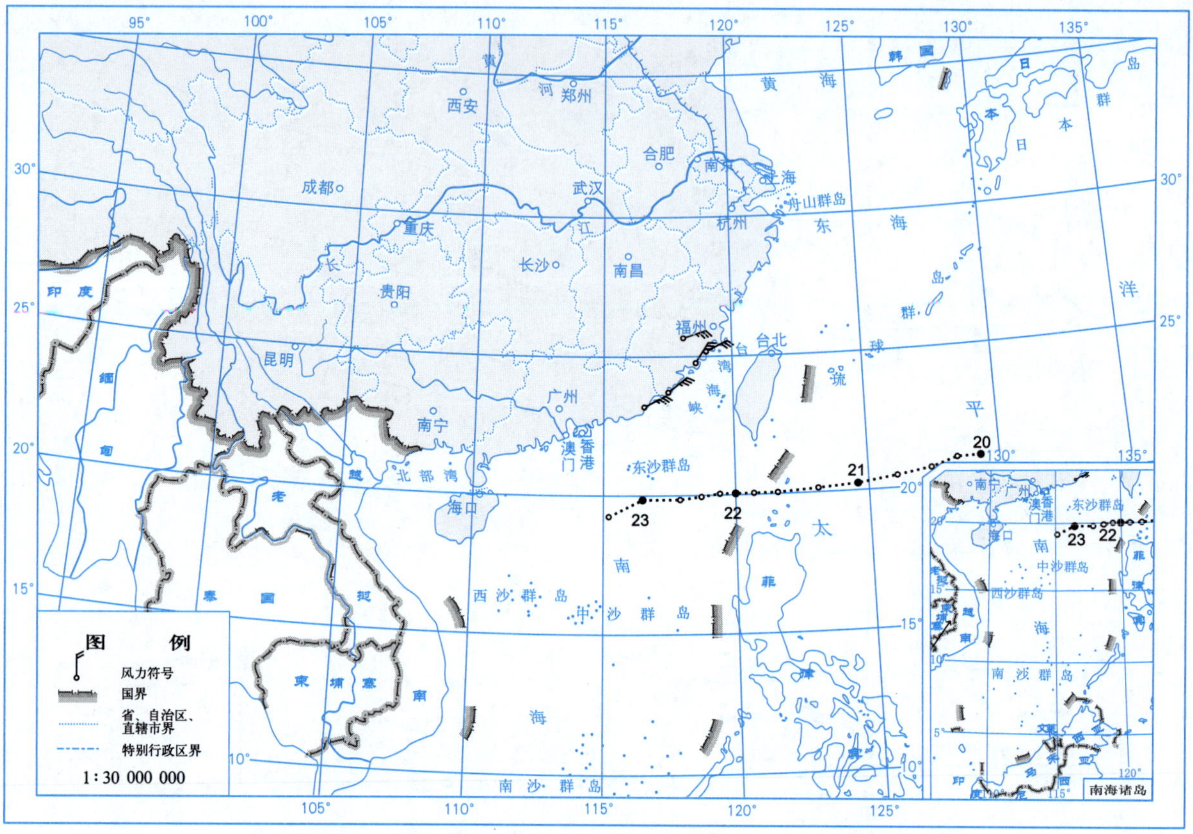

图 2.25.3　热带低压（TD2204）大风分布（10月21—23日）

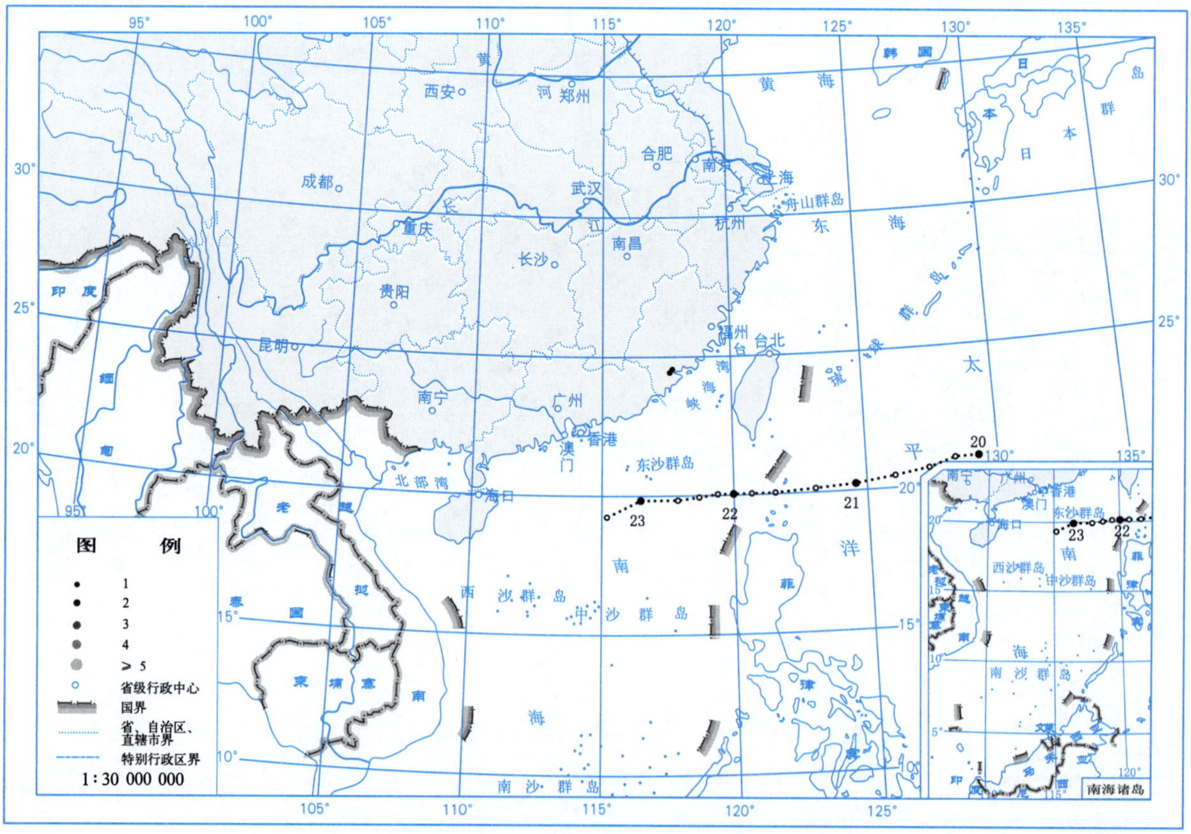

图 2.25.4　热带低压（TD2204）总降水日数（单位：d）

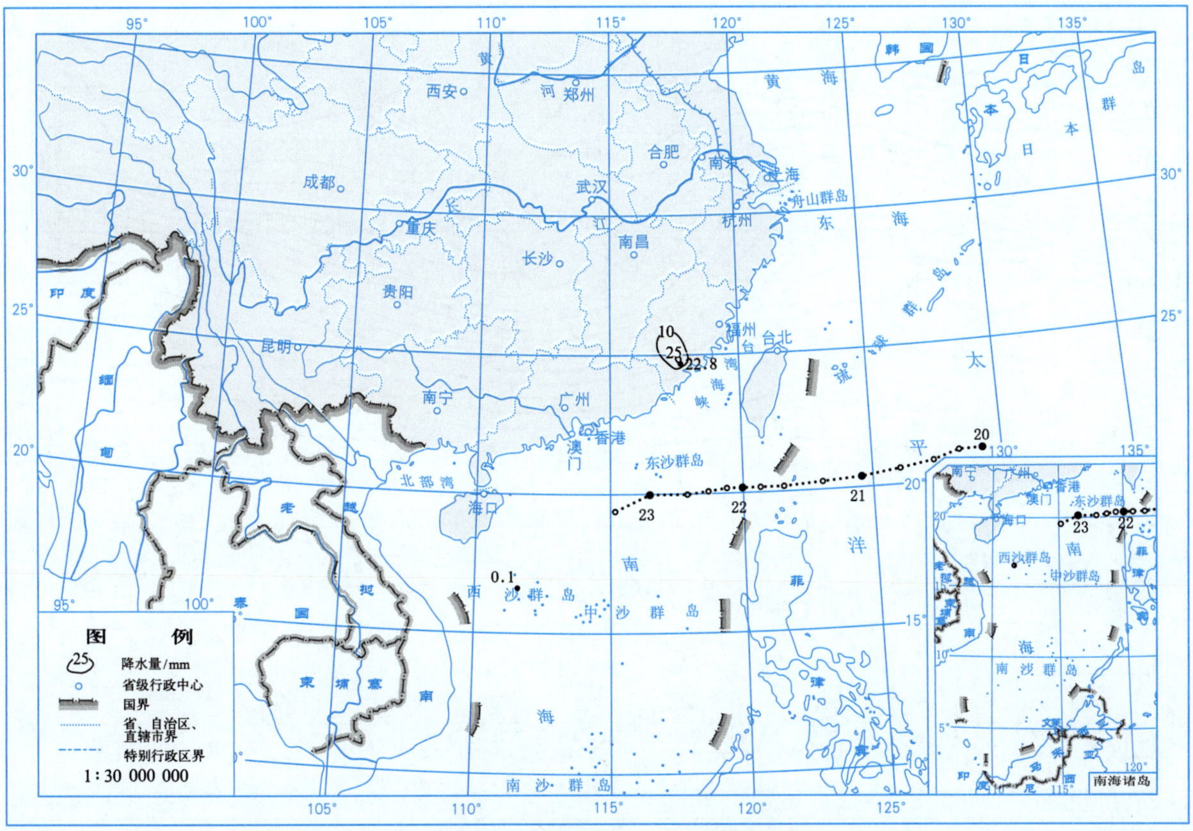

图 2.25.5　2022年10月23日的日降水量

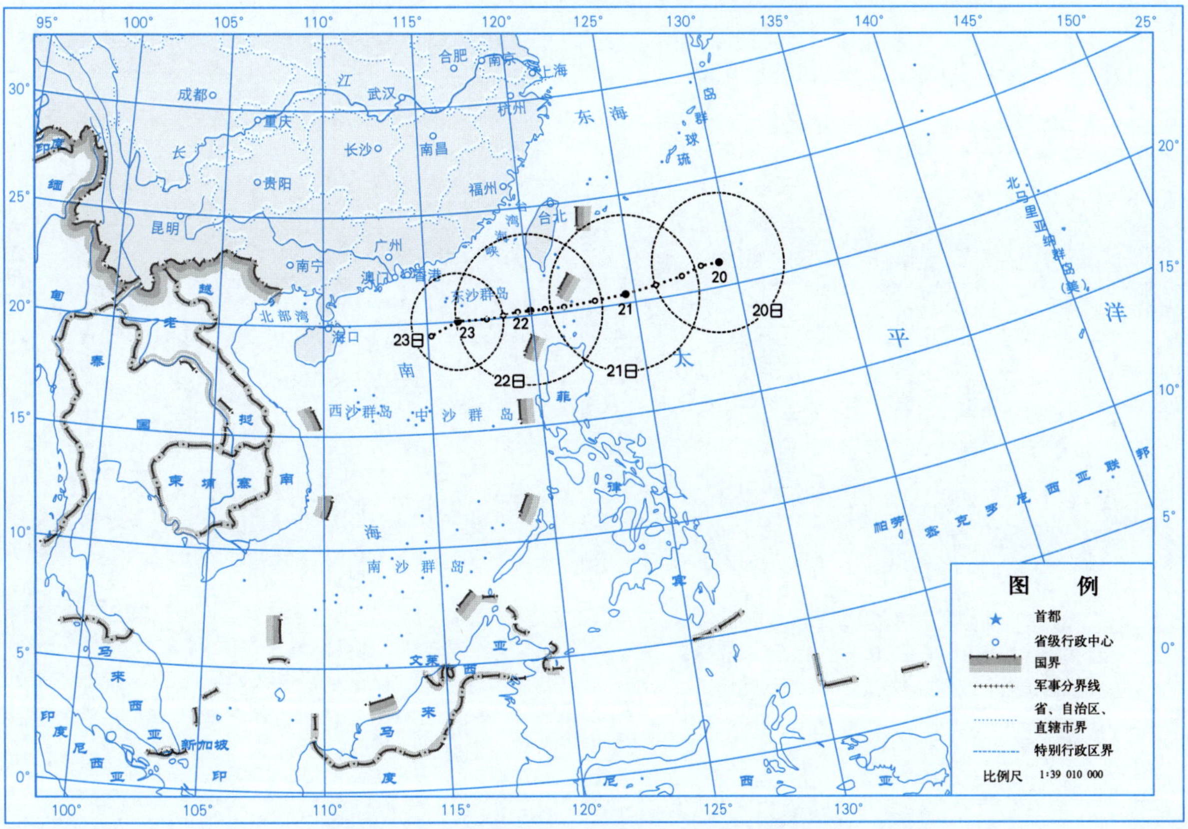

图 2.25.6　热带低压（TD2204）大风区域演变

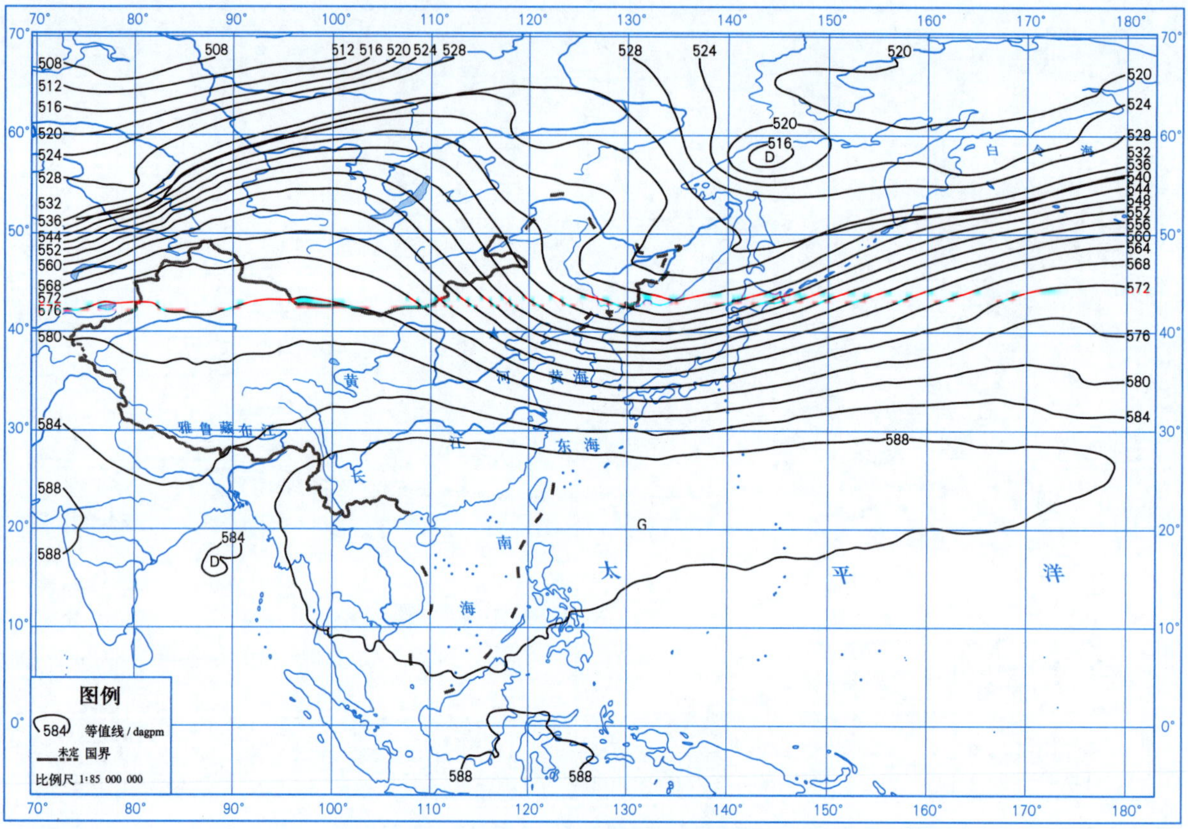

图 2.25.7　2022年10月23日08时500 hPa高度场

2.26　2222 号台风“尼格”（Nalgae）

第 2222 号台风“尼格”是由 10 月 26 日下午位于菲律宾萨马岛以东约 890 km 的西北太平洋洋面上一个热带低压发展形成。形成后低压中心向西南方向移动，27 日早晨发展为热带风暴，随后加速向西偏北方向移动，于 29 日凌晨在菲律宾卡坦端内斯岛登陆，随即继续增强为强热带风暴。之后，“尼格”西北行穿过菲律宾群岛，30 日早晨进入南海海域，先转向南偏西，后迅速折向北偏西方向移动，期间强度经历减弱后再增强过程，31 日夜间进一步增强至台风。尔后，台风“尼格”向华南沿海靠近，强度逐渐减弱，2 日早晨转向西北，随即减弱为热带风暴，于次日 04 时 50 分登陆广东省珠海市香洲区，登陆时近中心最大风速 15 m/s，中心最低气压 1002 hPa。登陆后，“尼格”转向西南，并快速在广东省境内减弱消散（表 2.26.1）。

受台风“尼格”登陆广东珠江口和冷空气共同影响，10 月 30—11 月 3 日，广西东南部局部、广东部分、湖南南岳、江西瑞金和金溪、福建沿海部分、浙江沿海部分出现最大风力 6 ～ 7 级、阵风 7 ～ 10 级；广东上川岛和福建三沙出现最大风力 8 级阵风 9 级；福建九仙山出现最大风力 9 级（23.6 m/s）、阵风 11 级（29.3 m/s）为本次台风影响过程风极值。

受台风“尼格”和冷空气共同影响，10 月 29 日—11 月 3 日，广东部分、湖南汝城、江西局部、福建大部、浙江南部局部总雨量为 10 ～ 50 mm；广东东部局部、福建东北部局部总雨量为 50 ～ 123 mm；广东海丰总雨量 163.2 mm，2 日雨量 113.5 mm，2 日 19 时雨量 9.4 mm，分别为本次台风影响过程总雨量、日雨量及时雨量极值。

受台风“尼格”登陆珠江口附近和冷空气共同影响，11 月 2 日，广东出现小到中雨局部大雨到暴雨，福建和浙江南部出现中到大雨。

受其影响，造成广东省出现了一定程度的灾情。总计受灾 1.92 万人，紧急转移避险 0.91 万人，紧急转移安置 0.14 万人，农作物受灾面积 0.065 万 hm^2，农作物绝收面积 0.065 万 hm^2，直接经济损失 0.24 亿元（表 2.26.2）。

图 2.26.1 ～图 2.26.9 分别是台风“尼格”的路径图、总降水量图、大风分布图、总降水日数图、2022 年 11 月 1—3 日的日降水量图、大风区域演变图和 2022 年 11 月 3 日 02 时 500 hPa 高度场图。

表 2.26.1　2222 号台风“尼格”（Nalgae）10 月 26 日—11 月 3 日中心位置和强度

年	月	日	时	中心位置		中心气压 /hPa	最大风速 /（m/s）
				北纬 /°N	东经 /°E		
2022	10	26	14	12.5	133.6	1002	13
	10	26	20	12.2	132.9	1000	15
	10	27	02	11.9	132.5	1000	15
	10	27	08	11.7	132.0	998	18
	10	27	14	11.4	131.4	998	18

（续表）

年	月	日	时	中心位置		中心气压 /hPa	最大风速 /（m/s）
				北纬 /°N	东经 /°E		
2022	10	27	20	11.2	130.7	998	18
	10	28	02	11.4	129.8	995	20
	10	28	08	12.0	128.4	995	20
	10	28	14	12.4	126.6	995	20
	10	28	20	13.2	125.3	990	23
	10	29	02	13.6	124.1	982	28
	10	29	08	13.8	122.7	982	28
	10	29	14	13.9	121.8	982	28
	10	29	20	14.5	121.1	982	28
	10	30	02	15.5	119.9	985	25
	10	30	08	16.1	118.8	985	25
	10	30	14	15.9	118.1	990	23
	10	30	20	15.7	117.5	990	23
	10	31	02	16.0	117.1	985	25
	10	31	08	16.4	117.0	982	28
	10	31	14	17.1	116.8	980	30
	10	31	20	17.7	116.6	975	33
	11	1	02	18.5	116.2	975	33
	11	1	08	19.0	116.1	975	33
	11	1	14	19.5	116.0	975	33
	11	1	20	19.9	116.0	975	30
	11	2	02	20.3	116.0	982	28
	11	2	05	20.5	115.9	982	28
	11	2	08	20.7	115.7	985	25
	11	2	11	21.0	115.3	985	25
	11	2	14	21.2	115.1	990	23
	11	2	17	21.4	114.9	990	23
	11	2	20	21.6	114.6	990	23
	11	2	23	21.8	114.3	995	20

（续表）

年	月	日	时	中心位置		中心气压 /hPa	最大风速 /（m/s）
				北纬 /°N	东经 /°E		
2022	11	3	02	22.0	114.0	998	18
	11	3	05	22.3	113.5	1002	15
	11	3	08	22.2	113.2	1010	10
消散							

表 2.26.2　2222 号台风“尼格”（Nalgae）在广东省引发的灾情

受灾省（区、市）	受灾人口 / 万人	死亡人口 / 人	失踪人口 / 人	紧急避险转移人口 / 万人	紧急转移安置人口 / 万人	农作物		倒塌房屋 / 万间	直接经济损失 / 亿元
						受灾面积 / 万 hm^2	绝收面积 / 万 hm^2		
广东省	1.92	0	0	0.91	0.14	0.065	0.065	0	0.24
合计	1.92	0	0	0.91	0.14	0.065	0.065	0	0.24

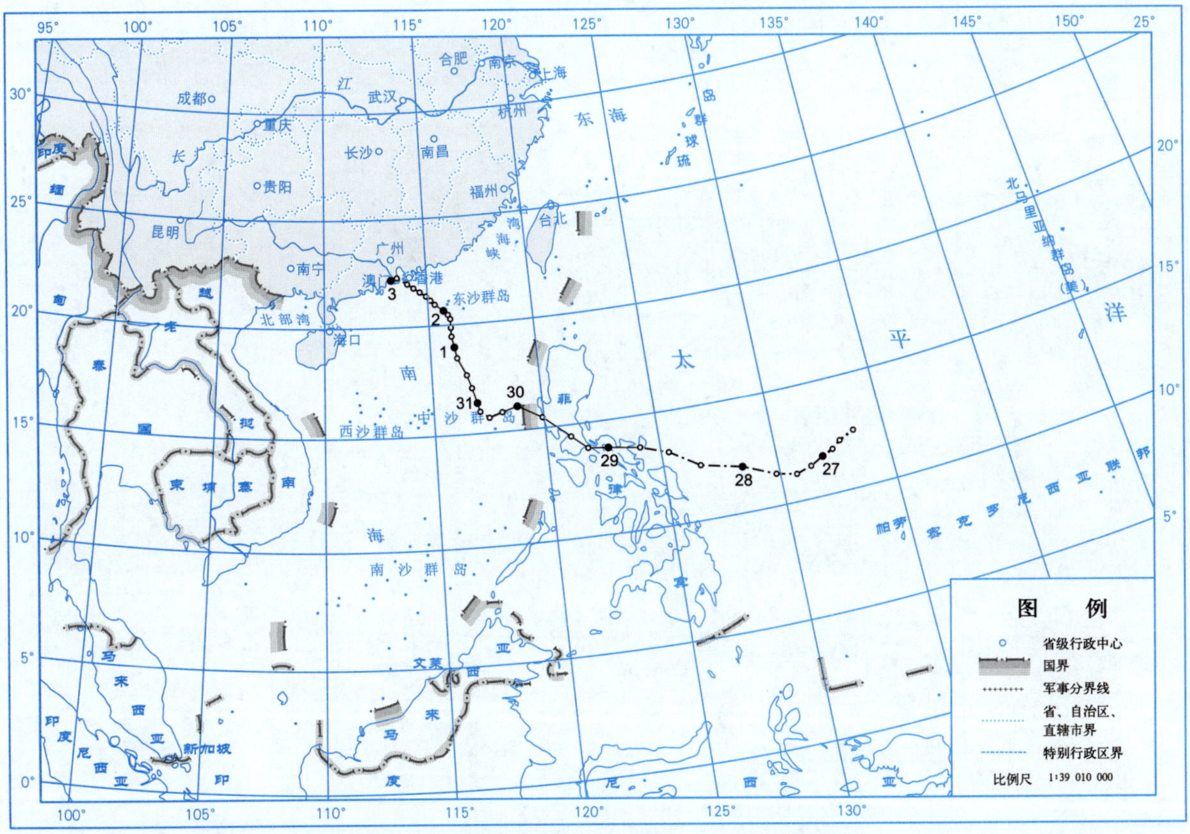

图 2.26.1　2222号台风“尼格”（Nalgae）路径

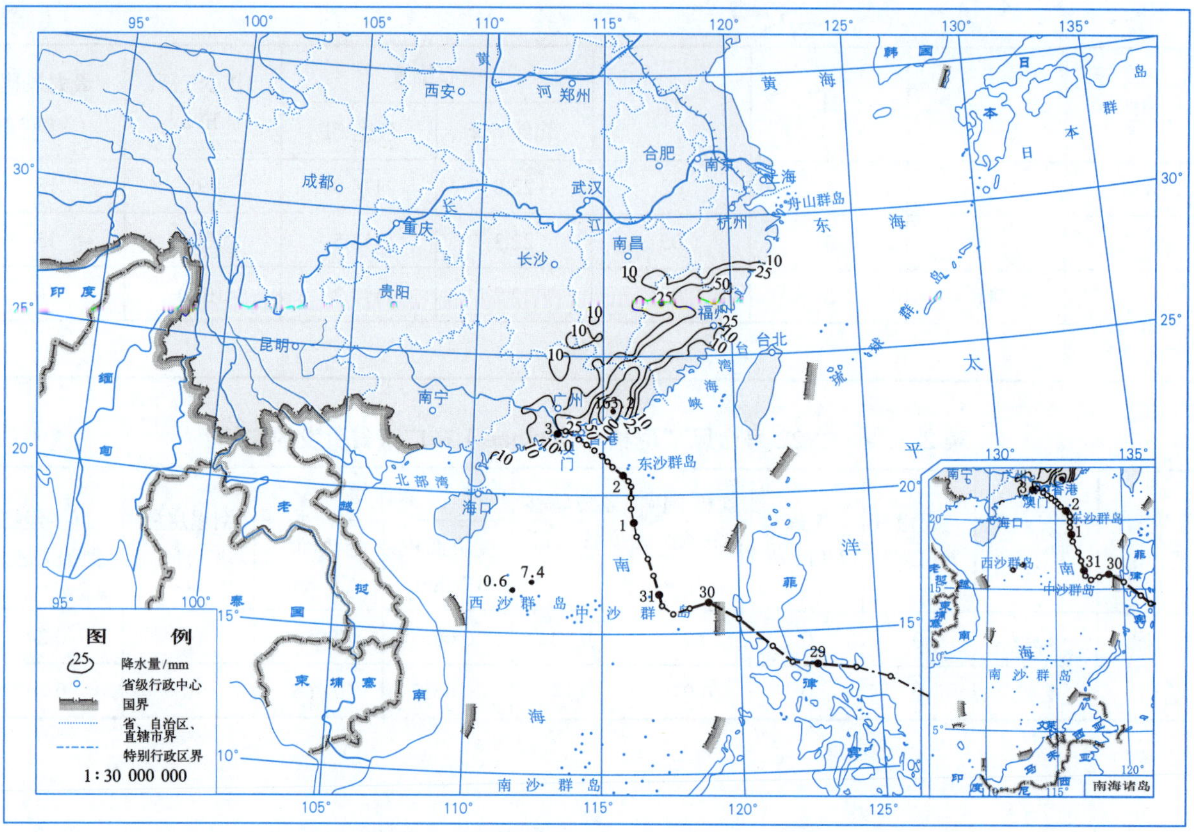

图 2.26.2　2222号台风“尼格”（Nalgae）总降水量（10月29日—11月3日）

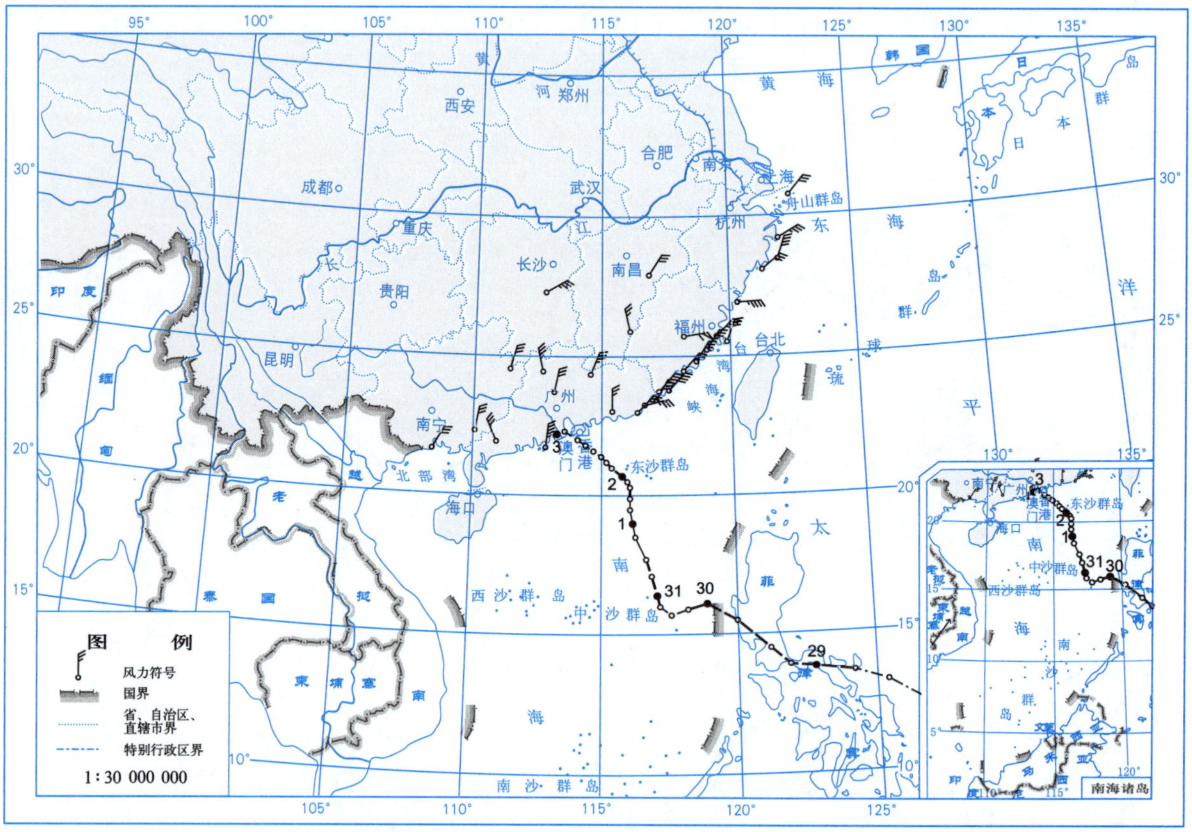

图 2.26.3　2222号台风“尼格”（Nalgae）大风分布（10月30日—11月3日）

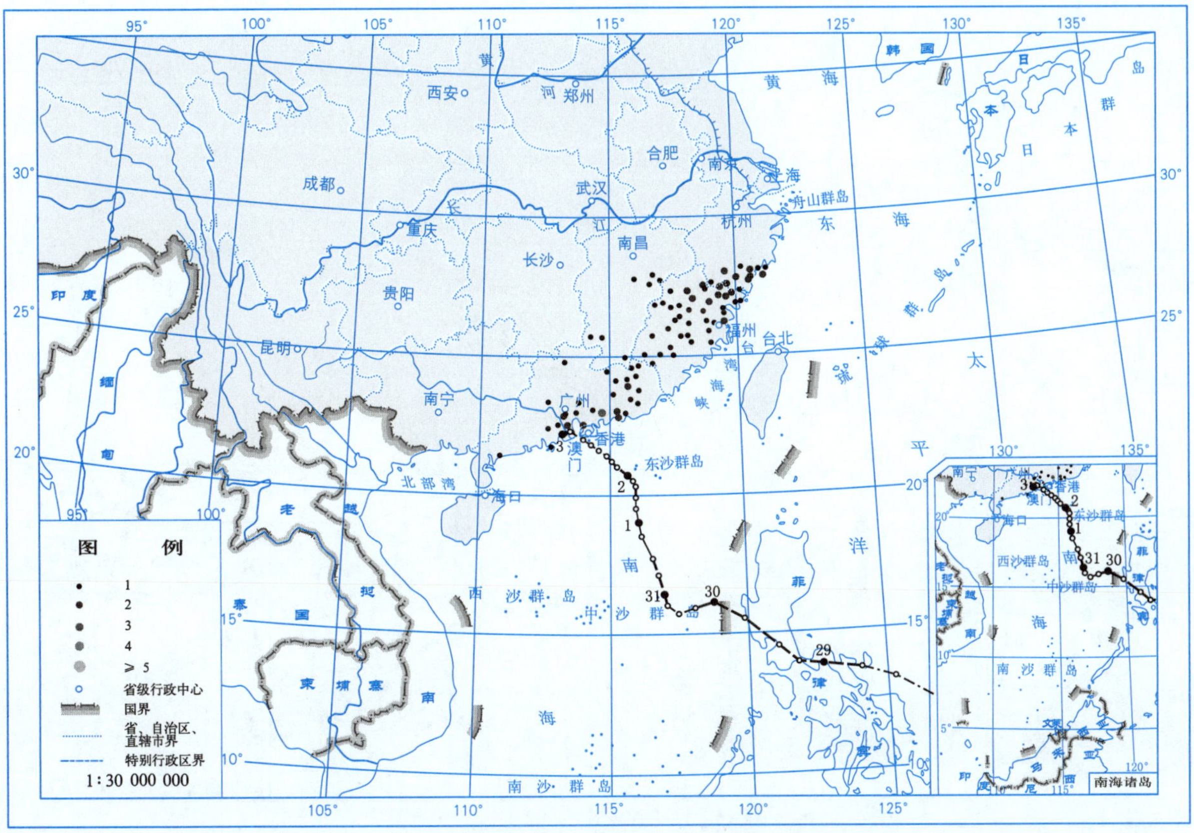

图 2.26.4　2222号台风“尼格”（Nalgae）总降水日数（单位：d）

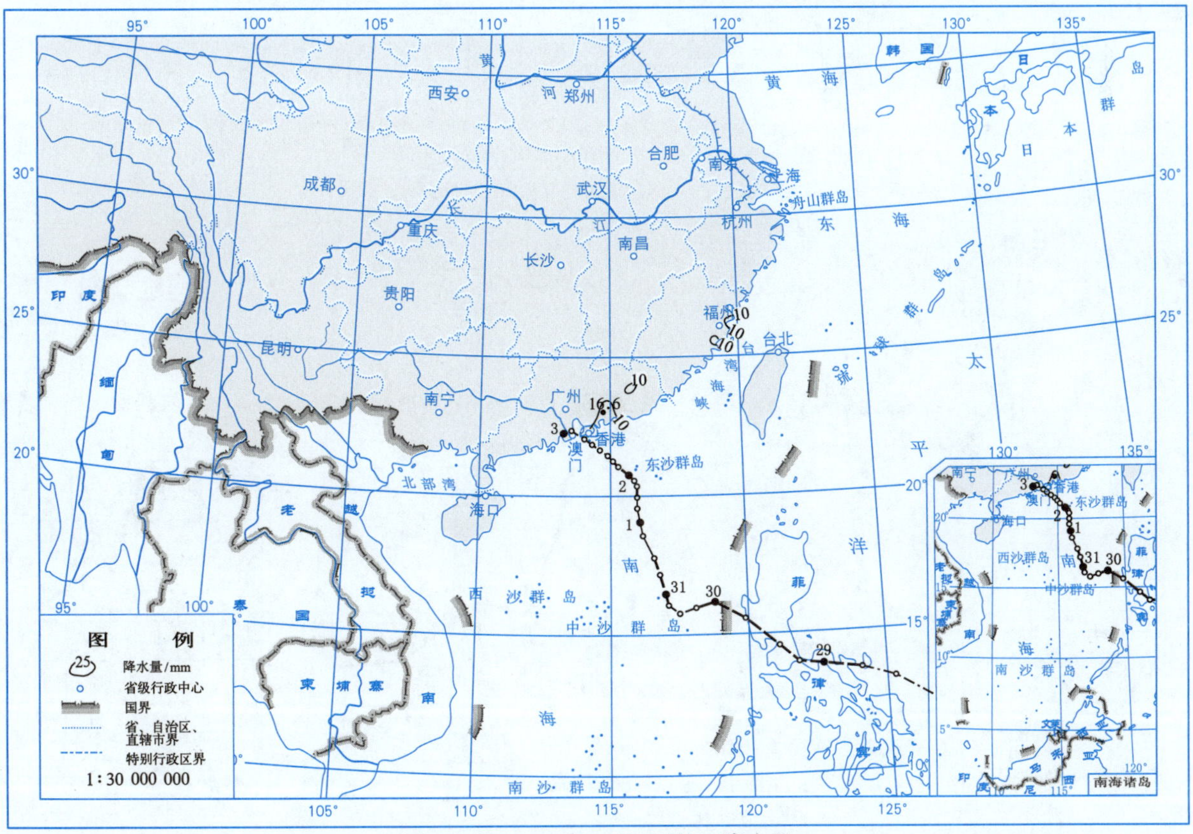

图 2.26.5　2022年11月1日的日降水量

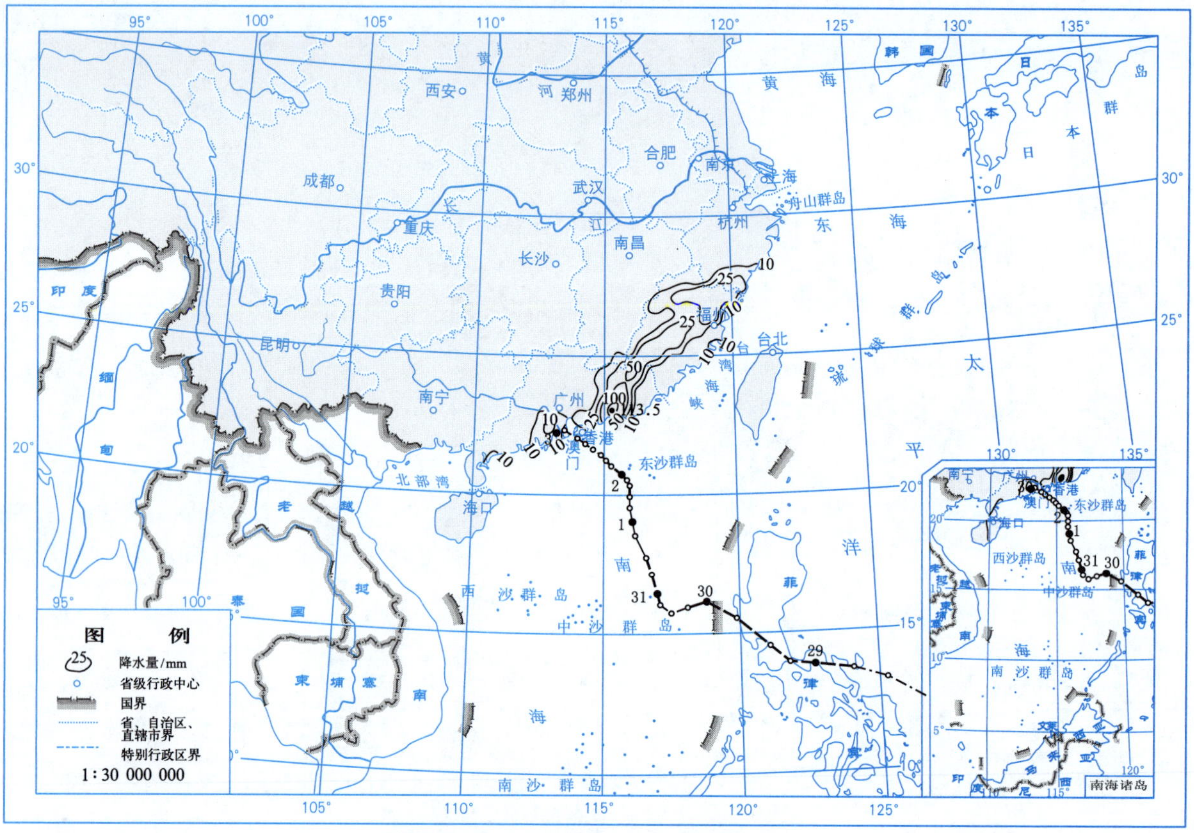

图 2.26.6　2022年11月2日的日降水量

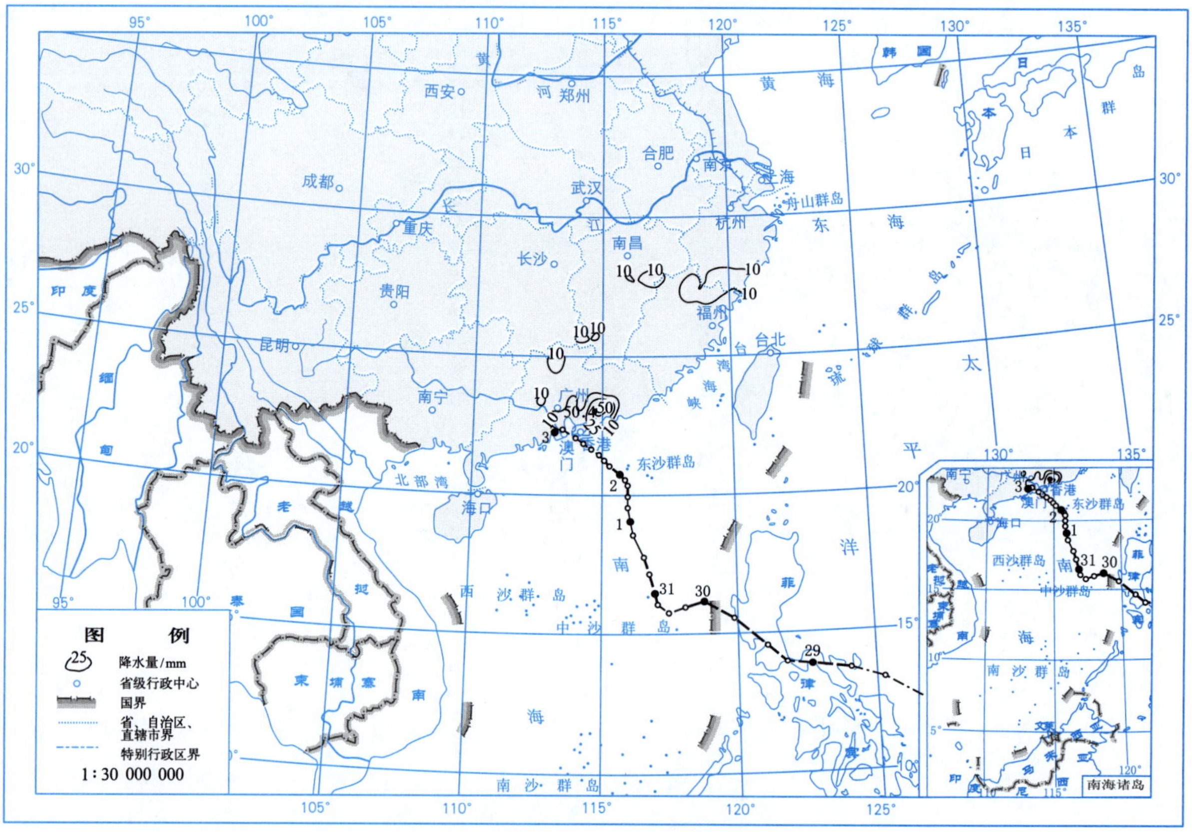

图 2.26.7　2022年11月3日的日降水量

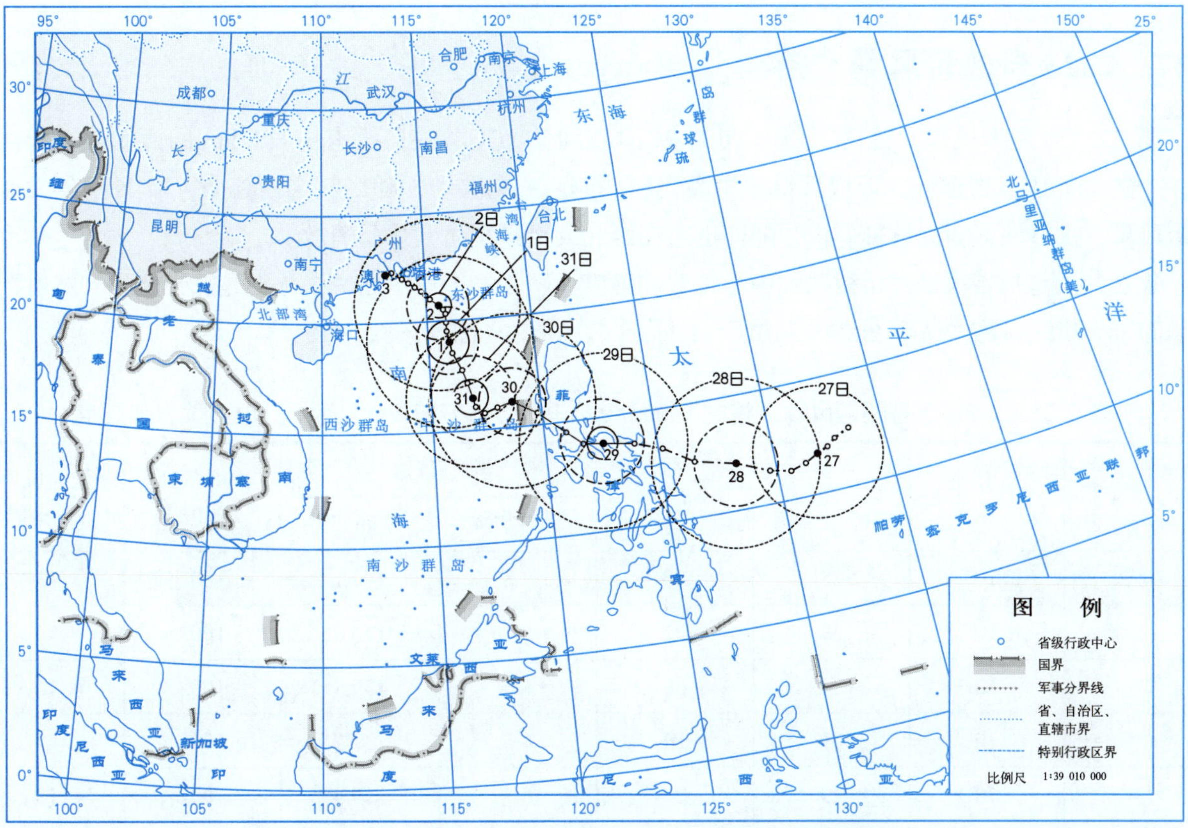

图 2.26.8　2222号台风“尼格”（Nalgae）大风区域演变

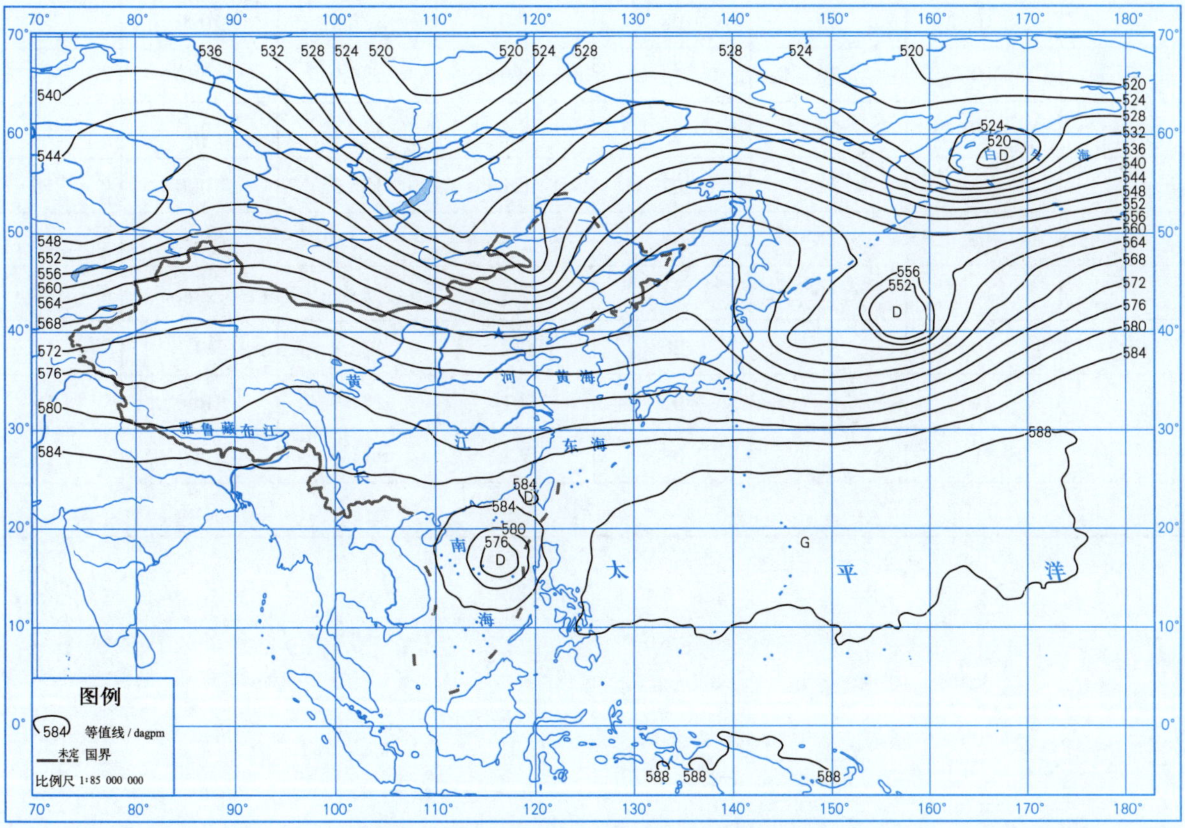

图 2.26.9　2022年11月3日02时500 hPa高度场

2.27　2223 号热带风暴“榕树”（Banyan）

第 2223 号热带风暴“榕树”是由 10 月 28 日夜间位于美国关岛西南约 820 km 的西北太平洋洋面上一个热带低压发展形成。形成后低压中心先向北偏西方向移动，随后转向西偏南，31 日早晨发展为热带风暴，次日便减弱为热带低压，随即迅速在西北太平洋洋面上减弱消散。

表 2.27.1 是热带风暴“榕树”的中心位置和强度。图 2.27.1 ～图 2.27.3 分别是热带风暴“榕树”的路径图、大风区域演变图和 2022 年 10 月 31 日 08 时 500 hPa 高度场图。

表 2.27.1　2223 号热带风暴“榕树”（Banyan）10 月 28 日—11 月 1 日中心位置和强度

年	月	日	时	中心位置		中心气压 /hPa	最大风速 /（m/s）
				北纬 /°N	东经 /°E		
2022	10	28	20	7.8	140.1	1002	13
	10	29	02	8.1	140.0	1002	13
	10	29	08	8.4	139.9	1002	13
	10	29	14	8.6	139.7	1002	13
	10	29	20	8.7	139.4	1002	13
	10	30	02	8.9	138.8	1002	13
	10	30	08	9.0	138.0	1000	15
	10	30	14	8.9	136.9	1000	15
	10	30	20	8.5	136.1	1000	15
	10	31	02	8.1	135.3	1000	15
	10	31	08	7.6	134.0	998	18
	10	31	14	7.3	132.7	998	18
	10	31	20	7.2	132.3	998	18
	11	1	02	7.1	131.9	1000	15
	11	1	08	7.1	131.6	1002	13
消散							

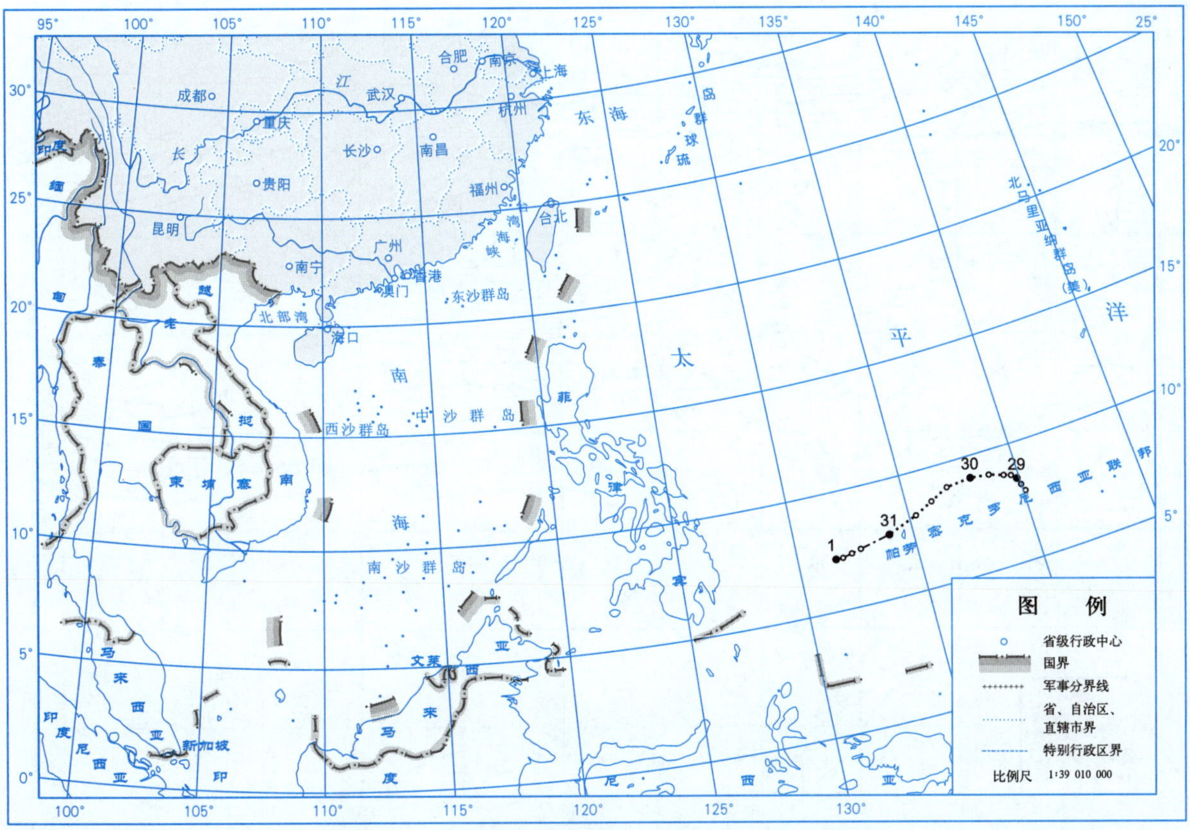

图 2.27.1 2223号热带风暴“榕树”（Banyan）路径

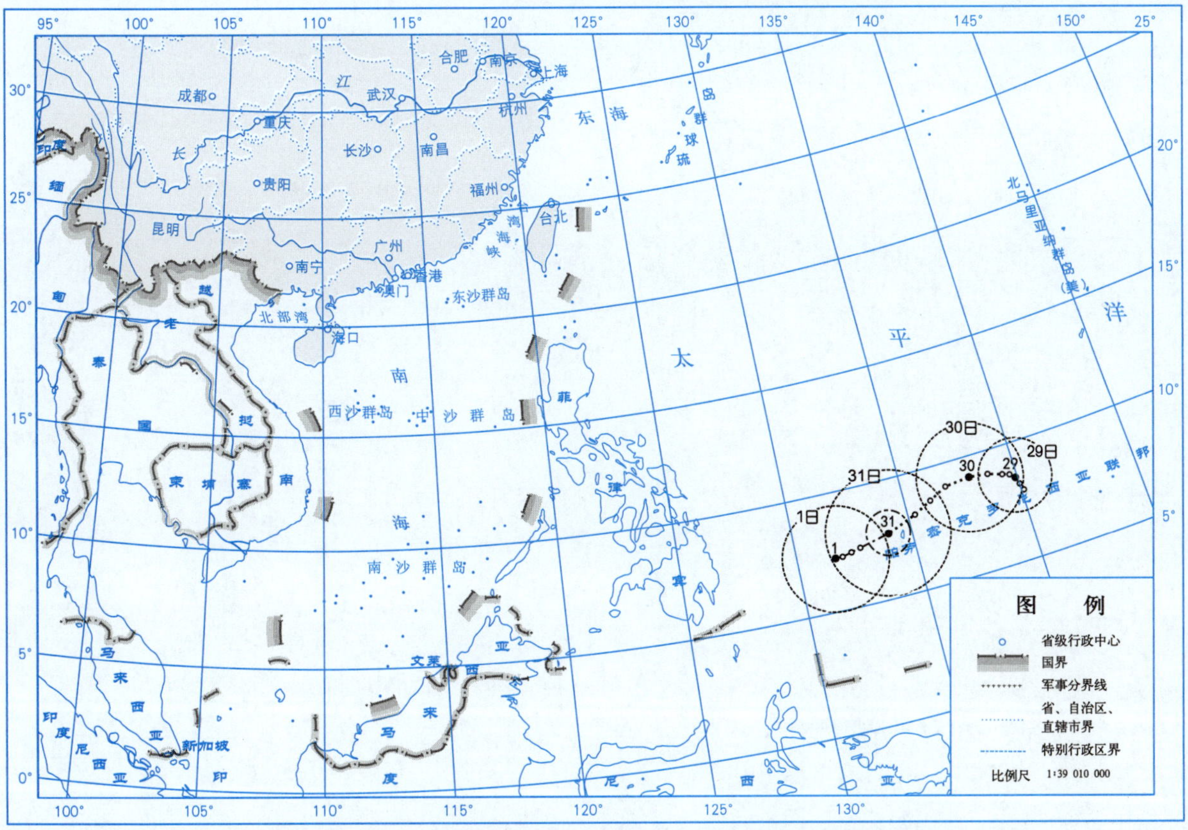

图 2.27.2 2223号热带风暴“榕树”（Banyan）大风区域演变

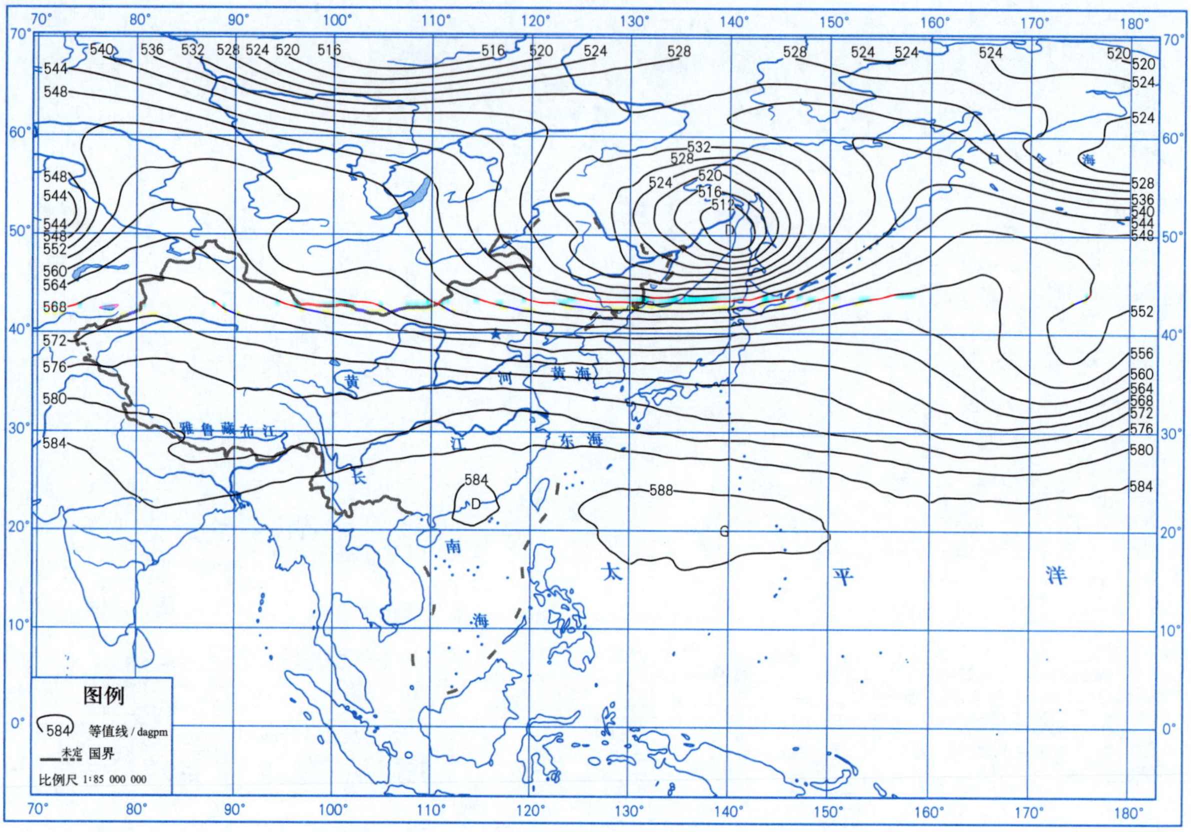

图2.27.3　2022年10月31日08时500 hPa高度场

2.28　2224 号热带风暴“山猫”（Yamaneko）

第 2224 号热带风暴“山猫”是由 11 月 12 日上午位于中途岛西南约 1440 km 的西北太平洋洋面上一个热带低压发展形成。形成后低压中心稳定地向偏北方向移动，强度逐渐增强，当日夜间即发展为热带风暴，移速放缓，14 日起移速加快，强度减弱，夜间在西北太平洋洋面上减弱消散。

表 2.28.1 是热带风暴“山猫”的中心位置和强度。图 2.28.1 ～图 2.28.3 分别是热带风暴“山猫”的路径图、大风区域演变图和 2022 年 11 月 13 日 08 时 500 hPa 高度场图。

表 2.28.2　2224 号热带风暴“山猫”（Yamaneko）11 月 12—14 日中心位置和强度

年	月	日	时	中心位置		中心气压 /hPa	最大风速 /（m/s）
				北纬 /°N	东经 /°E		
2022	11	12	08	20.2	165.9	1004	13
	11	12	14	20.5	165.6	1002	15
	11	12	20	20.9	165.5	1000	18
	11	13	02	21.7	165.7	1000	18
	11	13	08	21.9	165.9	998	20
	11	13	14	22.1	165.9	998	20
	11	13	20	22.3	165.8	998	20
	11	14	02	23.0	165.9	1000	18
	11	14	08	23.9	165.5	1002	15
	11	14	14	25.0	166.0	1002	15
	11	14	20	25.8	166.0	1004	13
消散							

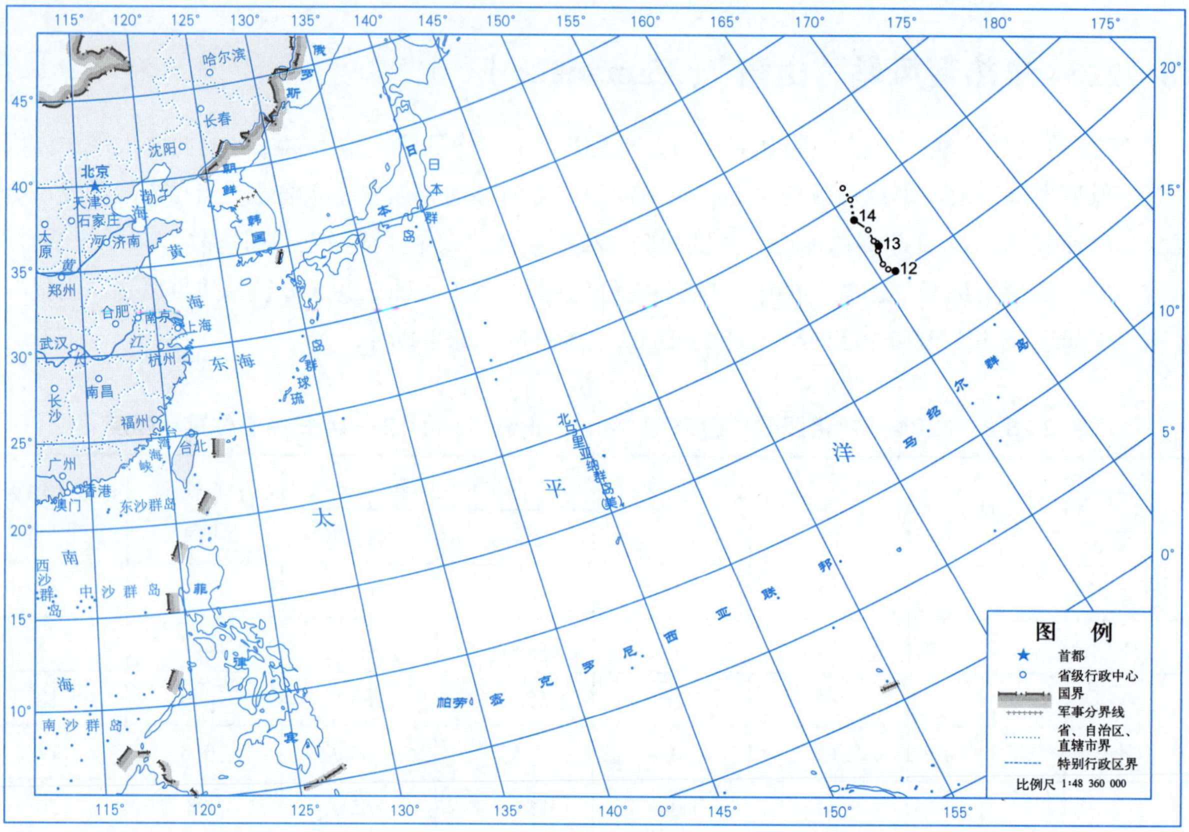

图 2.28.1　2224号热带风暴“山猫”（Yamaneko）路径

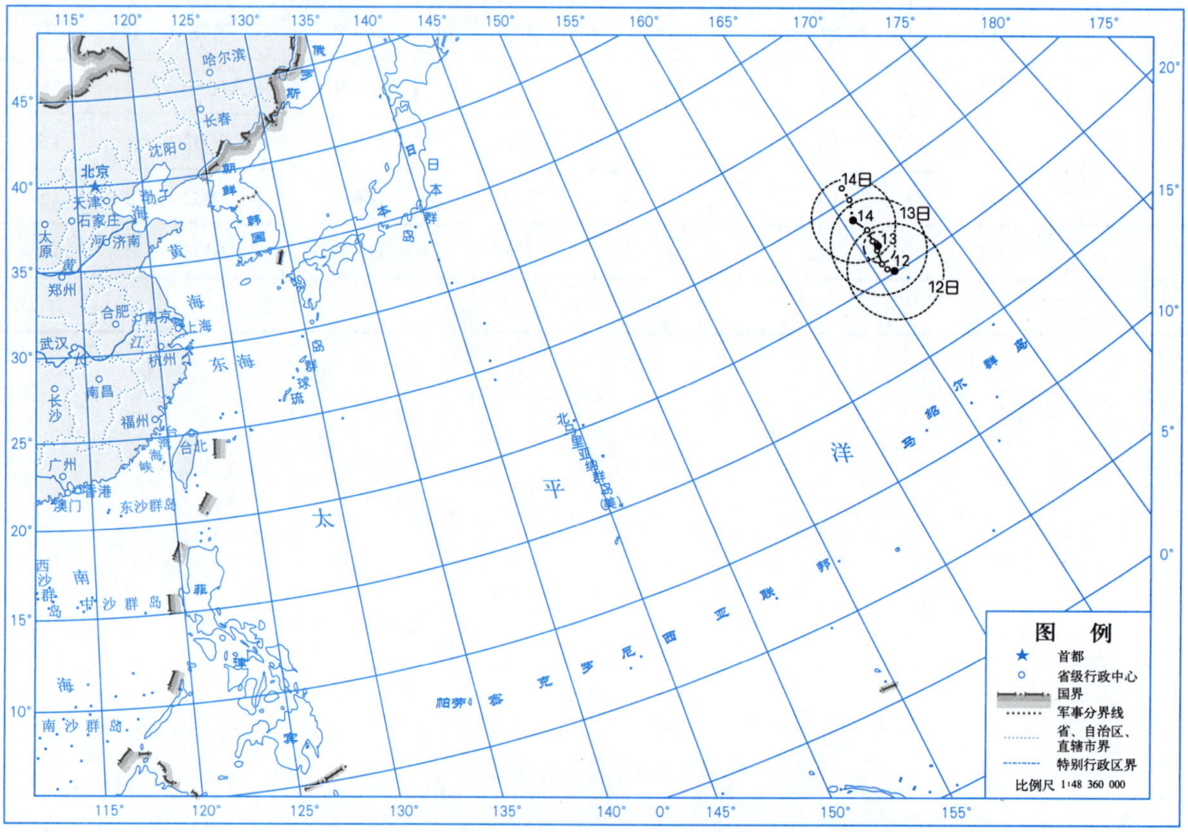

图 2.28.2　2224号热带风暴“山猫”（Yamaneko）大风区域演变

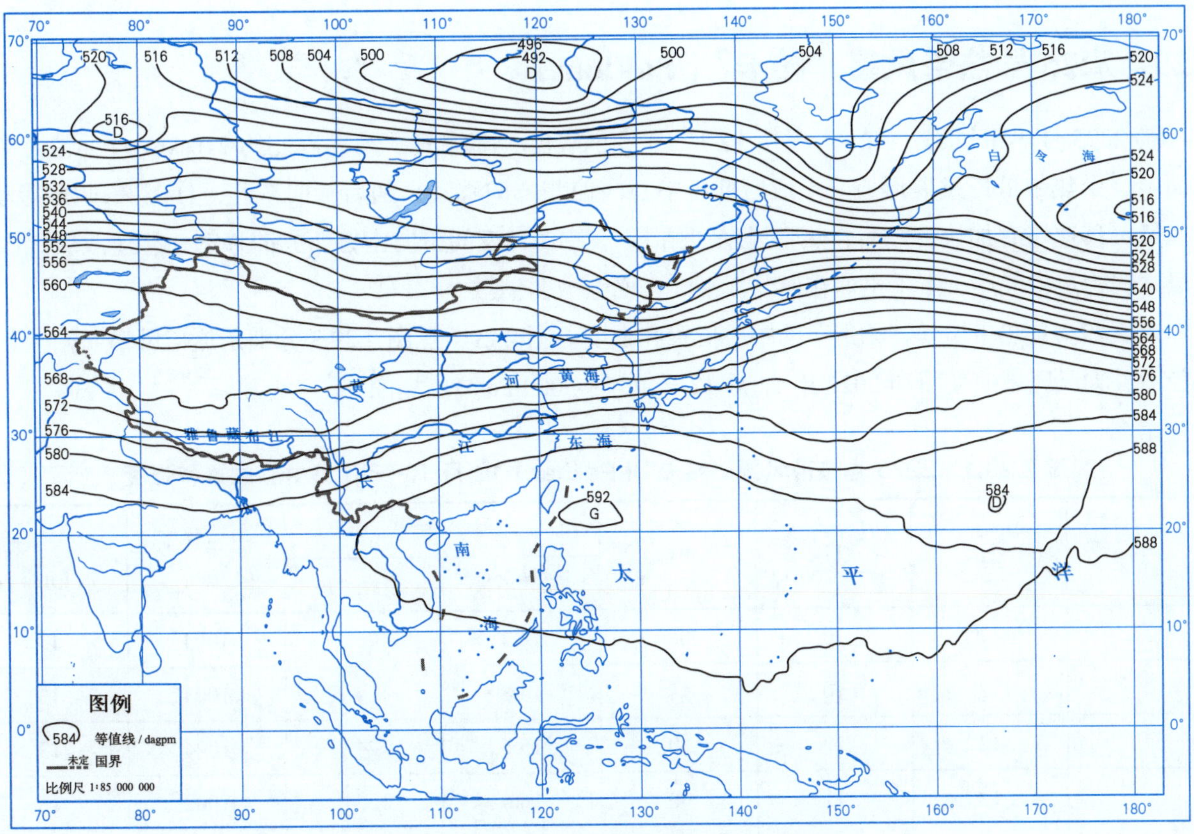

图2.28.3　2022年11月13日08时500 hPa高度场

2.29 2225 号热带风暴“帕卡”（Pakhar）

第 2225 号热带风暴“帕卡”是由 12 月 10 日早晨位于菲律宾萨马岛以北约 210 km 的西北太平洋洋面上一个热带低压发展形成。形成后低压中心向偏北方向移动，随后转向东北，11 日夜间发展为热带风暴，移速略有加快。之后，热带风暴“帕卡”于 12 日夜间折向南偏西方向移动，移速放缓，次日凌晨减弱为热带气压，下午迅速在西北太平洋洋面上减弱消散。

表 2.29.1 是热带风暴“帕卡”的中心位置和强度。图 2.29.1 ～图 2.29.3 分别是热带风暴“帕卡”的路径图、大风区域演变图和 2022 年 12 月 12 日 08 时 500 hPa 高度场图。

表 2.29.1 2225 号热带风暴“帕卡”（Pakhar）12 月 10—13 日中心位置和强度

年	月	日	时	中心位置		中心气压 /hPa	最大风速 /（m/s）
				北纬 /°N	东经 /°E		
2022	12	10	08	14.3	125.2	1004	13
	12	10	14	14.8	124.7	1004	13
	12	10	20	15.6	124.7	1004	13
	12	11	02	16.6	125.0	1002	15
	12	11	08	16.9	125.6	1002	15
	12	11	14	17.5	126.1	1002	15
	12	11	20	18.2	126.8	1000	18
	12	12	02	19.0	128.1	998	20
	12	12	08	20.2	129.6	995	23
	12	12	14	20.5	131.0	995	23
	12	12	20	20.3	131.7	1000	18
	12	13	02	19.6	131.9	1002	15
	12	13	08	18.7	131.5	1002	15
	12	13	14	18.0	131.2	1004	13
消散							

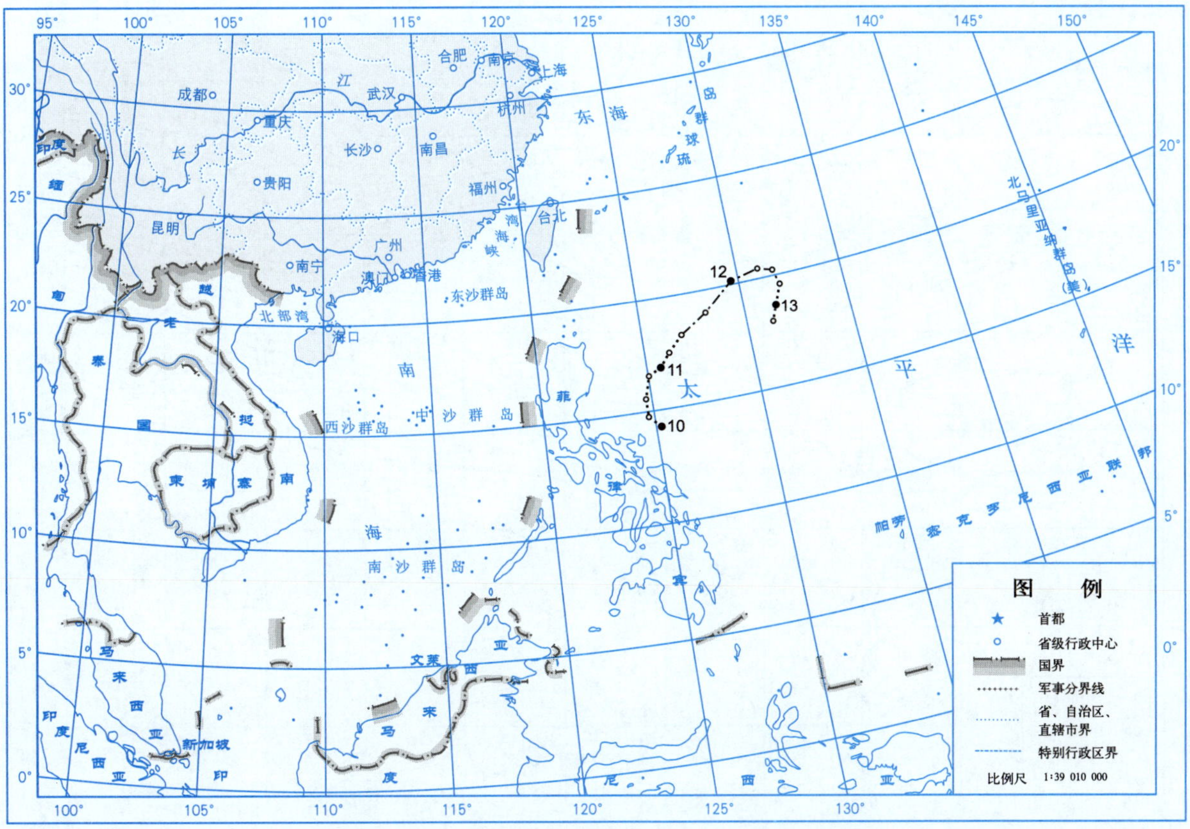

图 2.29.1　2225号热带风暴“帕卡”（Pakhar）路径

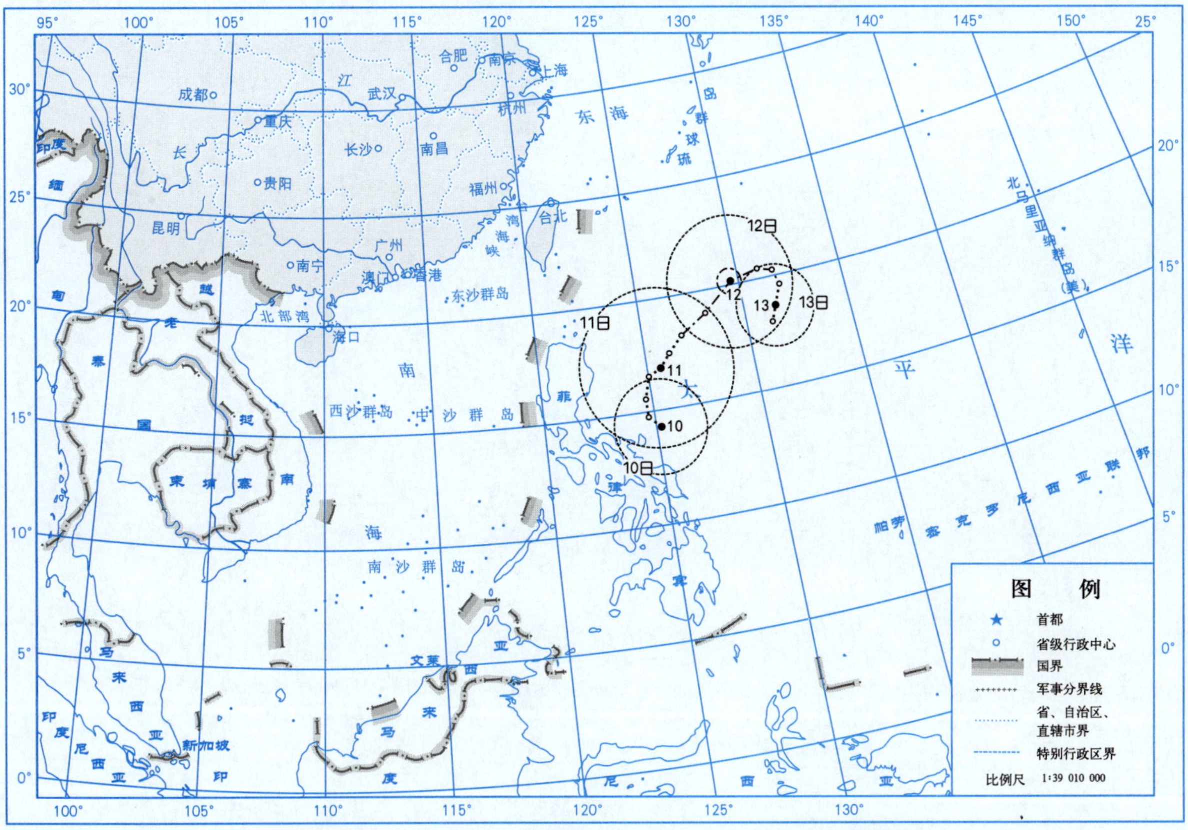

图 2.29.2　2225号热带风暴“帕卡”（Pakhar）大风区域演变

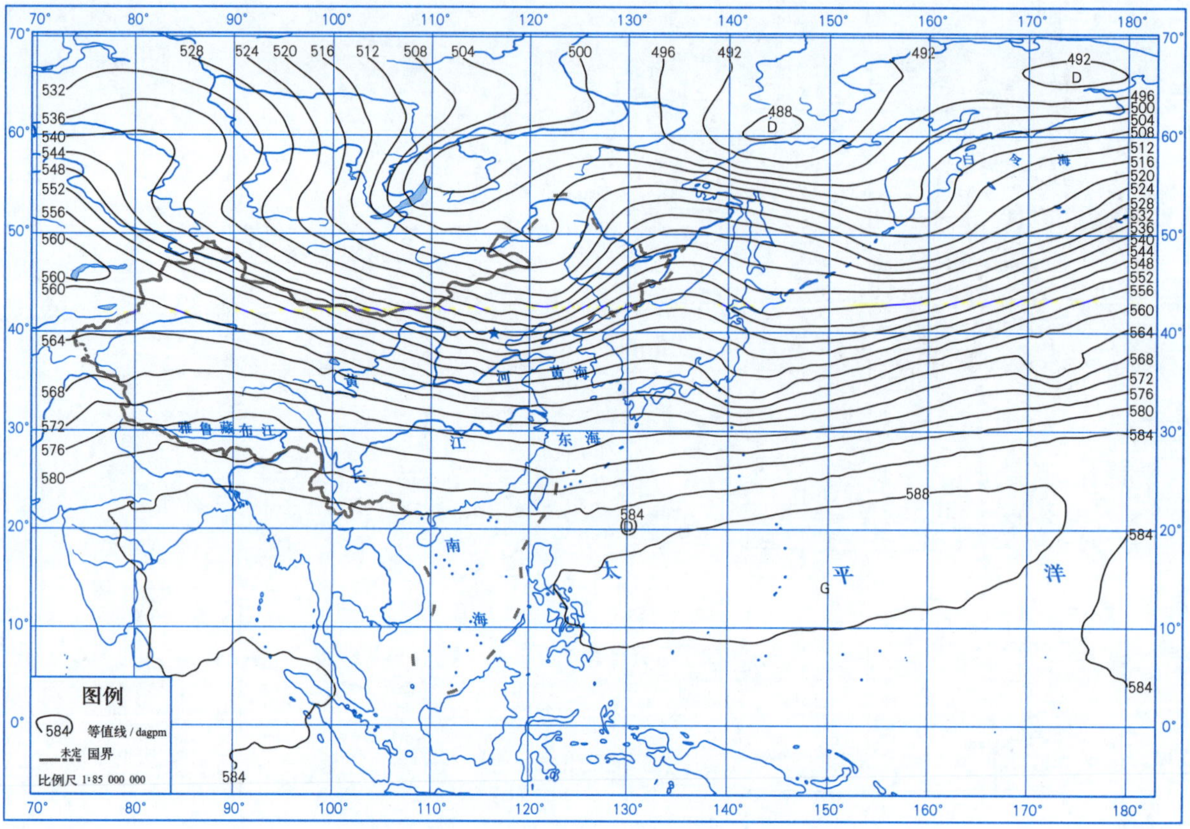

图2.29.3 2022年12月12日08时500 hPa高度场

附录 A　台风委员会西北太平洋和南海热带气旋命名方案（2022 年启用）

表 A.1　台风委员会西北太平洋和南海热带气旋命名表

（2022 年 6 月起执行）

第 1 列		第 2 列		第 3 列		第 4 列		第 5 列		备 注
英文名	中文名	英文名	中文名	英文名	中文名	英文名	中文名	英文名	中文名	名字来源
Damrey	达维	Kong-rey	康妮	Nakri	娜基莉	Krovanh	科罗旺	Trases	翠丝	柬埔寨
Haikui	海葵	Yinxing	银杏	Fengshen	风神	Dujuan	杜鹃	Mulan	木兰	中国
Kirogi	鸿雁	Toraji	桃芝	Kalmaegi	海鸥	Surigae	舒力基	Meari	米雷	朝鲜
Yun-Yeung	鸳鸯	Man-yi	万宜	Fung-wong	凤凰	Choi-wan	彩云	Ma-on	马鞍	中国香港
Koinu	小犬	Usagi	天兔	Koto	天琴	Koguma	小熊	Tokage	蝎虎	日本
Bolaven	布拉万	Pabuk	帕布	Nokaen	洛鞍	Champi	蔷琵	Hinnamnor	轩岚诺	老挝
Sanba	三巴	Wutip	蝴蝶	Penha*	西望洋	In-fa	烟花	Muifa	梅花	中国澳门
Jelawat	杰拉华	Sepat	圣帕	Nuri	鹦鹉	Cempaka	查帕卡	Merbok	苗柏	马来西亚
Ewiniar	艾云尼	Mun	木恩	Sinlaku	森拉克	Nepartak	尼伯特	Nanmadol	南玛都	密克罗尼西亚
Maliksi	马力斯	Danas	丹娜丝	Hagupit	黑格比	Lupit	卢碧	Talas	塔拉斯	菲律宾
Gaemi	格美	Nari	百合	Jangmi	蔷薇	Mirinae	银河	Noru	奥鹿	韩国
Prapiroon	派比安	Wipha	韦帕	Mekkhala	米克拉	Nida	妮妲	Kulap	玫瑰	泰国
Maria	玛莉亚	Francisco	范斯高	Higos	海高斯	Omais	奥麦斯	Roke	洛克	美国
Son-Tinh	山神	Co-May	竹节草	Bavi	巴威	Conson	康森	Sonca	桑卡	越南
Ampil	安比	Krosa	罗莎	Maysak	美莎克	Chanthu	灿都	Nesat	纳沙	柬埔寨
Wukong	悟空	Bailu	白鹿	Haishen	海神	Dianmu	电母	Haitang	海棠	中国
Jongdari	云雀	Podul	杨柳	Noul	红霞	Mindulle	蒲公英	Nalgae	尼格	朝鲜
Shanshan	珊珊	Lingling	玲玲	Dolphin	白海豚	Lionrock	狮子山	Banyan	榕树	中国香港
Yagi	摩羯	Kajiki	剑鱼	Kujira	鲸鱼	Kompasu	圆规	Yamaneko	山猫	日本
Leepi	丽琵	Nongfa	蓝湖	Chan-hom	灿鸿	Namtheun	南川	Pakhar	帕卡	老挝
Bebinca	贝碧嘉	Peipah	琵琶	Peilou*	琵鹭	Malou	玛瑙	Sanvu	珊瑚	中国澳门
Pulasan	普拉桑	Tapah	塔巴	Nangka	浪卡	Nyatoh	妮亚图	Mawar	玛娃	马来西亚
Soulik	苏力	Mitag	米娜	Saudel	沙德尔	Rai	雷伊	Guchol	古超	密克罗尼西亚
Cimaron	西马仑	Ragasa	桦加沙	Narra*	紫檀	Malakas	马勒卡	Talim	泰利	菲律宾
Jebi	飞燕	Neoguri	浣熊	Gaenari*	简拉维	Megi	鲇鱼	Doksuri	杜苏芮	韩国
Krathon	山陀儿	Bualoi	芭洛	Atsani	艾莎尼	Chaba	暹芭	Khanun	卡努	泰国
Barijat	百里嘉	Matmo	麦德姆	Etau	艾涛	Aere	艾利	Lan	兰恩	美国
Trami	潭美	Halong	夏浪	Bang-lang*	班朗	Songda	桑达	Saola	苏拉	越南

* 根据 2022 年 2 月亚太经社理事会 / 世界气象组织（ESCAP/WMO）台风委员会第 54 届会议的决定，由"西望洋"（Penha）取代"黄蜂"（Vongfong）、"琵鹭"（Peilou）取代"莲花"（Linfa）、"紫檀"（Narra）取代"莫拉菲"（Molave）、"简拉维"（Gaenari）取代"天鹅"（Goni）、"班朗"（Bang-lang）取代"环高"（Vamco）。

表 A.2　西北太平洋和南海热带气旋名称的意义

第 1 组			
英文名	中文名	名字来源	意义
Damrey	达维	柬埔寨	大象
Haikui	海葵	中国	一种形状如花朵的海洋动物
Kirogi	鸿雁	朝鲜	一种候鸟，在朝鲜秋来春去，和台风的活动很相似
Yun-yeung	鸳鸯	中国香港	一种水鸟
Koinu	小犬	日本	星座名称
Bolaven	布拉万	老挝	高原
Sanba	三巴	中国澳门	澳门旅游名胜
Jelawat	杰拉华	马来西亚	一种淡水鱼
Ewiniar	艾云尼	密克罗尼西亚	传统的风暴神（Chuuk 语）
Maliksi	马力斯	菲律宾	快速
Gaemi	格美	韩国	蚂蚁
Prapiroon	派比安	泰国	雨神
Maria	玛莉亚	美国	女士名（Chamarro 语）
Son-Tinh	山神	越南	山神
Ampil	安比	柬埔寨	罗望子
Wukong	悟空	中国	孙悟空
Jongdar	云雀	朝鲜	云雀
Shanshan	珊珊	中国香港	女孩儿名
Yagi	摩羯	日本	摩羯星座
Leepi	丽琵	老挝	老挝南部最美丽的瀑布
Bebinca	贝碧嘉	中国澳门	澳门牛奶布丁
Pulasan	普拉桑	马来西亚	一种水果
Soulik	苏力	密克罗尼西亚	传统的 Pohnpei 酋长头衔
Cimaron	西马仑	菲律宾	菲律宾野牛
Jebi	飞燕	韩国	燕子
Krathon	山陀儿	泰国	一种水果
Barijat	百里嘉	美国	沿岸地区受风浪影响的意思（马绍尔语）
Trami	潭美	越南	一种花

（续表）

第 2 组			
英文名	中文名	名字来源	意 义
Kong-rey	康妮	柬埔寨	高棉传说中的可爱女孩儿
Yinxing	银杏	中国	一种原产于中国的树
Toraji	桃芝	朝鲜	朝鲜深山中的一种花，开花时无声无息不惹人注意，花能食用和入药
Man-yi	万宜	中国香港	海峡名，现为水库
Usagi	天兔	日本	天兔星座
Pabuk	帕布	老挝	大淡水鱼
Wutip	蝴蝶	中国澳门	一种昆虫
Sepat	圣帕	马来西亚	一种淡水鱼
Mun	木恩	密克罗尼西亚	6 月的意思（Yapese 语）
Danas	丹娜丝	菲律宾	经历
Nari	百合	韩国	一种花
Wipha	韦帕	泰国	女士名字
Francisco	范斯高	美国	男子名（Chamarro 语）
Co-May	竹节草	越南	一种植物
Krosa	罗莎	柬埔寨	鹤
Bailu	白鹿	中国	白色的鹿，意指吉祥
Podul	杨柳	朝鲜	一种在城乡均有种植的树，闷热天气时人们喜欢在其树荫下休息聊天
Lingling	玲玲	中国香港	女孩儿名
Kajiki	剑鱼	日本	剑鱼星座
Nongfa	蓝湖	老挝	老挝境内的湖泊
Peipah	琵琶	中国澳门	一种在澳门受欢迎的宠物鱼
Tapah	塔巴	马来西亚	一种淡水鱼
Mitag	米娜	密克罗尼西亚	女士名字（Yap 语）
Ragasa	桦加沙	菲律宾	快速移动
Neoguri	浣熊	韩国	狗
Bualoi	芭洛	泰国	泰式椰奶
Matmo	麦德姆	美国	大雨
Halong	夏浪	越南	越南一海湾名

（续表）

第 3 组			
英文名　中文名		名字来源	意 义
Nakri	娜基莉	柬埔寨	一种花
Fengshen	风神	中国	神话中的风之神
Kalmaegi	海鸥	朝鲜	一种海鸟
Fung-wong	凤凰	中国香港	山峰名
Koto	天琴	日本	天琴星座
Nokaen	洛鞍	老挝	燕子
Penha	西望洋	中国澳门	西望洋山为澳门新八景之一
Nuri	鹦鹉	马来西亚	一种蓝色冠羽的鹦鹉
Sinlaku	森拉克	密克罗尼西亚	传说中的 Kosrae 女神
Hagupit	黑格比	菲律宾	鞭子
Jangmi	蔷薇	韩国	花名
Mekkhala	米克拉	泰国	雷天使
Higos	海高斯	美国	无花果（Chamarro 语）
Bavi	巴威	越南	越南北部一山名
Maysak	美莎克	柬埔寨	一种树
Haishen	海神	中国	神话中的大海之神
Noul	红霞	朝鲜	红色的天空
Dolphin	白海豚	中国香港	生活在香港水域的中华白海豚，亦是香港的吉祥物
Kujira	鲸鱼	日本	鲸鱼星座
Chan-hom	灿鸿	老挝	一种树
Peilou	琵鹭	中国澳门	一种澳门常见的候鸟
Nangka	浪卡	马来西亚	一种水果
Saudel	沙德尔	密克罗尼西亚	传说中的将领“苏迪罗”的首席守卫 / 士兵
Narra	紫檀	菲律宾	一种乔木
Gaenari	简拉维	韩国	一种春天开花的灌木
Atsani	艾莎尼	泰国	闪电
Etau	艾涛	美国	风暴云（Palauan）
Bang-lang	班朗	越南	一种开花的乔木

（续表）

第 4 组			
英文名	中文名	名字来源	意　义
Krovanh	科罗旺	柬埔寨	一种树
Dujuan	杜鹃	中国	一种花
Surigae	舒力基	朝鲜	一种鹰
Choi-wan	彩云	中国香港	天上的云彩
Koguma	小熊	日本	小熊星座
Champi	蔷琵	老挝	一种花
In-Fa	烟花	中国澳门	烟花
Cempaka	查帕卡	马来西亚	以其芬芳的花闻名的植物
Nepartak	尼伯特	密克罗尼西亚	著名的勇士（Kosrae 语）
Lupit	卢碧	菲律宾	残酷
Mirinae	银河	韩国	宇宙的银河
Nida	妮妲	泰国	女士名字
Omais	奥麦斯	美国	漫游（Palauan 语）
Conson	康森	越南	古迹
Chanthu	灿都	柬埔寨	一种花
Dianmu	电母	中国	神话中的雷电之神
Mindulle	蒲公英	朝鲜	一种小黄花，春天开放，蒲公英属，是朝鲜妇女淳朴识礼的象征
Lionrock	狮子山	中国香港	香港一座远眺九龙半岛的山峰名称
Kompasu	圆规	日本	圆规星座
Namtheun	南川	老挝	河
Malou	玛瑙	中国澳门	玛瑙
Nyatoh	妮亚图	马来西亚	一种在东南亚热带雨林环境中生长的树木
Rai	雷伊	密克罗尼西亚	雅浦岛石币
Malakas	马勒卡	菲律宾	强壮，有力
Megi	鲇鱼	韩国	鱼
Chaba	暹芭	泰国	热带花
Aere	艾利	美国	风暴（Marshalese 语）
Songda	桑达	越南	越南西北部一河

（续表）

第 5 组			
英文名	中文名	名字来源	意 义
Trases	翠丝	柬埔寨	啄木鸟
Mulan	木兰	中国	木兰花—— 一种原产于中国的花
Meari	米雷	朝鲜	回波
Ma-on	马鞍	中国香港	山峰名
Tokage	蝎虎	日本	蝎虎星座
Hinnamnor	轩岚诺	老挝	老挝一个国家保护区的名称
Muifa	梅花	中国澳门	一种花
Merbok	苗柏	马来西亚	一种鸟
Namadol	南玛都	密克罗尼西亚	著名的 Pohnpei 废墟
Talas	塔拉斯	菲律宾	锐利
Noru	奥鹿	韩国	狍鹿
Kulap	玫瑰	泰国	一种花
Roke	洛克	美国	男子名（Chamarro 语）
Sonca	桑卡	越南	一种会唱歌的鸟
Nesat	纳沙	柬埔寨	渔夫
Haitang	海棠	中国	花
Nalgae	尼格	朝鲜	有生气，自由翱翔
Banyan	榕树	中国香港	一种树
Yamaneko	山猫	日本	一种动物
Pakhar	帕卡	老挝	生长在湄公河下游的一种淡水鱼
Sanvu	珊瑚	中国澳门	一种水生物
Mawar	玛娃	马来西亚	玫瑰花
Guchol	古超	密克罗尼西亚	一种香料（调味品）（Yapese 语）
Talim	泰利	菲律宾	明显的边缘
Doksuri	杜苏芮	韩国	一种猛禽
Khanun	卡努	泰国	泰国水果
Lan	兰恩	美国	风暴的意思（马绍尔语）
Saola	苏拉	越南	越南最近发现的一种珍贵动物

附录 B　2022 年热带气旋在西北太平洋和南海活动时的气象卫星云图

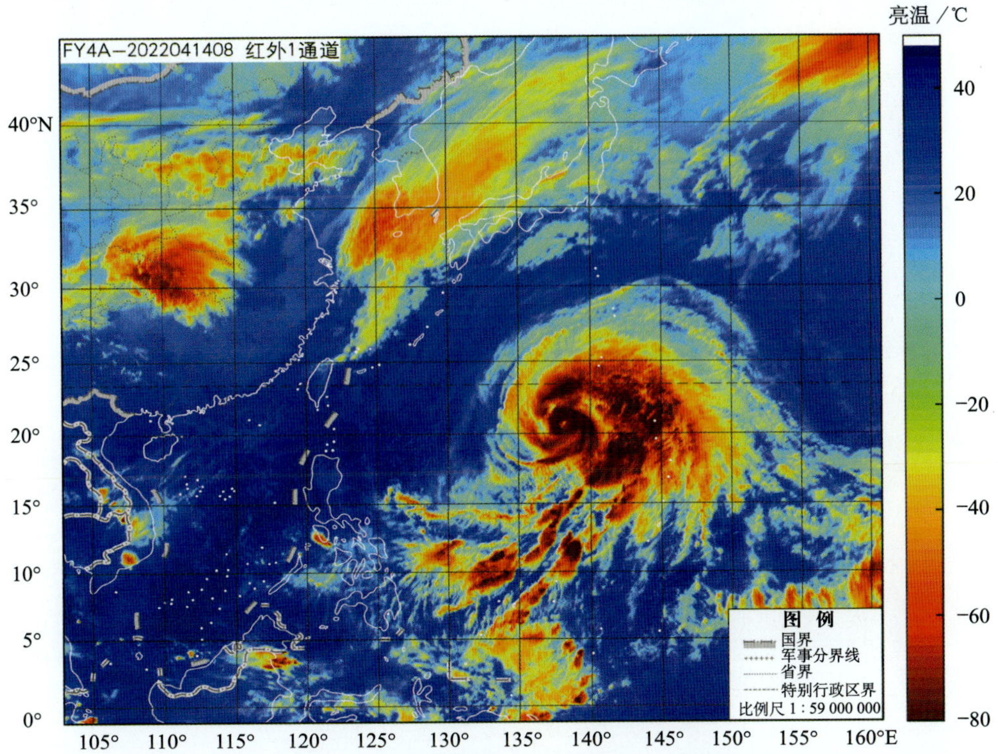

图 B.1　2201 号超强台风“马勒卡”（Malakas）

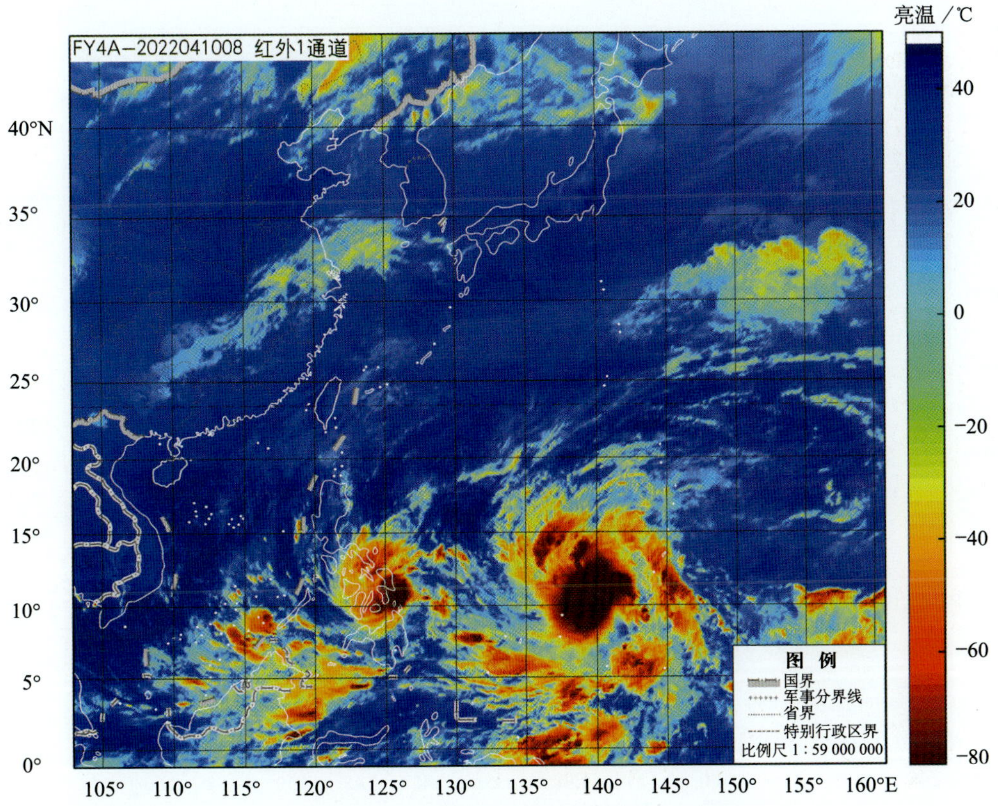

图 B.2　2202 号热带风暴“鲇鱼”（Megi）

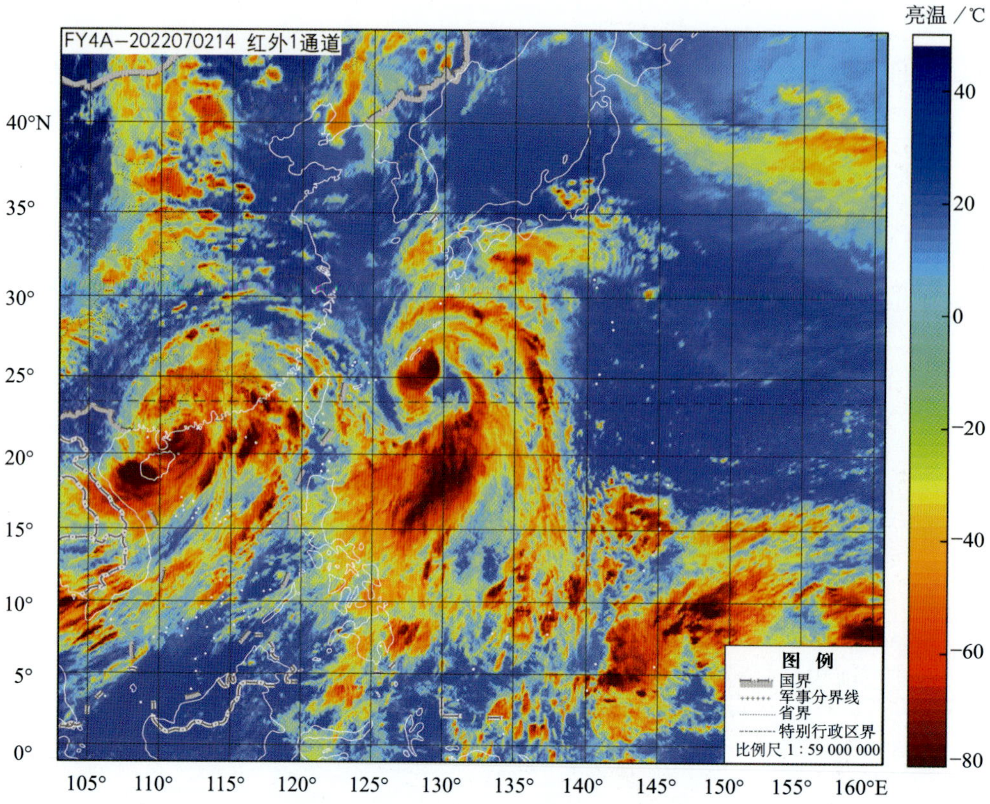

图 B.3　2203 号台风“暹芭”（Chaba）

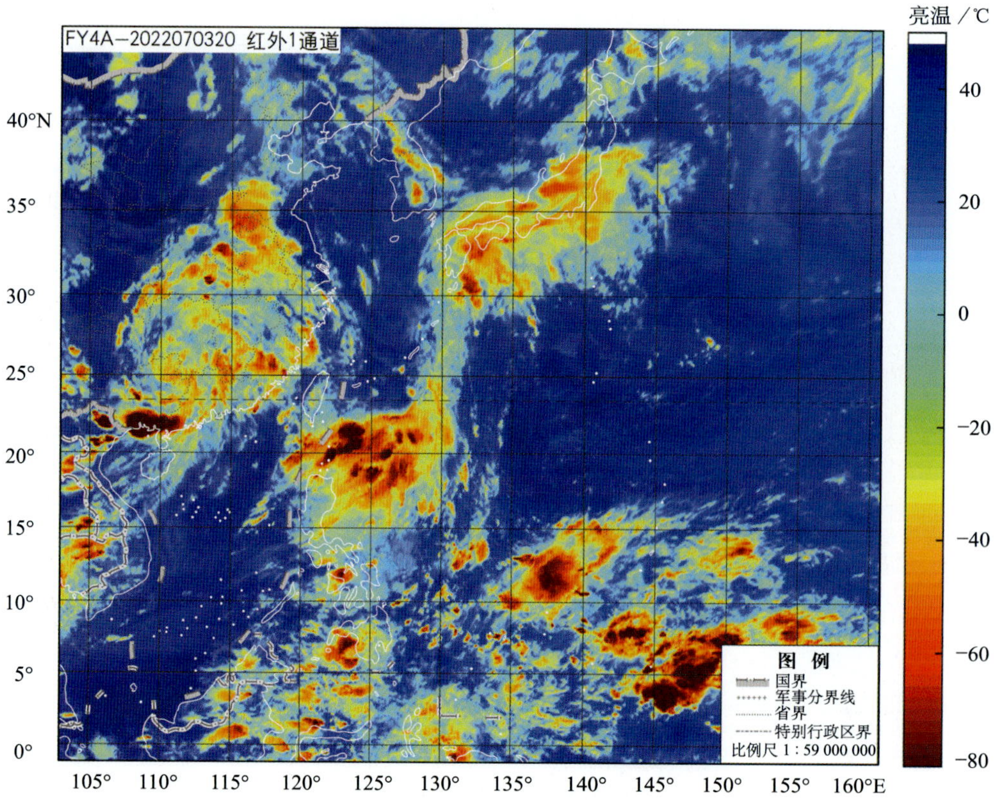

图 B.4　2204 号热带风暴“艾利”（Aere）

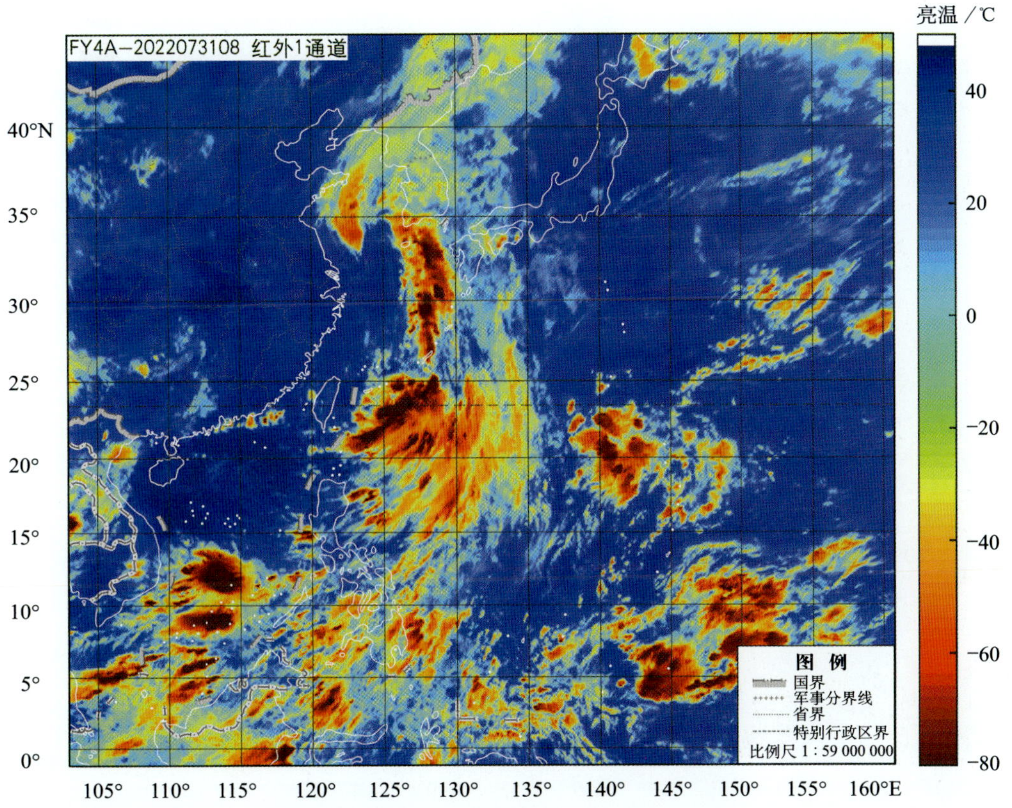

图 B.5 2205 号热带风暴“桑达”(Songda)

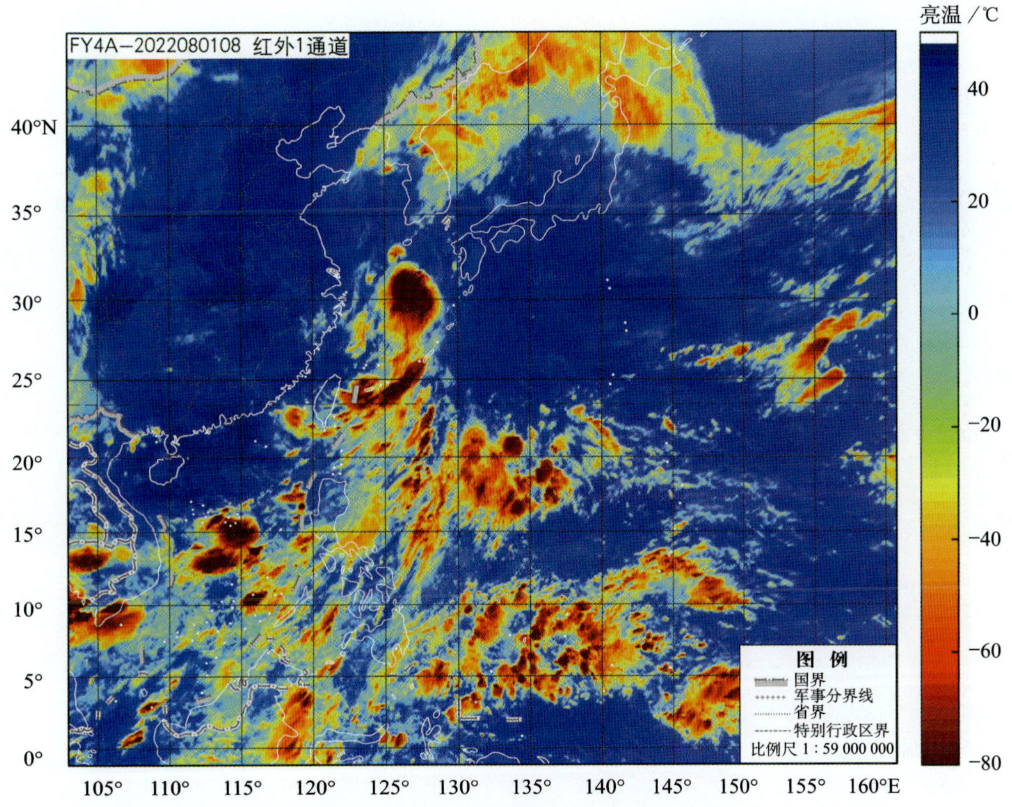

图 B.6 2206 号热带风暴“翠丝”(Trases)

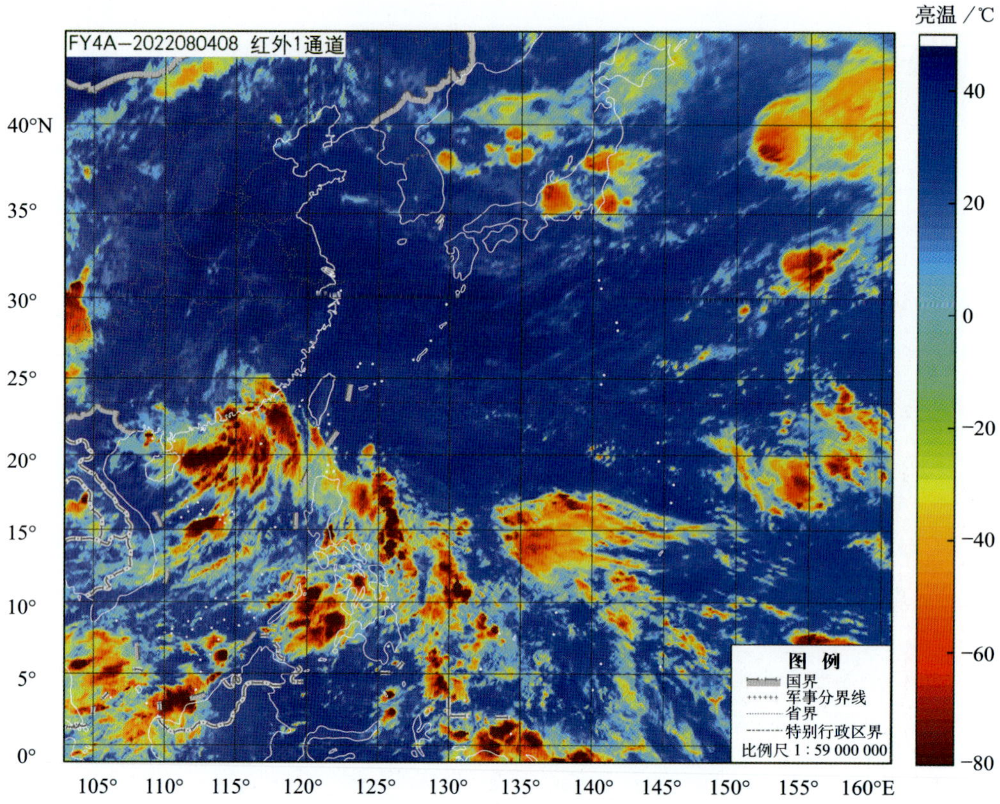

图 B.7　热带低压（TD2201）

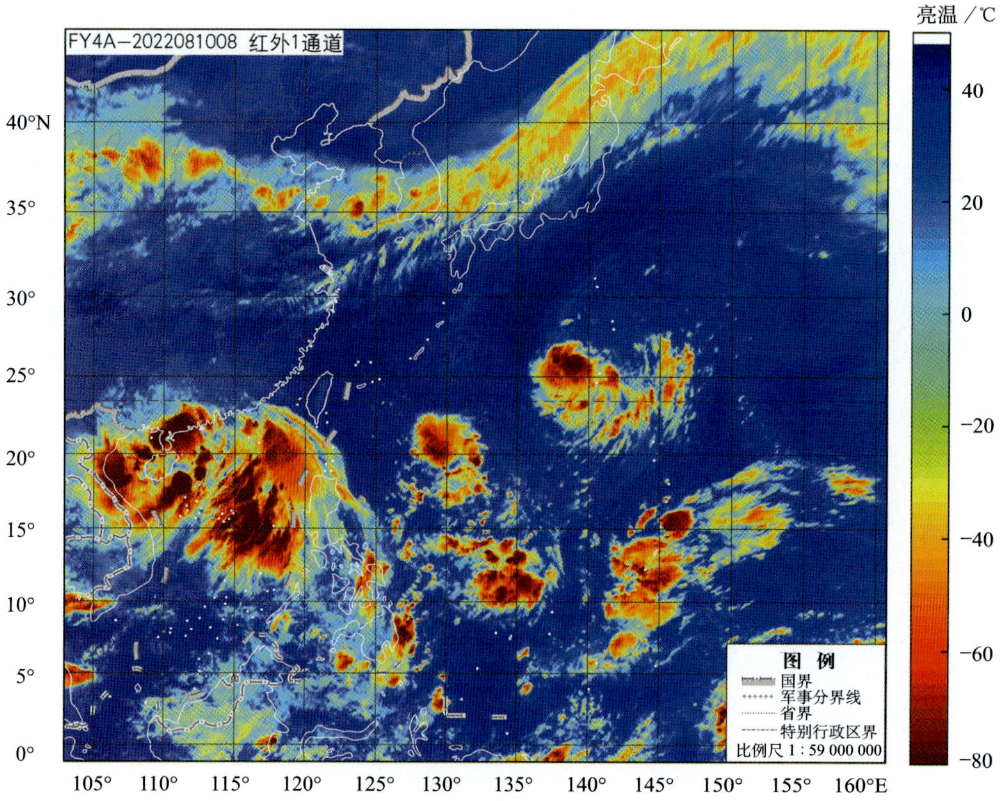

图 B.8　2207 号热带风暴“木兰”（Mulan）

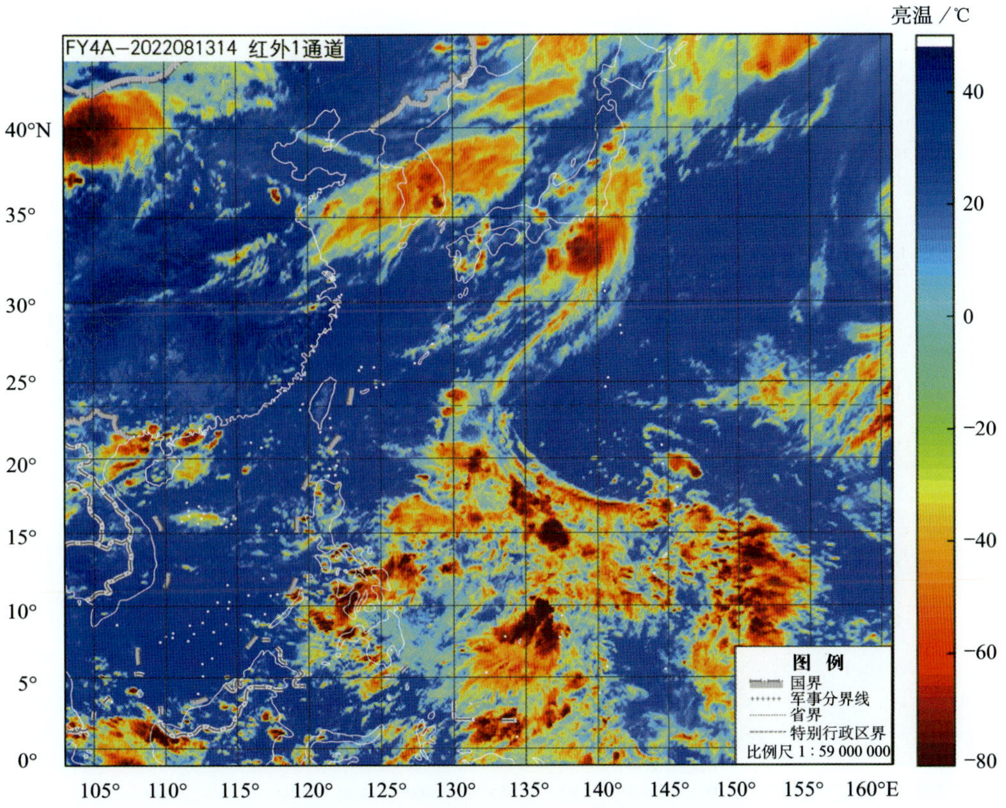

图 B.9　2208 号热带风暴“米雷”（Meari）

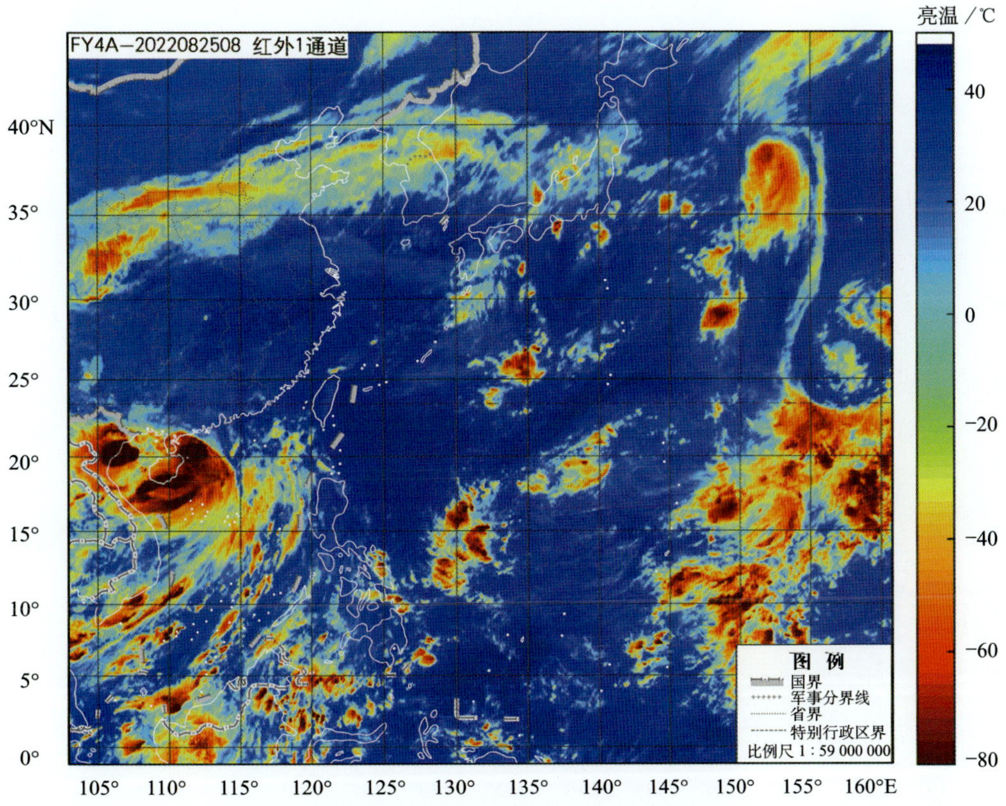

图 B.10　2209 号台风“马鞍”（Ma-on）

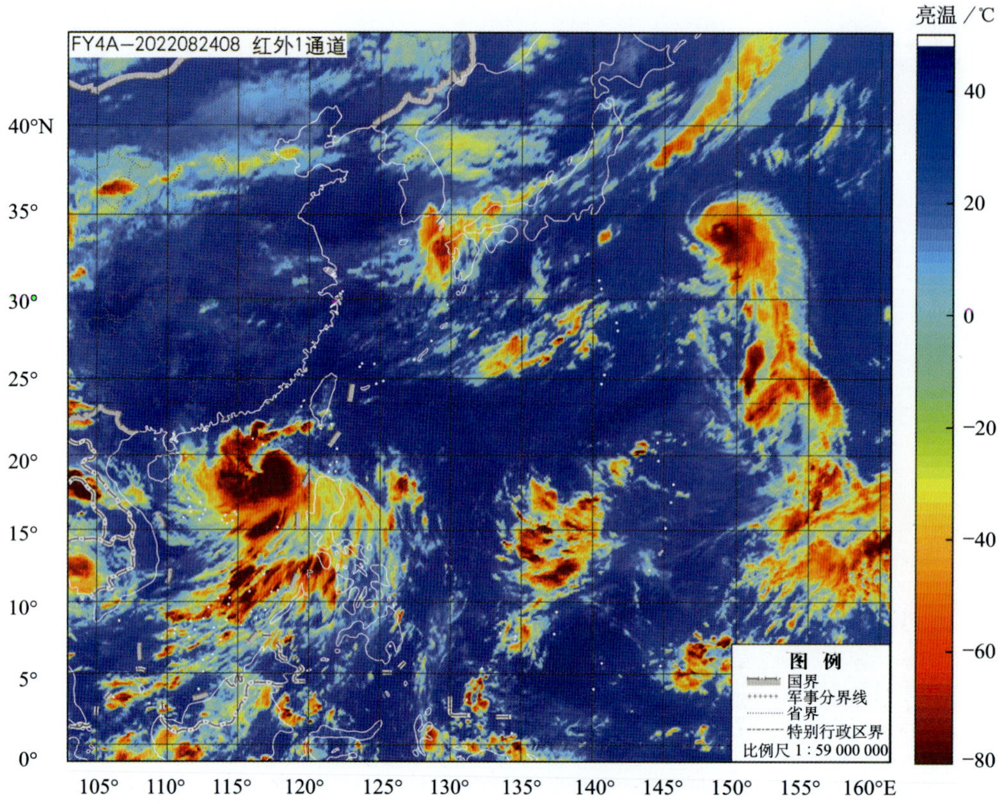

图 B.11 2210 号强台风“蝎虎”（Tokage）

图 B.12 2211 号超强台风“轩岚诺”（Hinnamnor）

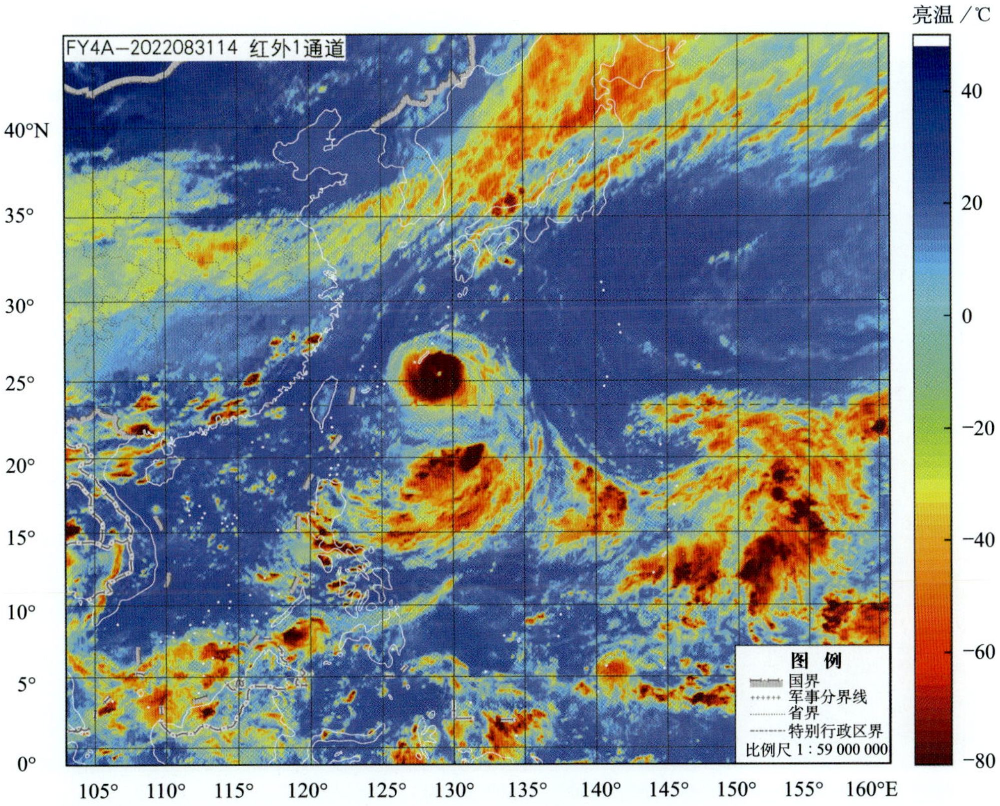

图 B.13　热带低压（TD2202）

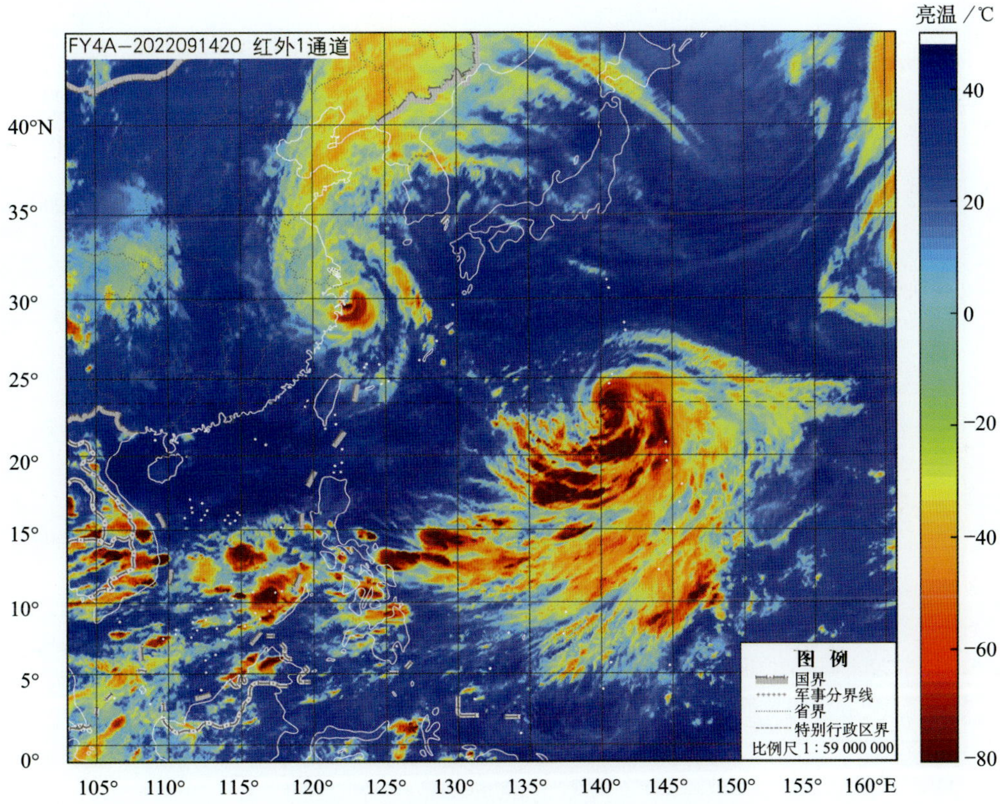

图 B.14　2212 号强台风“梅花”（Muifa）

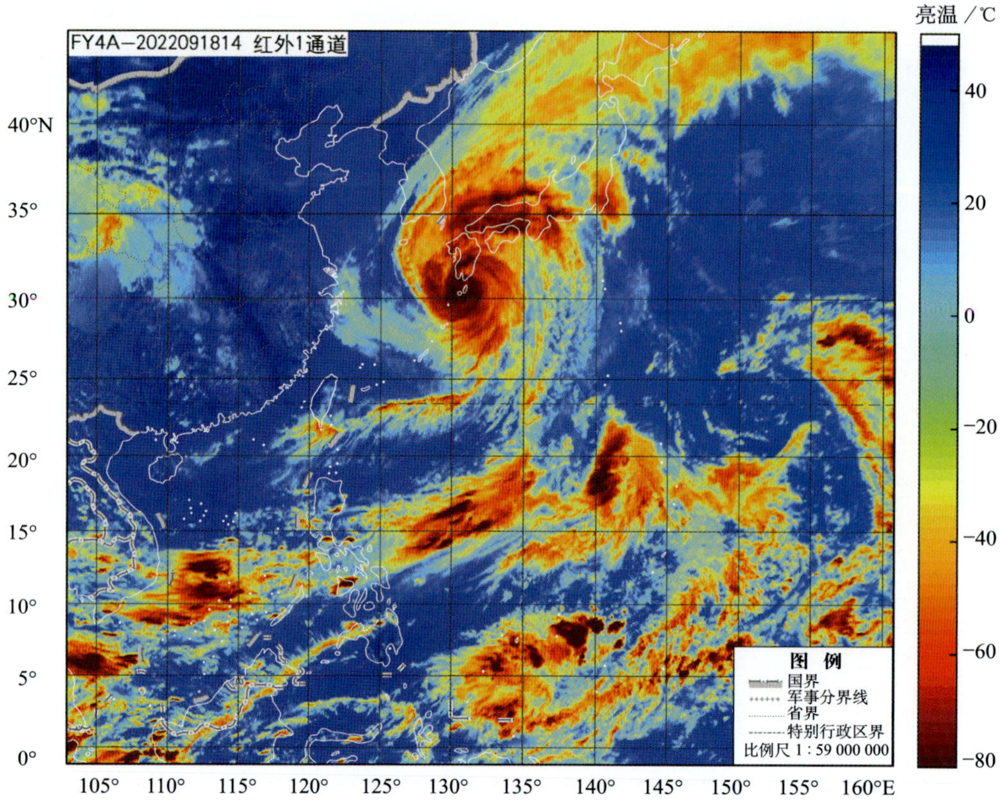

图 B.15　2214 号超强台风“南玛都”（Nanmadol）

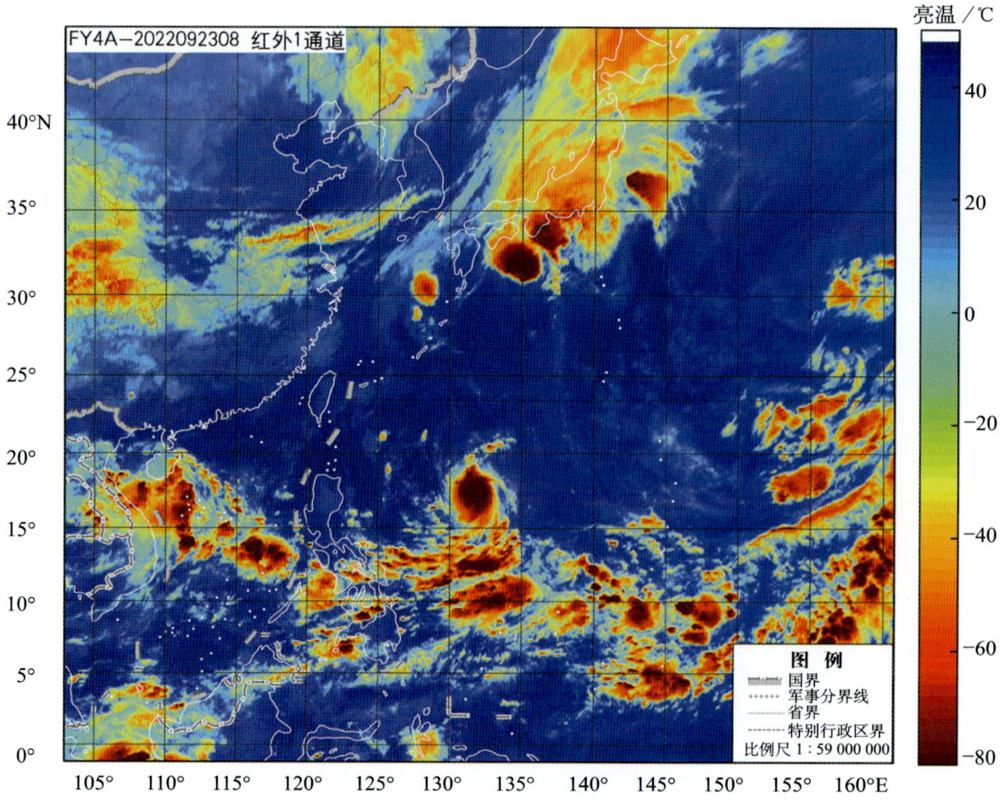

图 B.16　2215 号热带风暴“塔拉斯”（Talas）

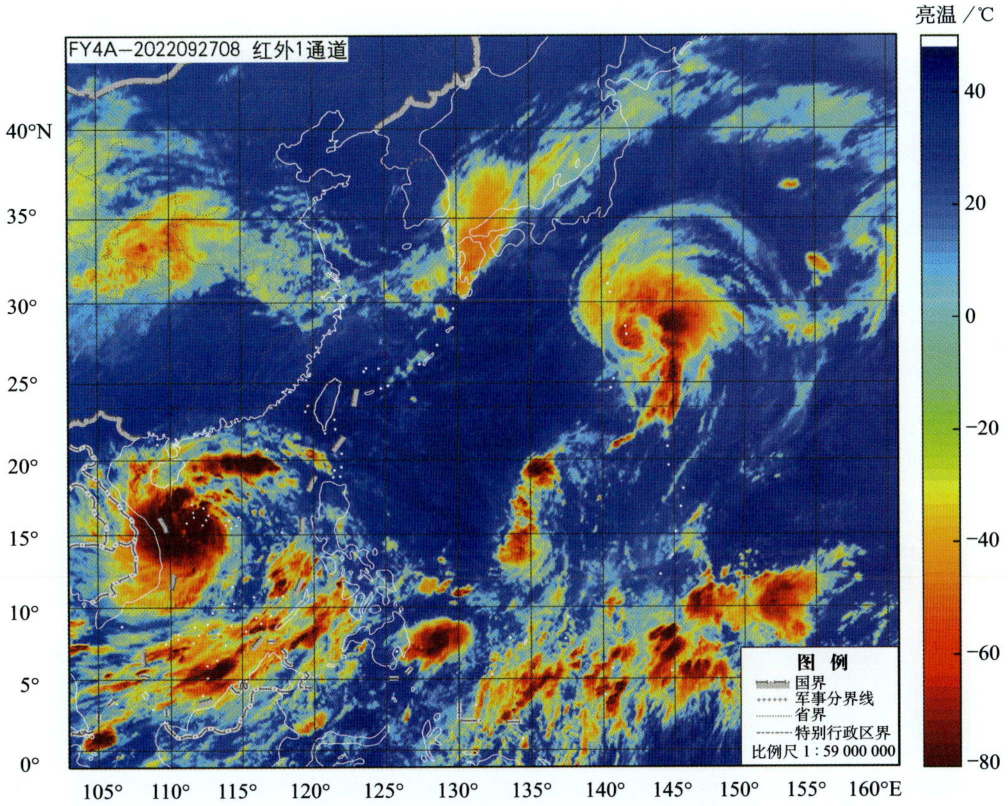

图 B.17 2216 号超强台风“奥鹿”(Noru)

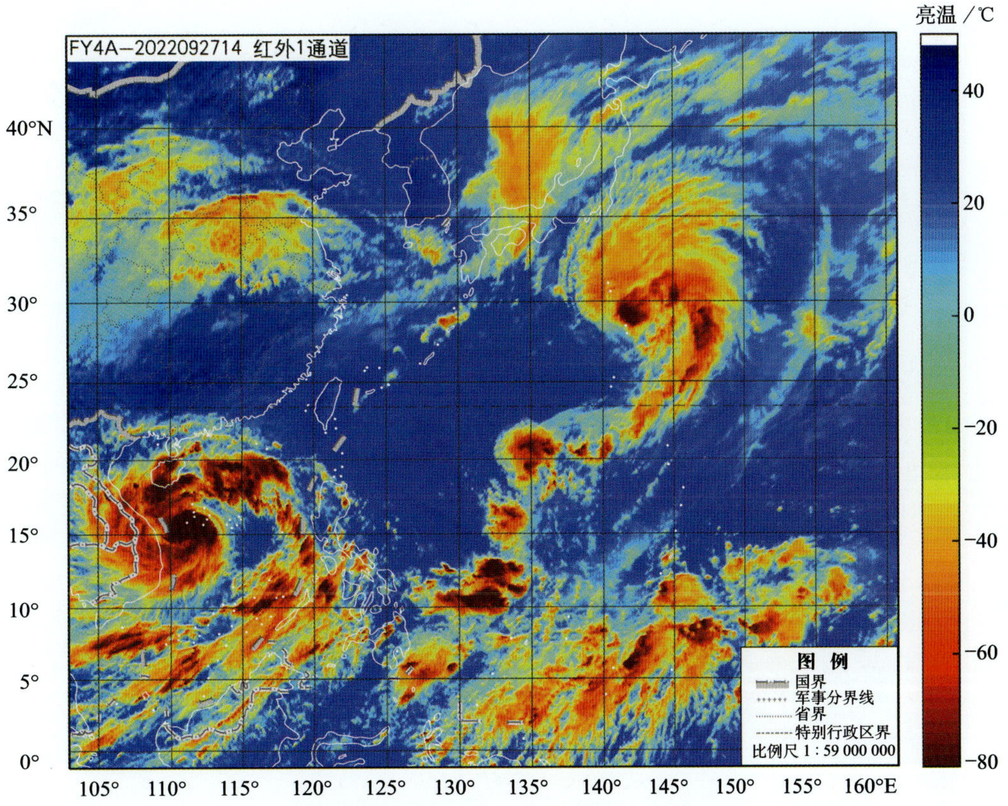

图 B.18 2217 号台风“玫瑰”(Kulap)

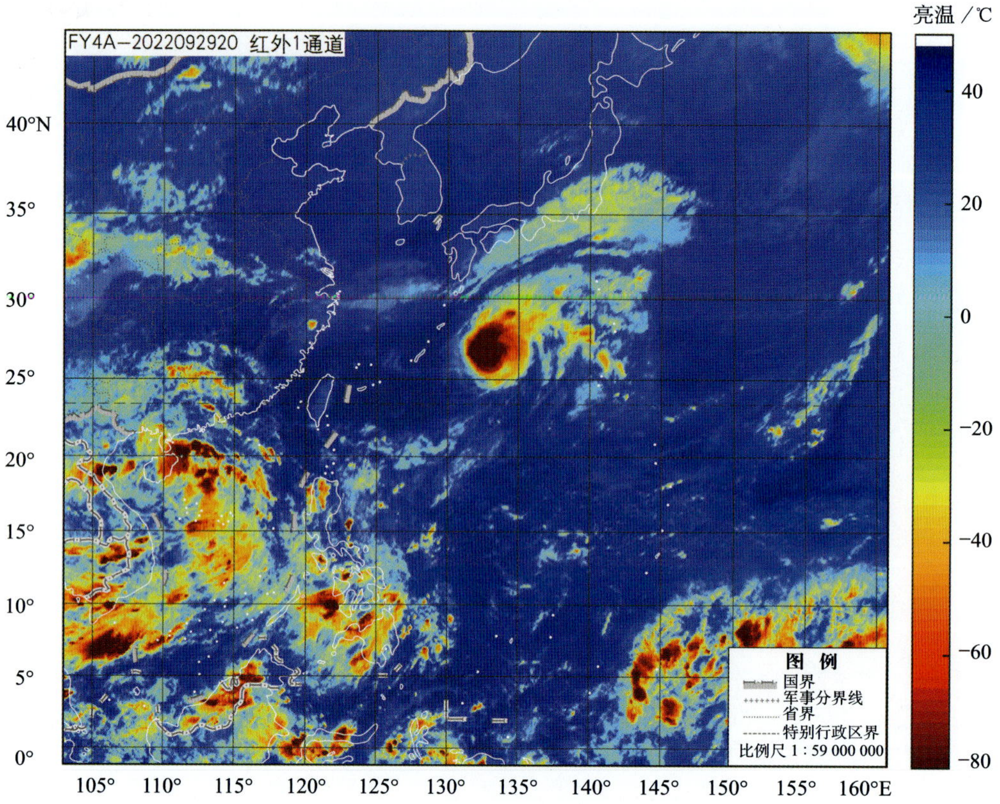

图 B.19　2218 号台风“洛克”（Roke）

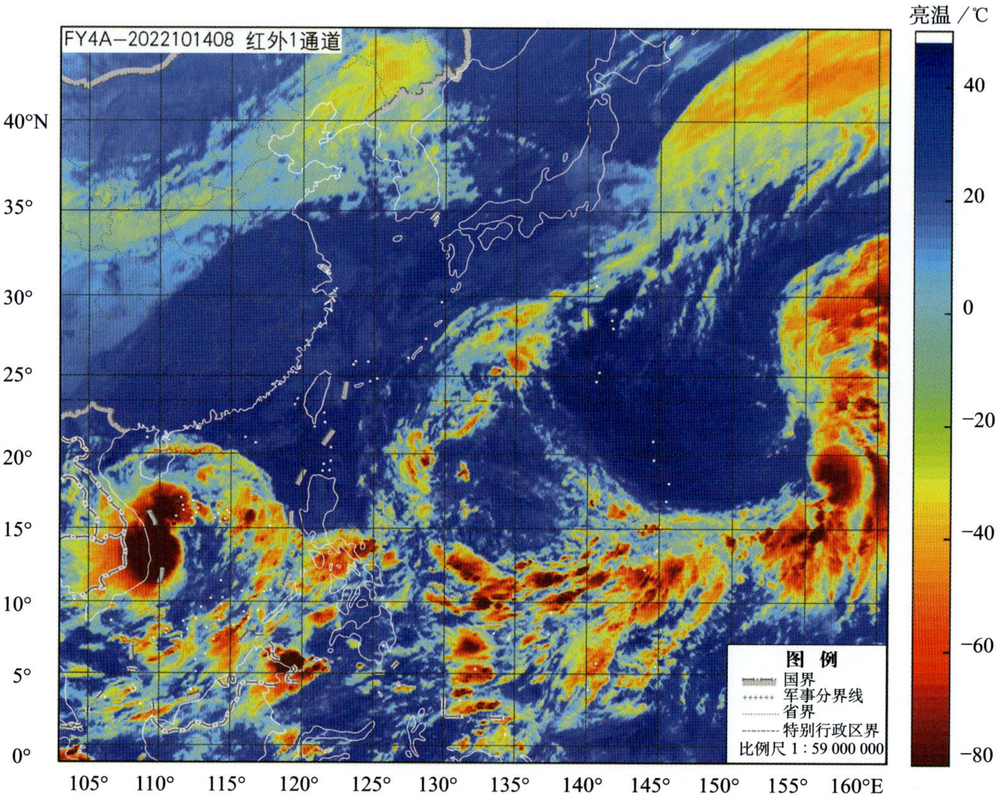

图 B.20　热带低压（TD2203）

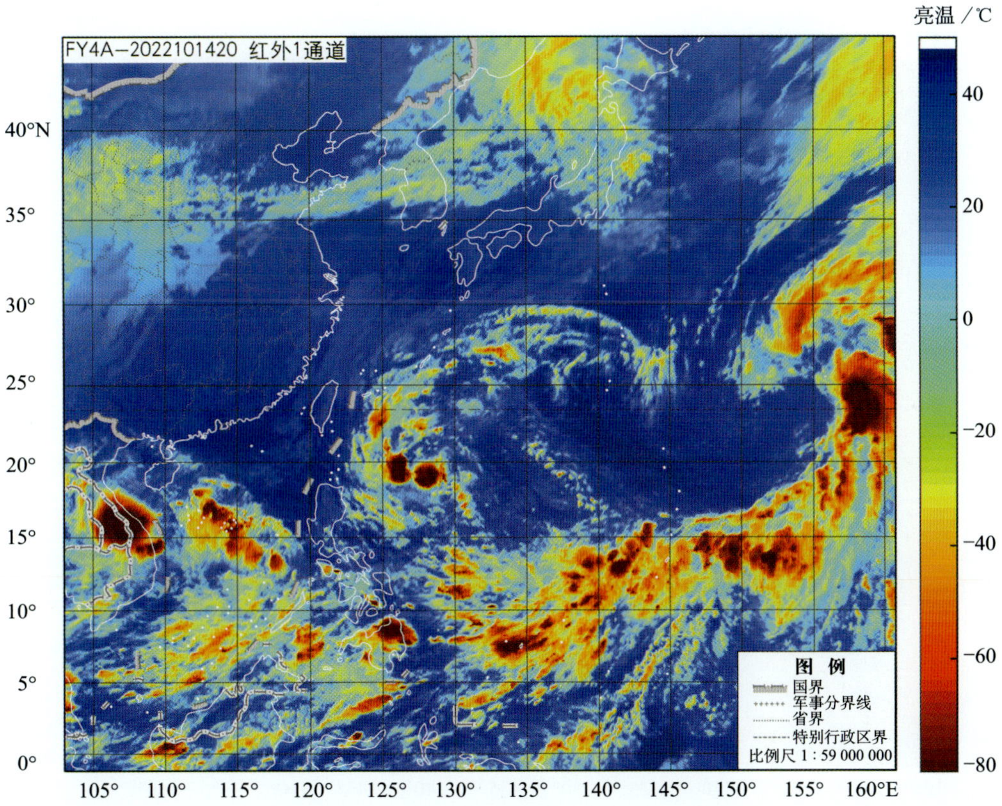

图 B.21 2219 号热带风暴“桑卡”（Sonca）

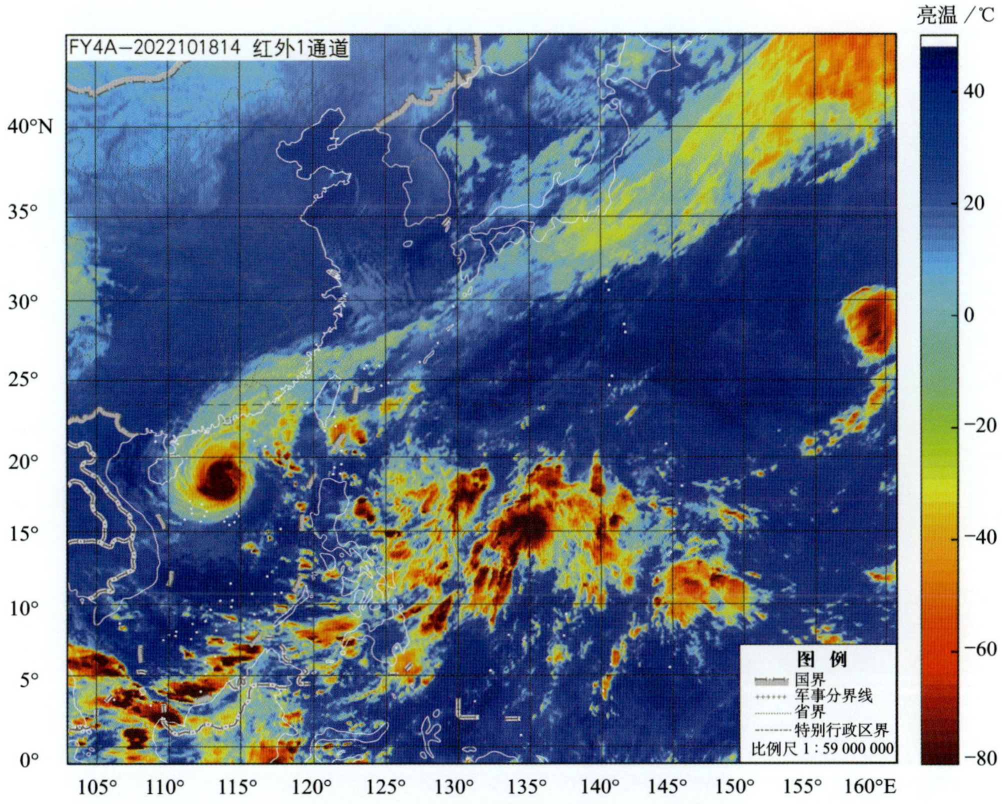

图 B.22 2220 号强台风“纳沙”（Nesat）

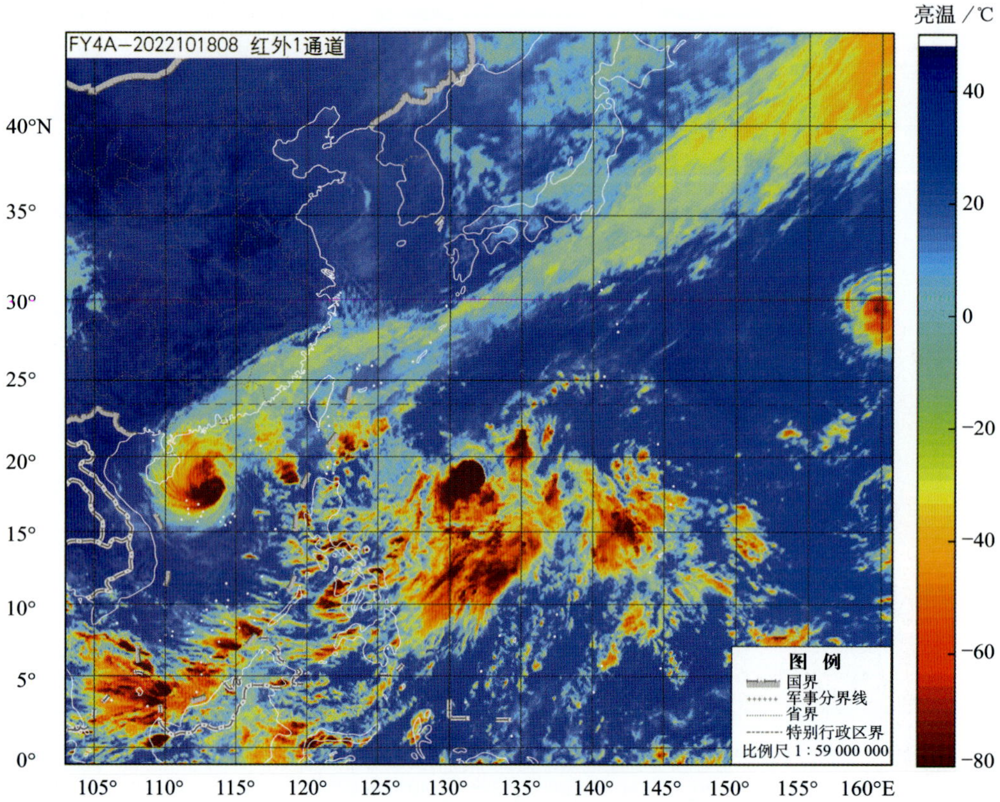

图 B.23　2221 号热带风暴“海棠”(Haitang)

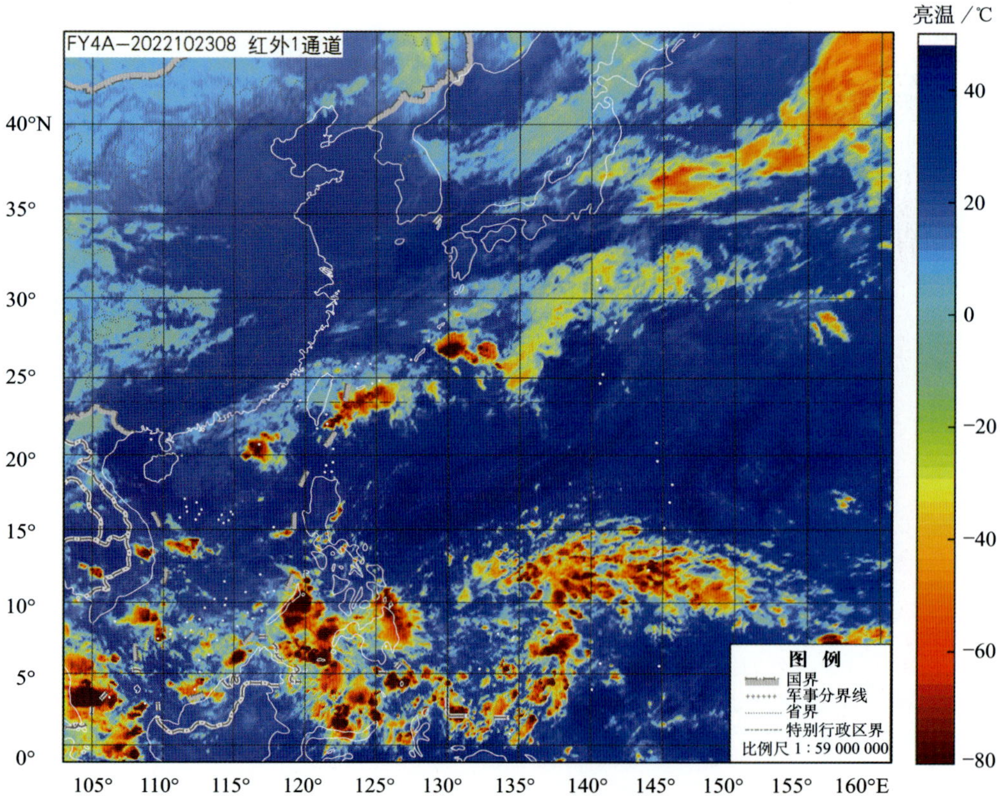

图 B.24　热带低压（TD2204）

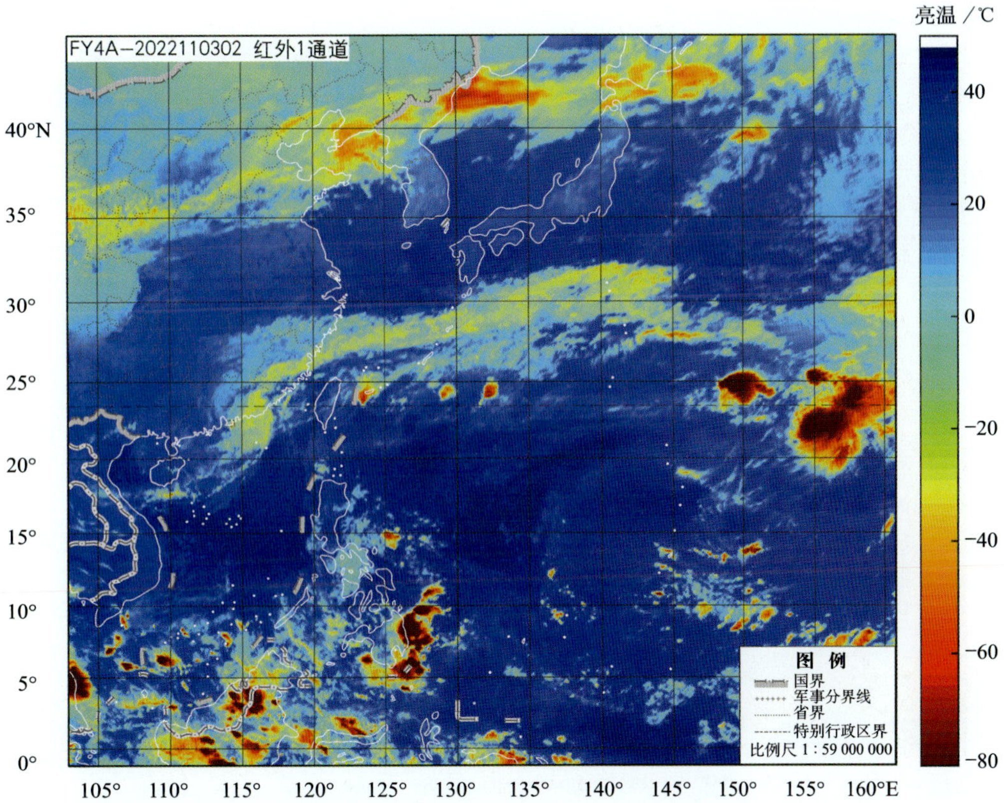

图 B.25　2222 号台风“尼格”（Nalgae）

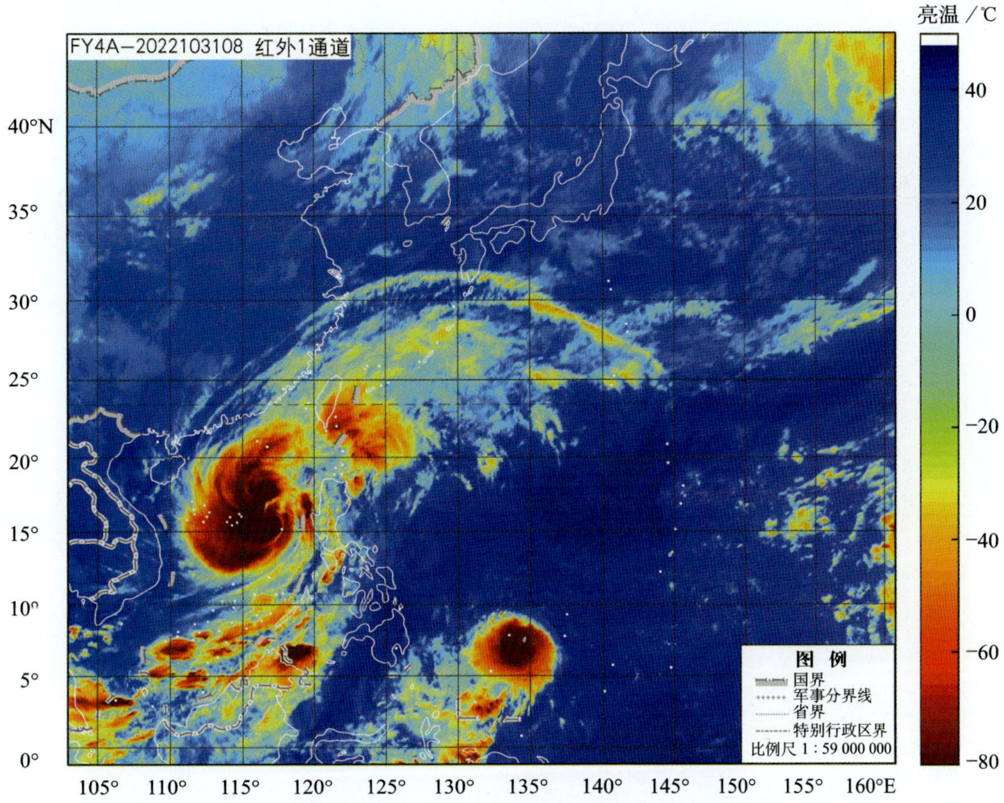

图 B.26　2223 号热带风暴“榕树”（Banyan）

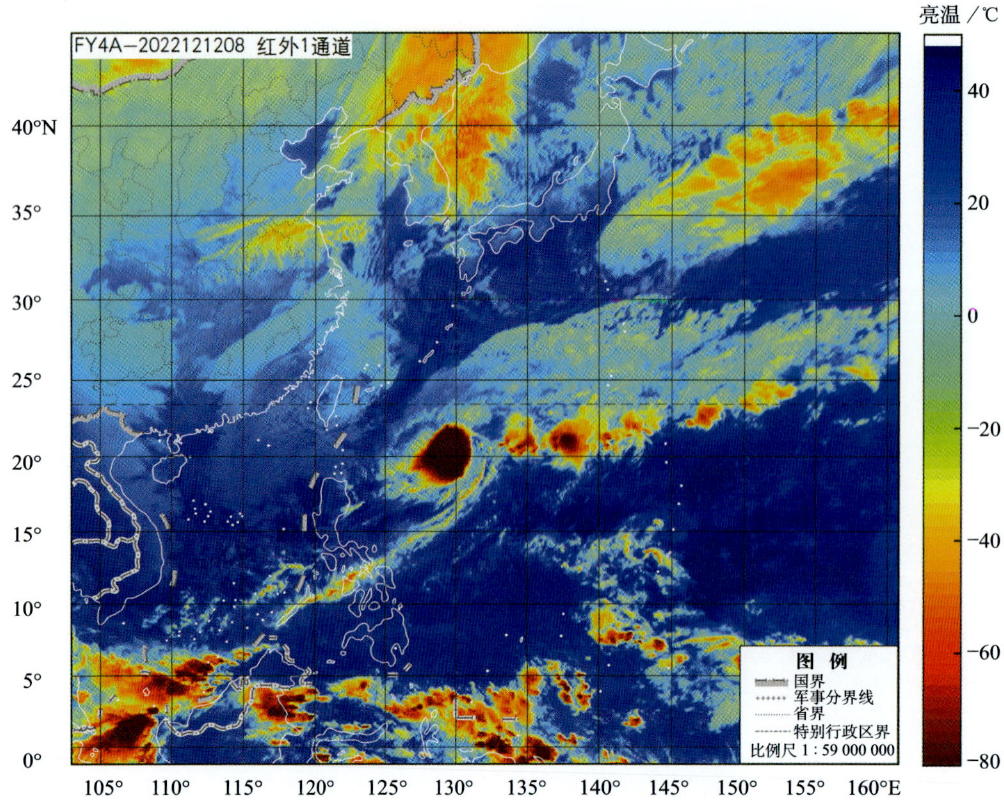

图 B.27　2225 号热带风暴“帕卡”（Pakhar）